中国科协学科发展研究系列报告

中国科学技术协会 / 主编

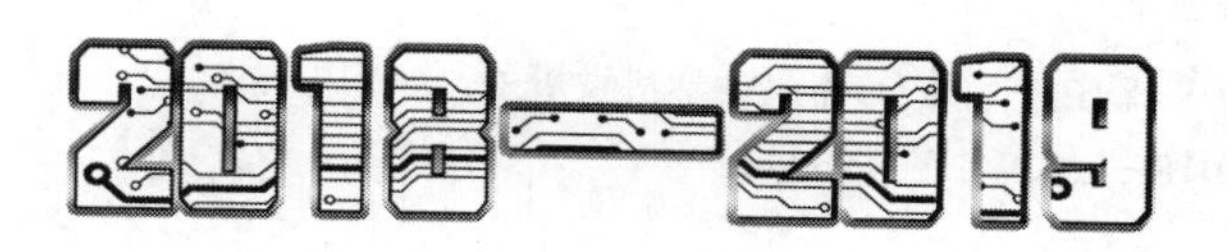

林业科学
学科发展报告

—— REPORT ON ADVANCES IN ——
FOREST SCIENCE

中国林学会 / 编著

中国科学技术出版社

·北　京·

图书在版编目（CIP）数据

2018—2019 林业科学学科发展报告 / 中国科学技术协会主编；中国林学会编著．—北京：中国科学技术出版社，2020.8

（中国科协学科发展研究系列报告）

ISBN 978-7-5046-8528-5

Ⅰ.①2… Ⅱ.①中… ②中… Ⅲ.①林业—学科发展—研究报告—中国—2018—2019 Ⅳ.①S7-12

中国版本图书馆 CIP 数据核字（2020）第 037018 号

策划编辑	秦德继　许　慧
责任编辑	张　楠　彭慧元
装帧设计	中文天地
责任校对	张晓莉
责任印制	李晓霖

出　　版	中国科学技术出版社
发　　行	中国科学技术出版社有限公司发行部
地　　址	北京市海淀区中关村南大街16号
邮　　编	100081
发行电话	010-62173865
传　　真	010-62179148
网　　址	http://www.cspbooks.com.cn

开　　本	787mm × 1092mm　1/16
字　　数	445千字
印　　张	19.25
版　　次	2020年8月第1版
印　　次	2020年8月第1次印刷
印　　刷	河北鑫兆源印刷有限公司
书　　号	ISBN 978-7-5046-8528-5 / S · 766
定　　价	105.80元

2018—2019

林业科学
学科发展报告

首席科学家 张守攻　杨传平　盛炜彤　陈幸良

顾问组组长（按姓氏笔画排序）

尹伟伦　李文华　李　坚　沈国舫　宋湛谦
蒋剑春

专家组成员（按姓氏笔画排序）

王立平　王军辉　王　妍　王贤荣　方炎明
尹昌君　卢孟柱　卢　琦　兰思仁　刘伟平
刘庆新　刘志成　刘　芳　江泽平　孙振元
李　伟　李迪强　李　莉　李　雄　吴　波
张于光　张川红　张志翔　张志强　张建国
张曼胤　陆钊华　陈少雄　陈　锋　范少辉
周春光　庞　勇　郑勇奇　项文化　赵凤君
赵紫剑　钟永德　段爱国　骆有庆　费本华

当今世界正经历百年未有之大变局。受新冠肺炎疫情严重影响，世界经济明显衰退，经济全球化遭遇逆流，地缘政治风险上升，国际环境日益复杂。全球科技创新正以前所未有的力量驱动经济社会的发展，促进产业的变革与新生。

2020 年 5 月，习近平总书记在给科技工作者代表的回信中指出，“创新是引领发展的第一动力，科技是战胜困难的有力武器，希望全国科技工作者弘扬优良传统，坚定创新自信，着力攻克关键核心技术，促进产学研深度融合，勇于攀登科技高峰，为把我国建设成为世界科技强国作出新的更大的贡献”。习近平总书记的指示寄托了对科技工作者的厚望，指明了科技创新的前进方向。

中国科协作为科学共同体的主要力量，密切联系广大科技工作者，以推动科技创新为己任，瞄准世界科技前沿和共同关切，着力打造重大科学问题难题研判、科学技术服务可持续发展研判和学科发展研判三大品牌，形成高质量建议与可持续有效机制，全面提升学术引领能力。2006 年，中国科协以推进学术建设和科技创新为目的，创立了学科发展研究项目，组织所属全国学会发挥各自优势，聚集全国高质量学术资源，凝聚专家学者的智慧，依托科研教学单位支持，持续开展学科发展研究，形成了具有重要学术价值和影响力的学科发展研究系列成果，不仅受到国内外科技界的广泛关注，而且得到国家有关决策部门的高度重视，为国家制定科技发展规划、谋划科技创新战略布局、制定学科发展路线图、设置科研机构、培养科技人才等提供了重要参考。

2018 年，中国科协组织中国力学学会、中国化学会、中国心理学会、中国指挥与控制学会、中国农学会等 31 个全国学会，分别就力学、化学、心理学、指挥与控制、农学等 31 个学科或领域的学科态势、基础理论探索、重要技术创新成果、学术影响、国际合作、人才队伍建设等进行了深入研究分析，参与项目研究和报告编写的专家学者不辞辛劳，深入调研，潜心研究，广集资料，提炼精华，编写了31卷学科发展报告以及1卷综合报告。综观这些学科发展报告，既有关于学科发展前沿与趋势的概观介绍，也有关于学科近期热点的分析论述，兼顾了科研工作者和决策制定者的需要；细观这些学科发展报告，从中可以窥见：基础理论研究得到空前重视，科技热点研究成果中更多地显示了中国力量，诸多科研课题密切结合国家经济发展需求和民生需求，创新技术应用领域日渐丰富，以青年科技骨干领衔的研究团队成果更为凸显，旧的科研体制机制的藩篱开始打破，科学道德建设受到普遍重视，研究机构布局趋于平衡合理，学科建设与科研人员队伍建设同步发展等。

在《中国科协学科发展研究系列报告（2018—2019）》付梓之际，衷心地感谢参与本期研究项目的中国科协所属全国学会以及有关科研、教学单位，感谢所有参与项目研究与编写出版的同志们。同时，也真诚地希望有更多的科技工作者关注学科发展研究，为本项目持续开展、不断提升质量和充分利用成果建言献策。

中国科学技术协会

2020年7月于北京

为深入实施创新驱动发展战略，促进林业科学学科发展和学术建设，推进学科交叉融合，引领学术方向，中国林学会于2018年承担了中国科学技术协会学科发展工程项目，组织专家编写了《2018—2019林业科学学科发展报告》。

《2018—2019林业科学学科发展报告》是在2006—2007、2008—2009、2016—2017三轮林业科学学科发展研究的基础上进行的，是近年来林业科学学科发展研究进展与成果的集中体现。《2016—2017林业科学学科发展报告》中，选择了森林培育、林木遗传育种、木材科学与技术、林产化工、森林经理、森林生态、经济林、森林昆虫、森林病理、森林土壤、林业气象和林业史12个分支学科（领域）专题。根据林业科学学科及其分支学科（领域）的进展情况以及发展需要，《2018—2019林业科学学科发展报告》确定了湿地科学、水土保持、荒漠化防治、草原科学、林业经济管理、林下经济、森林防火、森林公园与森林旅游、自然保护区、风景园林、树木学、树木引种驯化、杨树和柳树、珍贵树种、桉树、杉木、竹藤17个分支学科（领域）专题。

按照中国科协统一部署和要求，中国林学会组织完成了《2018—2019林业科学学科发展报告》。中国林学会赵树丛理事长、陈幸良秘书长等有关领导对报告高度重视，对工作进行了细致部署和周密策划。2018年5月，中国林学会聘请了张守攻院士、杨传平教授、盛炜彤研究员和陈幸良研究员为首席科学家，尹伟伦、李文华、李坚、沈国舫、宋湛谦、蒋剑春6位院士为顾问，成立了由200余位教授、研究员组成的专家编写组，制订了编写工作方案。本报告分析了林业科学学科发展趋势，提出了发展目标、战略需求及重点领域，形成的综合报告和专题报告对于我国林业科学学科的发展具有重要指导意义。

在编写过程中，专家们倾注了大量的心血，也得到了中国科学技术协会的悉心指导和相关行业专家的大力支持，在此表示感谢！

限于时间和水平，书中错误与疏漏之处在所难免，敬请林学专家和读者批评指正。

中国林学会

2019 年 12 月

序 / 中国科学技术协会

前言 / 中国林学会

综合报告

林业科学学科发展报告 / 003

一、引言 / 003

二、近年来的重要研究进展 / 004

三、国内外研究进展比较 / 018

四、发展趋势及展望 / 020

参考文献 / 025

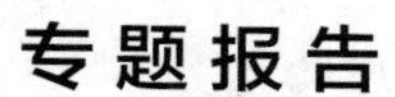

湿地科学 / 031

水土保持 / 047

荒漠化防治 / 063

草原科学 / 079

林业经济管理 / 093

林下经济 / 106

森林防火 / 119

森林公园与森林旅游 / 131

自然保护区 / 145

风景园林 / 159

树木学 / 178

树木引种驯化 / 191

杨树和柳树研究 / 204

珍贵树种研究 / 222

桉树研究 / 234

杉木研究 / 244

竹藤研究 / 258

ABSTRACTS

Comprehensive Report

Advances in Forest Science / 273

Reports on Special Topics

Advances in Wetland Science / 275

Advances in Soil and Water Conservation / 276

Advances in Desertification Control / 278

Advances in Grassland Science / 280

Advances in Forest Economics and Management / 281

Advances in Non-timber Forest-based Economy / 282

Advances in Forest Fire Prevention / 283

Advances in Forest Park and Forest Tourism / 284

Advances in Nature Reserve Science / 285

Advances in Landscape Architecture / 286

Advances in Dendrology / 287

Advances in Introduction and Domestication of Exotic Trees / 288

Advances in Poplars and Willows / 289

Advances in High-Valuable Tree Species / 290

Advances in Eucalypt / 291

Advances in Chinese Fir / 292

Advances in Bamboo and Rattan / 293

索引 / 294

综合报告

林业科学学科发展报告

一、引言

森林、草原、湿地、荒漠是陆地生态系统最为重要的组成部分，是经济社会可持续发展的重要基础。习近平总书记指出："森林是陆地生态的主体，是国家、民族最大的生存资本，是人类生存的根基，关系生存安全、淡水安全、国土安全、物种安全、气候安全和国家外交大局。"党的十八大以来，习近平总书记对生态文明建设和林业改革发展作出了一系列重要指示批示，把生态文明建设作为统筹推进"五位一体"总体布局和协调推进"四个全面"战略布局的重要内容，开展了一系列根本性、开创性、长远性工作，特别指出林业建设是事关经济社会可持续发展的根本性问题。党的十九大报告提出习近平新时代中国特色社会主义思想，并将"建设生态文明是中华民族永续发展的千年大计"写入党的十九大报告。围绕生态文明建设，习近平总书记提出了"绿水青山就是金山银山""山水林田湖草系统治理"等一系列新理念、新思想、新战略，开创了社会主义生态文明建设的新时代，形成了习近平生态文明思想。

林业科学学科主要是以森林等四大生态系统为研究对象，揭示其生物学现象的本质和规律，研究资源培育、保护、经营、管理和利用等的学科。经过多年的快速发展，我国林业科学学科及分支学科已初步形成了门类比较齐全的学科体系，并产生了新理论、新方法、新技术，涌现出一些新思路、新观点、新亮点，在短周期速生用材林定向培育、竹林培育、重大森林害虫的生防天敌繁育与释放、干旱及困难立地造林、防护林结构配置、荒漠化防治等方面处于领先地位。然而，与林业发达国家相比，我国林业科技总体处于"跟进并行，局部领跑"的发展阶段，与国际和行业发展需求还存在较大的差距。面对林业育种向智能化和多元化、林业培育向精准化和集约化、林业资源监测向精细化和立体化、林业生态系统修复向技术多元化和目标多样化、林业产品供给向绿色化和智能制造等方向发展，应立足林业资源现状，坚持"三个面向"，以习近平新时代中国特色社会主义思想为指导，全面贯彻落实党的十九大和十九届二中、三中、四中全会精神，深入实施创新驱动发展战略和乡村振兴战略，加强林业科技的基础研究、应用基础研究、关键技术攻关及技术集成和产业化开发，健全林业科技创新平台，培育具有自主技术创新能力的林业科技企业，培养新时代林业科技创新人才，推进林业高质量发展，加速林业现代化建设，为美丽中国和生态文明建设提供科技支撑。

在 2006—2007 年、2008—2009 年、2016—2017 年三次林学学科发展报告的基础上撰写《2018—2019 林业科学学科发展报告》，是近年来林业科学学科发展研究进展与成果的集中体现。在《2006—2007 林业科学学科发展报告》中，选择了森林生态、森林土壤、森林植物、林木遗传育种、森林经理、森林保护、园林植物与观赏园艺、木材科学与技术、林产化学、水土保持与荒漠化防治、林业经济管理、城市林业 13 个分支学科（领域）进行专题研究。《2008—2009 林业科学学科发展报告》中，选择了森林生态、林木遗传、林木育种、森林病理、森林昆虫、森林防火、野生动物保护与利用、经济林、林业经济管理 9 个分支学科（领域）进行专题研究。《2016—2017 林业科学学科发展报告》中，选择了森林培育、林木遗传育种、木材科学与技术、林产化工、森林经理、森林生态、经济林、森林昆虫、森林病理、森林土壤、林业气象和林业史 12 个分支学科（领域）进行专题研究。本次报告根据林业科学学科及其分支学科（领域）的进展，确定了湿地科学、水土保持、荒漠化防治、草原科学、林业经济管理、林下经济、森林防火、森林公园与森林旅游、自然保护区、风景园林、树木学、树木引种驯化、杨树和柳树、珍贵树种、桉树、杉木、竹藤 17 个分支学科（领域）进行专题研究。

二、近年来的重要研究进展

（一）湿地科学

1. 基础研究进展

（1）湿地生物地球化学循环

湿地科学研究的核心内容之一。湿地富含有机质、滞水等条件，是典型的沉积环境。湿地中氧化、还原环境交替，导致氮、硫和磷等变价元素形态和过程的多样性，从而影响湿地生态系统的相关功能。湿地生态系统是全球陆地碳库的重要组分，对气候变化的影响和响应广受关注。目前相关研究主要集中在群落尺度的控制实验和单一或少数元素及生态系统功能指标变量的区域模拟。

（2）湿地生态水文过程

主要研究湿地水文的物理过程、化学过程及其生态效应。近 20 年来，以湿地保护与恢复对水文水资源需求为驱动力，我国学者在湿地水文过程模拟及其生态效应、生态需水机理及其计算理论和方法、生态补水与水资源管理等领域开展了大量研究工作。生态格局、生态过程与水文过程相互作用机制越来越受到关注，包括基于生态水文模型模拟、分析和预测湿地生态 – 水文要素变化规律及趋势研究，湿地生态水文对气候变化的响应研究等。

（3）湿地生物多样性维持及其保护

丰富的生物多样性是湿地的重要特征，也是湿地受到国际社会普遍关注的原因之一。主要开展了以湿地植物和水鸟栖息地为核心的基础研究和恢复技术研究，植物分布格局及其形成机制是湿地植物多样性研究的核心内容。湿地种子库对于成功恢复湿地植物群落具有重要的指示作用，在濒危物种保护和湿地植被恢复中具有不可取代的作用。近年来湿地无脊椎动物研究也逐渐受到关注，主要以底栖无脊椎动物研究为主。

（4）湿地退化机制

湿地退化机制的研究集中于湿地的生物学与生态学基础、湿地演替规律、不同干扰下湿地退化过程和机制、湿地退化的指示性标识、退化临界指标、退化景观诊断依据和评价指标体系等。通过建立动态模型，实现湿地退化过程动态监测模拟与预报，进一步模拟分析湿地退化机制。

2. 应用技术进展

（1）湿地资源调查与管理

湿地调查与监测是全面了解和掌握湿地资源及其变化的主要手段。湿地监测研究已经逐渐形成体系，湿地监测从零星的野外监测点，到非系统的湿地监测站，再发展到大型的湿地监测台站，目前已经逐渐发展成为台站网络。监测技术手段也从最初单纯的湿地野外综合考察到现代遥感技术与 GIS 技术支持下的湿地动态监测，监测研究不断趋于定量化、准确化和网络化。

（2）湿地生态系统服务评价

湿地评价也是运用经济手段保护生态系统和环境的需要、建立综合的资源环境与经济核算体系的需要。湿地生态系统服务研究主要集中在：土地利用变化对湿地生态系统服务的影响、模型在湿地生态系统服务评估的应用、湿地生态修复对生态系统服务的影响与评估等几个方面，而在模型开发、权衡分析、管理决策和设计等方面仍处在探索阶段。

（3）湿地恢复技术

根据湿地的构成和生态系统特征，湿地恢复技术可以划分为湿地生境恢复技术、湿地生物恢复技术、湿地生态系统结构与功能恢复技术 3 个部分。湿地生境恢复的目标是通过各类技术手段，提高生境的异质性和稳定性，主要包括湿地基底恢复、湿地水状况恢复和湿地土壤恢复等。湿地生物恢复技术主要包括物种选育、物种培植、物种引入、物种保护、种群调控、群落结构优化配置与组建等。

（二）水土保持

1. 基础研究进展

（1）水力侵蚀及防治

创建了主要水蚀区土壤侵蚀过程观测与基础数据库，并编绘了《中国土壤侵蚀地图集》。建立了坡面水沙二相流侵蚀动力学过程的描述方程。基于流域侵蚀产沙与地貌形态耦合关系，开发了多尺度土壤侵蚀预报模型。提出了基于径流深和洪峰流量的径流侵蚀功率概念，建立了基于径流侵蚀功率的流域次暴雨水沙响应模型。建立了生产建设项目水土流失分类体系，确定了工程堆积体的物质结构及概化比尺模型。

（2）风力侵蚀和重力侵蚀及防治

将野外观测与模型模拟相结合，提出了适用于风沙地区的输沙型路基理论模型。提出了物理确定性模型和统计模型耦合方法，并创建崩塌 / 滚石三维运动过程分析模型。

（3）混合侵蚀及防治

发现泥石流侵蚀导致的规模放大效应，通过定量区分泥石流冲击、淤埋，泥石流坝回水、溃坝洪水淹没对工程结构体的风险程度，结合工程结构体的易损性程度，建立灾害链风险评估体系。

2. 关键技术突破

在我国西南地区，通过坡耕地梯化、植物篱种植、免耕保土耕作技术，构建喀斯特峰丛洼地坡地水土流失与阻控技术；在黄土高原地区，通过黄土宽梁缓坡丘陵区生态格局优化与特色粮草产业化技术、黄土梁状丘陵区林草植被体系结构优化及杏产业关键技术、黄土丘陵沟壑区植被功能提升与山地果园管理关键技术、黄土残塬沟壑区水土保持型景观优化与特色林产业技术、水蚀风蚀交错区植被群落构建与沙棘产业化技术、高塬沟壑区固沟保塬生态防护与苹果产业提质增效技术，解决黄土高原区水土保持资源配置与生态产业耦合机制等共性关键科学问题；在西北干旱区，煤炭基地采用矿区沙尘“固—阻—输”防控技术体系，研究生物、工程措施相结合的矿区沙尘控制综合技术。

利用卫星遥感、无人机等先进技术实现部管生产建设项目和重点区域信息化监管全覆盖，推动国家水土保持重点工程信息化监管应用；整合已建的全国水土保持监督管理系统、水土保持综合治理系统、全国水土流失动态监测与公告系统及移动采集系统，利用实用先进的信息技术，实现“天地一体化”监管和图斑精细化管理。

（三）荒漠化防治

1. 基础研究进展

（1）荒漠化过程与发生机制

采用野外定位观测、实验室模拟、遥感技术以及模型模拟等方法，深入研究了固定沙丘活化、风蚀坑退化、草地灌丛化、疏林草原退化、荒漠植被衰退死亡等荒漠化过程，初步揭示了气候变化和过度放牧、水资源过度利用等人为干扰驱动荒漠化的作用机制。

（2）旱区生态水文学过程与人工植被稳定性维持机制

采用定位观测及模型模拟等方法，深入研究了旱区生态水文学过程及主要植物种的生态需水规律，揭示生物土壤结皮对荒漠生态系统生态水文过程的影响及其作用机理，初步确定了部分植物种的生态需水阈值，初步揭示了部分旱区植被的稳定性维持机制。

（3）荒漠生态系统对全球变化的响应与适应

采用长期野外原位实验及实验室模拟方法，深入研究了荒漠生态系统对温度、降水变化的响应过程与机理，包括荒漠植物水－碳－氮耦合过程、荒漠生态系统碳氮循环与碳源汇、荒漠植被物候变化等，初步揭示了荒漠生态系统对全球变化的响应与适应机制。

（4）荒漠植被遥感信息提取

采用高分遥感数据、高光谱数据等，利用荒漠灌木植被木质素和纤维素在短波红外波段的光谱响应特征，建立了反演模型，运用多源、多尺度遥感数据，实现了中、大尺度空间数据对干旱区荒漠稀疏植被信息的准确表达，显著提高了荒漠稀疏植被生物量估算精度，为荒漠化监测提供了技术支撑。

（5）荒漠生态系统服务价值评估

建立了荒漠生态系统服务评估指标体系，确定了荒漠生态系统服务综合评估模型，对防风固沙、土壤保育、水文调控、生物固碳、生物多样性保育、沙尘生物地球化学循环、景观游憩等主要生态服务的实物量和价值量进行了估算，系统分析了我国荒漠生态系统服务的特征、空间格局及影响因素。

2. 关键技术突破

（1）低覆盖度治沙技术

针对旱区造林密度大、配置不合理、中幼龄林大面积衰败等问题，提出了低覆盖度（15%—25%）治沙理念，研究了低覆盖度行带式造林的水分调控机理和生态修复过程，建立了不同气候区基于水分平衡的低覆盖度防风固沙技术模式；研究成果支撑修订了《国家造林技术规程》（GB/T 15776—2016）中旱区部分的造林密度与验收标准。

（2）高寒沙地林草植被恢复技术

针对川西北高寒区气温低、立地条件差、植物生长期短、植被恢复难、群落稳定性差等难题，筛选出适宜治沙乔灌木 33 种、草种 11 种，建立了沙地土壤改良、沙障营建、良种壮苗、乔灌木栽植、牧草混播等高寒沙地林草植被恢复技术体系，提出了“方格固沙＋丛植灌木＋混播牧草”生态恢复、“均匀栽植经济性灌木＋牧草混播”生态经济恢复等 11 个有效模式。

（3）重大工程建设中的风沙防治技术

查明了青藏铁路不同沙害区的沙源、风蚀、风积的时空分布特征、主要沙害类型及其划分指标；通过不同海拔的风沙流野外风洞模拟实验，建立了不同空气密度条件下风蚀沙粒的起动摩阻风速、输沙量、输沙结构和能量分布模型，阐明了不同空气密度条件下的风沙运动规律，提出了青藏铁路沿线干河道、干湖岸和退化草场3种风沙灾害防治模式；发明了环境友好型、造价低廉、施工方便和使用寿命长的新型固沙新材料和新技术，建立了适宜高原的综合风沙防治体系。

（4）生物土壤结皮在防沙治沙中的应用

揭示了生物土壤结皮的形成机理，探明了物理结皮—蓝藻—地衣—藓类的演替规律；提出了生物土壤结皮调控沙地生态系统碳氮循环及其“源－汇”功能机制，研发了隐花植物人工培养基质，分离纯化了10种蓝藻、地衣和藓类，成功应用于防沙治沙。

3. 重要成果

“基于水分平衡的低覆盖度治沙理论及其防风固沙技术模式研究与示范”获2017年度甘肃省科技进步奖一等奖。“川西北高寒沙地林草植被恢复技术研究与示范”获2015年四川省科技进步奖一等奖。“库姆塔格沙漠东缘重大工程建设中的风沙防治问题”获2014年甘肃省科技进步奖一等奖。“塔克拉玛干沙漠绿洲外围防风固沙体系及流动沙丘固定技术研究与示范”获2016年新疆维吾尔自治区科技进步奖二等奖。“半干旱典型黄土区与沙地退化土地持续恢复技术”获2014年甘肃省科技进步奖一等奖。“生物土壤结皮形成机理、生态作用及在防沙治沙中的应用”获2017年宁夏回族自治区科技进步奖一等奖。“仿真固沙灌木及其防风固沙林模式研究”获2018年甘肃省科技进步奖二等奖。“沙柳沙障防沙治沙技术”获2016年内蒙古自治区科技进步奖二等奖。“生物基可降解沙障治沙关键技术创新及绿色治理应用”获2018年内蒙古自治区科技进步奖一等奖。

（四）草原科学

1. 研究进展

（1）基因测序和种质资源收集保存

完成禾本科模式植物二穗短柄草、苜蓿等全基因组测序，绘制了苜蓿、三叶草、高丹草等主要牧草以及野牛草、黑麦草、结缕草等主要草坪草的遗传连锁图，启动了羊草全基因组测序。构建了牧草种质资源搜集、鉴定、评价和保存的综合技术体系，自主设计开发了我国第一个关于中国牧草种质资源的信息共享平台，实现了万余份牧草种质资源信息共享。

（2）中国北方草地退化与恢复机制及其健康评价

在国际上首次提出草业系统的界面论，研制出草地健康评价的CVOR综合指数及其测算模型和一系列辅助指标体系。明确退化草地的恢复机理，提出了合理利用与改良草地的技术体系。

（3）三江源区草地生态恢复及可持续管理技术

针对青藏高原三江源地区植被退化严重、生态治理技术薄弱和生态牧畜业发展滞后的现状，系统研发和集成了退化草地生态恢复重建技术，创建了兼顾生态保护和生产发展的“三区”耦合发展管理新范式。

（4）草原虫害生物防控综合配套技术

摸清了我国草原虫害种类本底数据，集成了一系列草地害虫监测预警及防治技术体系，突破了生物防治关键技术瓶颈，开发了一批生物制剂产品，形成了以绿僵菌为主的草原蝗虫防控技术体系。

（5）建成了草原灾害监测站和预警预报系统

特别是草原火灾，环境与灾害监测预报小卫星星座A星、B星和风云三号A星、风云二号E星已成功发射运行，近年来，高分卫星也已在轨运行。遥感、地理信息系统、导航定位、物联网和数字地球等信息技术在防灾减灾领域已广泛应用，基于海量大数据的草原灾害监测与防控科技支撑平台已形成。

2. 重要产出和应用成果

“中国北方草地退化与恢复机制及其健康评价”获得2008年度国家科技进步奖二等奖。“三江源区草地生态恢复及可持续管理技术创新和应用”获2016年度国家科技进步奖二等奖。“草原虫害生物防控综合配套技术推广用”获2013年度全国农牧渔业丰收奖一等奖。编辑出版《中国天然草地有毒有害植物名录》和《中国草地重要有毒植物》，建立“农业部草原毒害草公共信息服务平台”，建立了9个国家级草原生态系统野外观测台站。

（五）林业经济管理

1. 基础研究进展

（1）林业经济基础理论研究

在传统的林业经济理论模型——福斯特曼模型中加入生态效益、碳汇价值部分。研究指导了中国碳汇林的建设与核定，为中国林业的生态效益的价值实现提供了有力依据，也为中国参与国际气候谈判提供了条件。

（2）“两山”理论研究

习近平新时代中国特色社会主义“两山”理论研究方面，取得了重大进展。研究成果从哲学、经济学还有制度经济学的视角对“两山”理论进行了深入的探索，为中国生态文明建设奠定了理论基础，是对习近平新时代中国特色社会主义生态思想的重大推进。

（3）林业经济问题的产权理论基础、法学理论基础研究

基于新制度经济学的产权理论和法学理论的研究不断深入，使得林业经济管理问题的理论研究外延在不断扩大。

2. 实证研究发展

（1）林业产业发展与市场经济发展的研究

基于全球化中国林业产业绿色转型策略的研究，对于在“一带一路”大背景下的中国

林业国际合作与发展提出了具体的策略，同时对中国林产品在国内与国际市场中增强竞争力也提供了策略。

（2）林业产权制度和管理体制

针对国有林区和集体林区改革过程中林业可持续经营的策略以及相关林业扶持政策研究取得了丰富的成果。尤其集体林区的改革涉及中国最广大的农民群体，不论是改革过程的林业产权的重新分配，还是通过林业改革与扶持政策重新根据林业经营主体的诉求调整利益分配的机制，研究从理论上与实践上都重新探讨了新的制度框架。

（3）林业生态经济研究

生态既是林业发展的基础，也是林业效益实现的主要方面。森林资源生态效益计量、核算以及资产化管理，森林生态效益的补偿问题，林业生态工程管理，林业生态政策与福祉问题的研究都取得重要进展，成果都已经转变成为国家的行政法规及部门规章。

3. 重要成果

本学科领域共有25项研究成果获得了梁希林业科学技术奖，其中一等奖1项、二等奖18项、三等奖6项。“两山”理论的研究成果获北京市哲学社会科学优秀成果奖一等奖。林业产权的研究成果获第八届“中国农村发展研究奖”提名奖。

（六）林下经济

1. 基础研究进展

（1）林下经济复合系统基础理论研究

基于生态学原理和科学试验分析，对林下经济复合系统结构和功能进行研究，揭示了复合系统种间关系、物质和能量循环特征。在调节小气候、改良土壤和水质、防控水土流失、固碳增汇及保护生物多样性等生态效应观测研究方面取得了重要进展。揭示林下经济的基础内涵，完善了林下经济的基础理论。阐明了林下经济发展的理论基础、产出效率、驱动机制和未来发展方向。

（2）林下经济资源培育和可持续利用研究

基于生物学原理和科学实验，对部分林下珍稀动物资源、植物资源、微生物（主要以真菌类为主）资源的生物学规律和可持续利用开展研究，揭示了部分林下动植物和微生物的生长习性，特别是对部分濒危珍稀动物、药食两用植物、木本和草本观赏花卉、昆虫资源、菌类资源开展培育和利用研究，奠定了林下动植物、微生物资源培育和可持续利用的基础。

2. 应用技术突破

（1）林下经济技术模式研究

研究了不同区域、不同类型的林下经济技术模式成功案例，优选了林药、林菌、林畜、林蜂和林下游憩等林下经济技术模式，采用计量方法分析了不同模式林下经济的效益，指出龙头企业及农户参与意愿对林下经济发展的带动与促进作用，提出典型区域林下经济适宜发展模式。

（2）林下经济全产业链发展研究

研究了林下生态种植、生态养殖、相关产品采集加工和景观利用技术，开展林下一、二、三产业融合发展研究，开发了一批林特产品，培育了一批乡村产业，促进了农民增收致富，助推了农村产业结构调整，对推动地方经济发展和脱贫攻坚产生了显著作用。

3. 重要产出和成果应用

建立了国家林下经济示范基地 500 多个，成立了中国林学会林下经济分会，创建了教育部“林下经济协同创新中心”，制定了《全国集体林地林下经济发展规划纲要（2014—2020 年）》，颁布了中国林学会团体标准《林下经济术语》，出版了《华北平原林下经济》，编撰了《林下经济与农业复合生态系统管理》等。林下经济正式写入新修订的《森林法》，并被国家自然科学基金单独列为一个学科分支领域。获得梁希林业科学技术奖二等奖 2 项、三等奖 1 项。

（七）森林防火

1. 基础研究进展

（1）森林可燃物动态变化

我国学者对樟子松、红松和落叶松等针叶林内可燃物发热量和林火强度进行了研究，划分了不同针叶林可燃物的危险性等级，提出影响可燃物数量和能量分布的主要因素是地形、年龄、林分和可燃物的含水量。

（2）林火阻隔系统

针对我国北方林区气候寒冷、树木生长缓慢、森林分布广、火灾频发且危害严重等实际情况，我国学者首次提出了速效、立体和多功能改培型生物防火林带及其阻隔体系结构模式。在现有林地内清除枯立木、倒木和杂草等易燃物，培育和补植耐火树种形成当年具有阻火功效的生物防火林带。

2. 应用研究进展

（1）林火阻隔技术

近几年，我国研究出了不少点烧防火线的方法，如根据物候相，对火烧的间隔时间、秋烧还是春烧等，取得了较为行之有效且安全的点烧方法。通过在林农交错的地带栽植三叶草等含水率大的植物等，既能防火又能取得一定的经济效益。在东北大兴安岭林区将林内易燃的杂乱物和次要的、耐火性差的树种去掉，逐渐改造成以落叶松为主、阻火性较强的林相，大大增强了森林的抗火性，起到了阻火作用。

（2）林火监测

近年来，以遥感（RS）、地理信息系统（GIS）和全球定位系统（GPS）为代表的高新技术，在森林防火工作中得到了广泛应用。国际海事卫星通信由国际直拨线路和可搬移的野外陆用站组成，可迅速携带赶赴火场进行电话、传真和图文传输。西南航空护林中心应用卫星林火监测资料与航空护林结合合理安排飞行，通过航空飞机的有效侦察，对卫星林火监测的热点进行核实和跟踪，提高了航空效益。

（3）火灾扑救装备

研发出背负式灭火水枪，有效射程可达 10m，实现连续喷水或点射。研制的新型多功能森林消防车为我国地面扑救大火创造了有利条件。TCY-2 型手持灭火探测仪和清理余火机，为快速清理火场和缩短扑火人员监视火场创造了条件。

3. 重要成果

在森林火灾预警技术研究方面，“县级森林火灾扑救应急指挥系统研发与应用”获梁希林业科学技术奖一等奖；“森林火灾发生、蔓延和扑救危险性预警技术研究与应用”获梁希林业科学技术奖二等奖。在森林火灾防控技术研究方面，“防火林带阻火机理和营造技术研究”获梁希林业科学技术奖二等奖；“改培型防火林带阻隔系统应用技术及生态效应”获梁希林业科学技术奖二等奖；“森林火灾致灾机理与综合防控技术”获梁希林业科学技术奖二等奖。

（八）森林公园与森林旅游

1. 研究进展

（1）旅游效率方面

揭示了森林公园旅游效率的地区差异和特征，地区人口密度、城镇化比率、旅游资源水平、森林公园密度、交通发展水平对森林公园的效率起着正向的影响作用，而资金投入密度对森林公园的效率起着显著的负向影响。

（2）旅游解说方面

引用多样化的解说手段满足游客的不同需求，基于旅游规划构建了旅游解说系统，揭示了解说内容与叙事景观场景有效对应，可显著提高游客满意度。

（3）森林康养方面

研究了光照、温度、相对湿度、辐射热、风速、声压、植物精气、空气负离子等森林环境因子对森林康养功效的影响，提出了森林浴在一定程度上能够改善患者病情，促进健康。

（4）城郊森林公园方面

梳理和提炼了城郊森林公园运用的基础理论，对城郊森林公园建设发展中的实践经验、具体做法、发展模式进行了系统研究与总结，提出建立城郊森林公园的发展格局目标。

2. 重要产出和应用成果

颁布《国家森林步道建设规范》《森林体验基地质量评定》《森林养生基地质量评定》

《森林生态旅游低碳化管理导则》等林业行业标准。成立国家林业和草原局森林公园工程技术研究中心、国家林业和草原局森林旅游研究中心。出版《中国森林公园与森林旅游研究进展系列丛书》《城郊森林公园理论与实践》《森林旅游低碳化研究》《国家森林步道》等著作。

（九）自然保护区

1. 研究进展

（1）中国特色的自然保护地体系

针对当前我国自然保护地存在的分类不科学、范围不合理以及保护存在空缺、交叉重叠、破碎化等问题，在习近平生态文明思想的指引下，研究提出了建立以国家公园为主体、自然保护区为基础和自然公园为补充的自然保护地体系理论。自然保护地体系将有利于推动山水林田湖草生命共同体的完整保护，为实现经济社会可持续发展奠定生态根基。

（2）自然保护区系统保护

保护空缺分析综合考虑了区域植被、重要濒危物种、土地所有权和自然保护区等方面的空间信息，能够快速评估区域尺度上生物多样性组成、分布与保护状态，发现生物多样性空白地区。热点地区分析探讨以最小的代价、最大限度地保护区域的生物多样性。研究者们通过分析维管植物、鸟类、哺乳类、爬行类和两栖类等生物多样性特点，识别出多个生物多样性热点地区。系统保护规划利用了多学科技术对生物多样性进行优先保护和保护区规划设计，侧重于保护区选址和设计的一种综合的保护规划途径。

（3）自然保护区生态系统服务

大量研究表明，自然保护区在保护生物多样性的同时，也维护着自然生态系统服务和经济社会服务，便于实现其生态辐射效应。研究者构建了自然保护区生态系统服务评估新体系，主要的评估方法划分为四大类：市场评价法、间接市场评价法、条件价值法、集体评价法，其中间接市场评价法包括影子工程法、机会成本法、旅行费用法、碳税法和造林成本法、享乐价格法等。利用野外试验数据、遥感和地理信息系统（RS/GIS）技术，评估了自然保护区的生态系统服务，分析了自然保护区域效应。

（4）生物廊道设计技术

生物廊道逐渐成为自然保护区体系的重要建设内容。在生物廊道的理论、构建方法和应用实践等方面开展了大量的研究探索，提出了“节点—网络—模块—走廊”等模式，在区域保护区网络规划布局中进行了应用。生物廊道作为适用于区域间物质流、能量流和生物流的通道，有利于实现生物多样性保护的目标。

（5）生物多样性保护价值评估技术

如何评价自然保护区的生物多样性保护价值，人们最早提出了基于样方的物种多样性指数来评估群落生物多样性程度，在一定程度上反映了其保护价值，但这些指数在较大尺度上的研究中却难以应用。自然保护区内野生动植物及其生境在典型性、稀有性和濒危性等方面体现的保护价值受到越来越多的关注，有关研究提出了相应的定量评价指标和模型等，并对其进行了应用验证。统一的定量评估模型使评估结果具有更好的重复性和可参考性，能够更加客观地反映生物多样性保护价值，具有较强的可比性。

（6）自然保护区适宜规模确定和功能区划技术

目前，还没有办法能够定量、客观地衡量一个陆地自然保护区范围适宜性的方法。研究认为，自然保护区面积大小的确定主要基于对主要保护对象种群的分析，如种群生存力分析和物种分布模型等，种群生存力分析的主要软件有 GAPPS、INMAT 和 RMETA 等，具有较高的准确性，广泛应用于濒危物种的管理。合理的功能区划是实现自然保护区可持续发展的关键。研究人员逐渐将物种分布模型、景观适宜性分析、栖息地分布模型、最小费用距离模型和模型分类等量化计算方法和模型应用到自然保护区功能区划，进行了理论探讨。

（7）保护成效定量评估技术

自然保护区保护成效在景观、植被和野生动植物等方面进行了量化评估研究，建立了保护成效定量评估技术。研究者从景观类型及其面积变化、保护性景观质量和人工景观干扰程度等方面提出了评估指标体系；从植被覆盖状况、保护性植被空间格局、保护性指标长势、保护性植被质量等方面提出了评估指标体系；从野生动植物多样性、珍稀濒危野生动植物生存状况和保护管理状况等方面提出了评估指标体系。

2. 重要产出和应用成果

中国自然保护区管理走“量、质”并重的发展道路，制定了《国家级自然保护区建设标准》《自然保护区功能区划标准》等规范性文件，推动了自然保护区建设与管理的专业化、规范化、标准化。在科技部的支持下，建立了自然保护区生物资源和标本共享平台（http://www.papc.cn）。该平台是以自然保护区生物标本为核心，集保护区保护管理、科研巡护、社区发展、科普宣教等于一体的自然保护区“百科全书”。平台获得了一大批发明专利、软件著作权、研究论文、专著，2018 年获第九届梁希林业科学技术奖。

（十）风景园林

1. 基础研究进展

（1）风景园林历史理论与遗产保护

对于现存园林的研究以观测、记录、分析为主，辅以典籍资料研究，如北京林业大学教授白日新编著的《圆明园盛世一百零八景图注》；对于仅存于历史中的名园则以历史书籍、绘画的记录整理和复原为主，如中国园林博物馆与北京林业大学牵头开展的止园文化研究，通过对明代《止园图》和园主及亲友的大量诗文的研究，再现了一座 17 世纪的中国园林。

（2）大地景观规划与生态修复

基于对景观系统组成的考虑，相关研究普遍采用的是“斑块－廊道－基质”模式；实现风景园林学科与大数据、文本爬取、遥感影像技术的结合，形成“风景园林学+”研究；集中开展水体修复、土壤修复和植被修复，如上海辰山植物园的水体修复、Walter-Disney乐园的土壤修复和生态崇明建设的植被修复的理念、路径在近年被重新研究。

（3）风景园林设计理论

学科高度融合，有学者从空间句法视角切入，通过对中国古典园林借景手法的研究，敏锐跟踪国家政策，提出“多规合一”“城市双修”等理论，以及在此理念指导下的生态地区城市设计策略、历史名城文化修补策略、城市绿道规划方法更新等。

（4）园林植物

开展园林植物基因组学研究与重要性状遗传解析。北京林业大学张启翔教授领衔的研究团队完成的世界首个梅花全基因组测序和重测序研究，构建了世界首张梅花全基因组图谱和全基因组变异图谱。在园林植物种质资源及利用方面，确定我国观赏植物7000余种，对6000余种观赏植物进行了编目，提出观赏植物资源的保护和可持续策略措施，培育了具有我国自主知识产权的花卉新品种382个，获得新品种权（国际登录）60余个。

2. 关键技术突破

（1）风景园林规划设计

规划设计的质量不断提升，园林规划设计的学科内涵进一步丰富。园林规划设计的学科内涵拓展到国土安全、自然环境保护和污染治理、人居环境建设、生态服务功能、历史文化保护等诸多内容，北京林业大学王向荣团队参与的西湖西进项目，将“西湖西进”区域按高程、坡度、植被、地表水、建筑密度、文物、道路等多个要素进行分级，对于水体、生态、景观、社会与经济等方面统筹考虑，最后对水源补充、污染处理、景区规划提出设计策略。

（2）园林工程技术

海绵城市是党中央、国务院大力倡导的城市建设新模式，“十三五”期间也将海绵城市建设列为我国城镇化建设的重点任务。将信息技术应用于园林工程施工中，也是下一阶段技术和理念更新的主流。

（3）园林生态修复

2015年，住建部重点围绕城市病开展了“生态修复和城市修补”，对植被景观实施生态修复。按照连点成线—连线成网—扩面成片的科学性顺序修复并优化植被景观，达到风景园林与生态修复的可持续性和生态性。同时，为从根本上改善和修复水生态的环境对水体景观实施了生态修复。

3. 重要产出和应用成果

2018年国际风景园林师联合会亚非中东地区奖（IFLA AAPME）评选中，中国共有18

个落地实践项目获奖，占评奖总数的15.65%，获奖数量与质量均居世界首位。园林类博览会作为具有广泛影响力的城市事件，在中国近年的城市发展中扮演了重要角色。2019年4月28日，在世园会开幕式上，习近平总书记发表了《共谋绿色生活，共建美丽家园》的讲话。

（十一）树木学

（1）森林植物的分类修订和系统演化研究

编写了《泛喜马拉雅植物志》，出版了《中国生物目录第一卷 种子植物（Ⅵ）》《江苏植物志》《黑龙江植物志》《京津冀地区保护植物图谱》《北京野生资源植物》《北京保护植物图谱》《树木学》（南方本）等。利用现代分子生物学研究技术，结合经典分类方法，开展了各主要类群的分类修订，系统地研究了不同类群的亲缘地理学和系统演化。

（2）树木形态、生殖等机理研究

针对木本植物开展了一系列形态、生殖机理研究。如针对春季杨树和柳树飞絮问题，利用传统和现代组织发生学理论和研究手段，开展了杨属和柳属种子及其附属物发生发育的比较研究，揭示了杨絮和柳絮形成的过程和机制。

（十二）树木引种与驯化

1. 研究进展

（1）提出了树木引种驯化原则与方法

在“南树北移”引种驯化实践中提出了“直播育苗，循序渐进，顺应自然，改造本性”的驯化原则；从植物分类学的视野提出了建立种内多样性的农艺生态学分类系统；提出了“生境因子分析法”的基本原理，指导开展了大量树种、种源和家系的引种、选种和杂交育种的林木改良系列试验研究，对引种对象进行了广泛的适应性评价，不仅为林木优良品种选育提供了大量的种质材料，也为外来树种抗性机理、栽培与培育技术等方面的研究提供了丰富的研究材料。

（2）开展全分布区系统种源、家系和无性系引种驯化实践

将计算机模拟技术引入生态位理论研究，突破了传统树木引种驯化程序，开展了大量外来树种种源、家系和无性系的全分布区引种、选种试验，在桉树、杨树、湿地松、火炬松、加勒比松、木麻黄以及落羽杉等外来树种引种栽培和优良品种选育等关键技术取得突破。

（3）研发外来树种生物安全评价技术

完成了火炬树、刺槐、蓝桉等一批外来树种生物安全评价，建立了外来树种对自然生态系统生物安全风险评价技术规程，对正确处理树木引种与生物入侵的相互关系，制定生物安全科学评价体系具有积极意义。

2. 重要产出和应用成果

“中国主要外来树种引种栽培技术研究”“桉属树种引种栽培的研究”“澳大利亚阔叶

树引种栽培”等多项成果先后荣获国家科技进步奖二等奖，编写出版了《国外树种引种概论》《中国主要外来树种引种栽培》等专著。

（十三）树种培育与利用

1. 研究进展

（1）杨柳研究

完成第一个木本模式植物——杨树的全基因组测序，构建了美洲黑杨、小叶杨高密度遗传连锁图谱，开发出复杂性状 QTL 定位新方法，鉴定出与重要性状紧密连锁的标记和重要基因，初步建立了杨树分子育种技术体系。提出杨树生态育种理论，划分九大育种区，创建了杨树多级育种新程序，选育出一批具有自主知识产权的新品种和良种。研发出提升杨树人工林生态系统生产力和生态功能的途径和技术措施，集成杨柳工业原料林定向培育、全周期复合经营等关键技术，建立了杨柳高效培育技术体系。突破了无醛人造板制造、家具用木材改性、结构材料制造、胶合板自动化加工、清洁制浆和生物质能源等杨柳木材利用理论和技术。

（2）桉树研究

完成了尾叶桉和细叶桉全基因组测序，鉴定出重要性状关联标记和关键基因，获得一批抗除草剂、抗寒等转基因株系，研发出组培茎段基部微创处理促根技术，构建了环保育苗技术体系。划分桉树四大育种区，选育出一批速生、耐寒、抗逆优良无性系。优化集成桉树品系和立地选择、密度和林分结构调控等定向培育技术模式。证明了掠夺式经营是桉树地力下降的主因，林龄增加可使桉树林下植被生物多样性增加，明确了桉树病原物种群地理分布、生态适应性特征和形成扩散机制。

（3）杉木研究

已启动杉木全基因组测序，鉴定出与杉木材性形成、纤维素合成、磷利用等紧密关联基因，揭示了杉木地理种源的遗传多样性、结构及杉木属分类及遗传关系。已全面进入 3 代试验性或生产性种子园，双系种子园进入生产阶段，红心杉木专营种子园快速发展，建立了杉木全过程专利组培技术体系。研制了杉木产区森林立地分类与评价体系，突破了杉木大、中径材形成密度调控机理和定向培育技术。揭示杉木林生态系统碳贮量和生产力动态变化特征。

（4）珍贵树种研究

已启动楸树、楠木等全基因组测序，开发出交趾黄檀和东京黄檀通用 SSR 标记，在全基因组水平上解析了楸树 COMT 家族基因表达特性和潜在功能。选育出柚木、西南桦、黑木相思速生、抗寒、通直优良无性系，培育出一批良种和新品种。突破了主要珍贵树种无性快繁技术，实现了柚木、西南桦、黑木相思等树种的工厂化育苗。初步建立了柚木、降香黄檀、西南桦、桢楠、闽楠等壮苗繁育技术，突破了多个珍贵用材树种高效培育技术体系。发现多种生长调节剂和化学物质均能诱导降香黄檀形成心材，提出了西南桦、降香黄檀等无公害防治技术。研发出青钱柳、沉香、红豆杉等珍贵树种养生保健产品。

（5）竹藤研究

完成了毛竹基因组草图，成功克隆3个倍半萜合成酶基因，解析了竹类快速生长、开花调控等分子机制，竹笋品质形成生物学基础和独竹成林机制，培育出一批竹子新品种，揭示了竹林对环境胁迫的克隆整合响应机制。阐释了竹林高效可持续经营基础，提出了退耕地竹林合理经营模式，形成了不同环境和用途竹类植物定向培育技术体系。研发竹纤维织品、纳米改性竹炭、天然产物化学利用等竹藤资源高附加值加工利用技术，高韧性抗冲击竹木、重组竹、棕榈藤室内装饰材等功能性材料制造技术，连续胶合竹层板制造、竹缠绕复合压力管等绿色建筑材料制造技术。

2. 重要产出和应用成果

近年来，建立了林木遗传育种国家重点实验室和林木育种国家工程实验室、20余个国家林业草原工程技术研究中心、创新联盟和长期科研基地，40余处国家重点林木良种基地和种苗示范基地。获国家科技进步奖二等奖5项，梁希林业科学技术奖近20项。

三、国内外研究进展比较

与林草发达国家相比，我国林草科技处于“跟进并行，局部领跑”发展阶段，与国家和行业发展需求还存在较大差距，据中国科学技术发展战略研究院统计分析，2.83%的技术正处于缓慢拉大阶段，85.85%的技术处于快速或缓慢缩小阶段，11.32%的技术处于保持同步阶段。我国科技进步对林业发展的贡献率仅为55%，成果转化率仅为65%，比发达国家低20个百分点；对草业发展的贡献率不足30%，比发达国家低40个百分点。

（一）生态保护与修复

在湿地科学方面，国外在湿地生态系统过程模拟、湿地演化和人为干预对湿地影响等方面开展了很多深入研究，我国在湿地水鸟种群及其保护、高寒湿地和滨海湿地物质循环、水生态修复、湿地生态系统服务评估和人工湿地构建方面取得重要进展，但缺少长期持续观测数据的支撑。

在荒漠化防治方面，我国在沙漠形成演化、土地沙化过程、生态水文过程、土壤风蚀沙化过程等方面取得重要进展，在沙化土地监测、防沙治沙植物种选择与快速繁育、飞播与封育促进沙区植被恢复技术、铁路与公路防沙技术等方面取得突破，总体上处于国际先进水平。

在草原科学方面，欧盟国家、新西兰、澳大利亚等在固碳减排、产品提供、水土保持等草原生态服务功能维持、全球气候变化下草原生态服务功能的调控机理、退化草原的治理等方面取得进展。我国在青藏高原特色牧草种质资源挖掘与育种应用、北方草地退化与恢复机制、三江源区草地生态恢复及可持续管理、草原虫害生物防控等方面取得重要进展。

（二）森林经营与管理

在林业经济管理方面，国外林业经济管理学科和研究内容不断发展，形成了新的林业经济管理学理论。目前更多依据现代经济学、新制度经济学、发展经济学、产业经济学、福利经济学、资源与环境经济学、区域经济学等相关理论和方法分析解决林业发展中的新问题。与国外相比，我国理论研究的基础完整性与宽泛性不够，林业经济理论和方法手段缺乏原创，但实证研究方面走在了前列。

在林下经济方面，国外没有“林下经济”专业术语，类似研究是农林复合经营，主要对其概念、内涵、分类体系进行了深入探讨，较全面研究了农林复合经营的水土环境因子、病虫害、生物多样性和社会经济等方面。与国外相比，我国形成了较系统的林下经济概念，并开展了相应研究，适生优良经济植物材料筛选、种养结合结构配置、模式优化等技术水平处世界先进地位。

在森林防火方面，美国等国家在初始攻击管理系统、火培训管理系统、火影响信息系统（FEIS）和火影响模型（FOFEM）等林火管理的信息化研究方面处于领先水平。我国在林火视频监控及无人机火灾监测与预警、森林火行为三维仿真模拟、新型环保化学灭火剂研制、改培型生物防火林带及其阻隔体系构建方面取得重要进展，但林火基础研究还比较薄弱，对重特大森林火灾研究滞后，尤其对重特大森林火灾的发生和蔓延机制还不清楚。

（三）自然保护地与风景园林

在风景园林方面，国外不断地拓展研究范围，从以往的城市风景园林拓展到乡镇、原野等与人类息息相关的地域，带动风景园林设计理念以及手法的变迁。国内在园林植物基因组学与重要性状遗传解析、园林植物种质资源培育和利用、景观生态模拟、景观斑块与景观格局等方面取得了重要进展。

在森林公园和森林旅游方面，国外在森林公园生物多样性、森林公园与气候变化、自然灾害和人类活动对森林公园的影响等方面开展了系统研究。我国在森林公园旅游效率和解说系统等方面取得了重要进展，但有关自然教育和森林康养等研究处于起步阶段，相关研究仍然不够系统，特别是在理论基础研究方面比较薄弱。

在自然保护地方面，美国等发达国家开展自然保护地研究已有近百年历史，已形成了比较完善的理论和技术体系。我国创新发展了以国家公园为主体的中国特色自然保护地体系理论，在生物多样性保护价值评估、自然保护区适宜规模确定和功能区划和天—空—地一体化监测等方面取得较大进展，但在理论研究方面落后于发达国家。

（四）树种培育与应用

在树木学及树木引种与驯化研究方面，我国在珍稀濒危木本植物保护生物学方面研究已经走在世界前列，在树木生物学研究方面与波兰、捷克一起处于第一梯队。国外树木引种驯化研究开展较早，大量优异的植物资源已被引入国家植物资源保存体系，国内树木科学系统的引种驯化起步较晚，开展了用材树种、生态树种系统种源试验以及园林绿化树种的引种驯化实践，总体处于跟跑阶段。

在用材树种基础研究方面，杉木、杨树、桉树等主要速生用材树种在国内属于第一梯队，研究体系具有自身特色，但与国际主要栽培树种相比，总体处于跟跑阶段。我国杨树生物技术领域研究较为系统且取得了长足发展，但与美国、加拿大、瑞典等国家相比，在遗传调控机制解析、基因组选择育种等方面仍有差距。国内在主要用材树种基因功能鉴定方面总体处于跟跑阶段，在桉树病原真菌分类和鉴定研究方面处于并跑阶段。

在用材树种遗传育种方面，我国已创制了一批杨树杂交和多倍体优异种质资源，选育出一批多功能国家良种，并应用于林业生产。杉木已进入第 3 代遗传改良，整体上与欧美等林业发达国家主栽树种改良实现并跑。无性系育种实现定向及多性状聚合育种，接近或部分达到国际先进水平。

在用材树种高效培育方面，研究建立了杉木、杨树等主要用材树种遗传、立地、密度、植被、地力五大控制技术体系，与国际主要工业人工林树种整体上实现并跑，并在密度控制技术研究领域达到国际先进水平；在环境保护利用及能源林产业等新兴领域与国外具有一定差距，而在木材相关的新材料和新产品开发领域与国际先进水平同步；桉树在轮伐期、造林密度研究及中长周期胶合板材培育技术方面处于领跑阶段，桉树人工林病害生物防治方面则处于跟跑阶段。

在珍贵树种研究方面，国外珍贵树种的研究历史远远早于国内，具有良好的研究基础。与国外相比，国内对榉木、桦木、栎木和柚木等珍贵树种的水肥光热气等培育技术研究还存在较大差距，但热带珍贵树种心材形成研究已达到国际先进水平。

在竹藤研究方面，我国成功破解世界首个竹子全基因组信息“毛竹全基因组草图”，填补了世界竹类基因组学研究空白，获得了最新高精度毛竹基因组，首次破译棕榈藤全基因组信息，发起全球竹藤基因组计划（GABR）。竹藤基因组学和竹藤培育与利用技术研究处于国际领跑地位。

四、发展趋势及展望

围绕国际林草科技发展前沿和生态安全、美丽中国、绿色发展、乡村振兴等国家重大战略需求，坚持创新驱动和绿色发展，建成布局合理、功能完备、运行高效、支撑有力的林草科技创新体系，培养一批国际一流的科学家和创新团队，形成充满活力的科技创新环境，建成一批世界领先的创新平台，自主创新能力全面提升，为林业和草原现代化发展和生态文明建设提供科技支撑。

（一）未来趋势和重点领域

1. 生态保护与修复

（1）湿地科学

发展趋势：基础理论研究注重多过程耦合和互作机制。在人类活动和全球气候变化驱动背景下，日益重视湿地生物地球化学循环过程、水文过程与景观格局耦合过程等基础理论研究。监测研究将从站台尺度的单点监测，发展为多站点联动的多尺度同步监测。在现代感知技术和信息技术的支持下，注重机理模型相结合，研究手段不断趋于定量化、准确化和网络化。

重点研究方向：湿地生物地球化学循环过程、湿地生态水文过程及其生态效应、湿地生物多样性维持与保护、湿地生态系统服务评价、湿地恢复与修复技术。

（2）水土保持

发展趋势：关注中长期发展趋势问题，学科技术体系不断完善。在全球变化背景下，中长期发展趋势问题更加受到重视，更加依赖大范围数据和长期数据的积累。研究手段注重多学科交叉，重视利用其他学科最新研究技术以获得更能揭示过程及规律的数据，学科技术体系更加完善。研究尺度不断拓宽、技术效益评估更加综合。在山水林田湖草系统治理与协同发展背景下，研究尺度从传统的坡面尺度、小流域尺度甚至中等流域尺度，逐渐发展到区域尺度，注重综合观测与模拟研究。技术效益评估内容要从小流域尺度植被、水文及土壤等生态指标，拓宽到产业经济、人体健康及区域生态安全、生态文明等社会经济指标。

重点研究方向：土壤侵蚀动力学机制及其过程、土壤侵蚀预测预报及评价模型、土壤侵蚀区退化生态系统植被恢复机制及关键技术、水土保持措施防蚀机理及适用性评价、流域生态经济系统演变过程和水土保持措施配置、水土保持与全球气候变化的耦合关系及评价模型。

（3）荒漠化防治

发展趋势：以风蚀荒漠化为主体，全面部署植被保护、沙害治理、资源开发、科技示范和能力建设等任务，研发基于现代节水、土壤改良、光电及有机农业的防沙治沙新技术，推进土地沙化治理与可持续利用，促进产业发展和经济繁荣。

重点研究方向：旱区水资源生态承载力与植被稳定性维持、荒漠化防治技术标准化与智能化集成、沙产业可持续开发模式、北方旱区水土资源优化配置与生态质量提升。

（4）草原科学

发展趋势：基于全基因组关联分析的草资源研究和全球气候变化下草原生态服务功能

的调控机理已成为国际研究热点，牧草高产栽培、绿色青贮、机械收获等是国内外草业研究的重点。草原植被生长及生态过程实现精准监测、草原自然灾害实现实时预警、生态保护和治理实现可持续发展。

重点研究方向：草原生态系统结构和功能维持及其调控机理、草原资源构成要素生产潜力挖掘及其调控技术、退化草地植被重建与保育以及恢复草原的可持续性利用技术、草种质资源创新、精准栽培管理与草产品加工技术。

2. 森林经营与管理

（1）林业经济管理

发展趋势：经济学及管理学方法体系不断发展和创新，计量分析的技术和手段不断完善，林业经济管理定量分析研究更加深入；与生态科学、社会学、系统科学、福利和制度经济等经济学新领域的交叉融合，不断拓展研究视角及范式；经济社会生态复合系统角度下林业经济管理问题更加侧重于整体性、综合性研究。

重点研究方向：森林资源生态效益计量核算及资产化管理、林业生态工程管理、林业生态政策研究、林权改革制度研究、生态与产业协调发展、森林可持续经营与林业可持续发展。

（2）林下经济

发展趋势：与农学、经济学、中药学、营养与食品卫生学、管理学等多学科交融渗透，研究广度和范围逐渐扩大，林下经济学科朝着联动协作、交叉融合的格局演变。林下经济研究趋向模式多样化、品种地域特色高值化、生态效应与经济效益协同化。

重点研究方向：生态效应与经济效益权衡机制、特色资源品质形成微生境机理、种间互作关系、林下生物仿生栽培和高效调控、非木质林产品高值利用。

（3）森林防火

发展趋势：林火行为研究不断渗入，林火发生及蔓延过程研究更加定量化；森林火险预测不断完善，物联网、遥感等高新科技与林火监测深度融合。飞机等先进装备广泛用于林火扑救作业，化学灭火剂向高效、低价方向发展，灭火机具向越野性强、多用途、综合性方向发展，林火管理和扑火安全水平不断提高。

重点研究方向：森林火险与火行为预报模型、森林可燃物管理、森林火灾损失评估、林火与气候变化、扑火安全、林火生态。

3. 自然保护地与风景园林

（1）自然保护地

发展趋势：自然保护区监测管理技术不断向天 - 空 - 地一体化方向发展，利用远程监控以及无线网络等技术建立野外数据自动采集与传输系统，对特有物种和珍稀濒危物种实现全天候监测，无人机广泛应用于保护区野生动物调查、资源环境调查和人为活动监控工作。从遗传、物种、生态系统和景观水平进行濒危物种的管理，提高自然保护区物种的种群生存力和生物多样性。自然保护区生态保护和管控向标准化、规范化方向发展。

重点研究方向：中国特色的自然保护地体系和空间布局规划、自然保护区保护与综合管理、生物多样性与生态服务的监测和管理、珍稀濒危物种保护和管理、生态资产评估与生态功能协同提升、自然保护区生物多样性和管理监管平台。

（2）风景园林

发展趋势：走向自然，减少景观设计中的人为干扰；走向生态，保护和尊重自然，保证风景园林与自然生态的和谐；走向地域化，反映当地历史变迁、经济发展等人文要素，实现自然环境与人文环境的统一；走向新材料和新技术，推动新材料和新技术在景观设计、施工等方面的应用，使风景园林更具有表现力和观赏性。

重点研究方向：多学科融合的风景园林设计理论、大地景观规划与生态修复、反映城市发展战略的风景园林设计、基于云端大数据的风景园林设计、公众参与的风景园林设计。

4. 树种培育与应用

（1）树木学及树木引种驯化

发展趋势：树木学及树木引种驯化的研究对象及范围将不断拓展，目标趋于多样化多元化，由经典植物区系研究向生态功能与遗传多样性分析拓展，由植物专科专属分类修订向分子系统发育研究拓展，种内变异由单一表型变异分析向表型和遗传变异联合分析拓展，木本植物基因组大小进化研究为未来研究趋势。

重点研究方向：世界森林植物区系研究、森林生物多样性编目与长期定位观测、树木分子系统发育与分子生态、珍稀濒危与极小野生动植物物种保育、森林植物资源可持续利用、实践基础上的树木引种驯化理论创新、高产稳产强适应性优良树种引种驯化关键技术。

（2）用材树种及竹藤育种研究

发展趋势：用材树种及竹藤研究愈加聚焦现代生物组学分析、高效分子标记、基因编辑等技术及其与常规育种技术的融合，杨柳趋于重视发展快速基因组变异快速鉴定技术，杉木高世代育种及无性系育种更加重视质量及抗性性状选育，桉树速生机制和抗逆生物学机制、病原物演化机制和致病机理亟待解决，基于分子机理促进珍贵木材形成的新技术新方法以及林木分子设计育种是未来重要方向。

重点研究方向：用材树种的速生、抗逆、木材品质等重要性状形成的分子和生物学机制，高世代遗传改良理论和技术，基于基因组变异快速鉴定、高效转基因、基因组编辑等技术的分子设计育种，目标性状突出的新品种创制。

（3）用材树种及竹藤培育研究

发展趋势：主要用材树种培育向健康、优质、可持续发展，栽培生理学的强化与拓展性研究是未来用材林研究的基本趋势。多因子交互控制与集成、混交等技术研究是现代用材树种培育研究重点，长期生产力维护及生态系统层面生物量与养分循环研究是用材树种可持续经营研究的焦点，珍贵树种未来需要系统突破大径级无节材培育技术以及心材形成调控技术，竹藤经营培育技术趋向规模化、机械化和省力化。

重点研究方向：遗传、立地、密度等控制技术的交互控制技术及集成技术研究，多性状多目标集约或近自然育林技术研究，多树种混交林营建机制与技术研究，病虫害流行的预测、预报、检测及病虫害防治新技术、新产品研发，人工林水分、养分利用效率提升及其生态机制，人工林地力衰退机理与维护技术及生态系统层面生物量与养分循环研究，珍贵树种大径级无节材培育技术以及心材形成调控技术，竹林高效培育经营技术。

（二）重大措施及对策建议

1. 优化顶层设计和组织实施机制

加强中央财政科技任务中长期规划的落实，确保任务设计的系统性和重要领域工作的持续性。建立更加开放、凝聚共识的中央财政科技项目形成机制，优化部际联席会议制度和部省联动会商制度，提升项目形成环节的决策效率，不定期向国家提出重点科技任务建议。建立符合林草科技创新规律的项目组织实施机制，基础前沿研究、关键核心技术研发以公开竞争方式为主遴选研发团队，基础性长期性工作、重大公益性研究采取定向择优或定向委托方式，避免过度竞争。集中部署一批关键核心技术重大项目（工程），确保事关国家安全和发展全局的林草关键核心技术自主可控。

2. 建立长期稳定的投入机制

需要建立以国家投入为主、长期稳定的科技创新投入机制。加大对林草基础研究的支持力度。通过林草基础研究的创新，突破关键性技术难题背后的基础理论，解决基础研究的碎片化问题，提高林草基础研究的系统性和集约程度。充分利用国家有关补助、贴息、减免税等优惠政策，发挥市场投融资机制作用，鼓励和引导各种社会资本投入林草高质量发展科技创新工作中，构建多元化投入体系。充分发挥林木新品种（良种）后补助、专利技术质押贷款和技术成果入股等新举措，拓宽投入渠道，激发科技创新活力。

3. 加强科研创新平台建设

科技创新基地和科技基础条件保障能力是实施创新驱动发展战略的重要基础和保障，是提高国家综合竞争力的关键。国家重点实验室和国家野外科学观测研究站是国家科技创新基地的重要组成部分。加快在战略科技力量中布局森林生态、林产物理和化学等林草领域的国家实验室、国家重点实验室。加强林草国家生态网络野外观测定位研究站建设，重点在森林、荒漠、湿地、草原生态系统，布局黄河小浪底森林生态系统、宝天曼森林生态系统、三峡库区森林生态系统、红树林湿地生态系统、若尔盖高寒湿地生态系统、库姆塔格荒漠生态系统、敦煌荒漠生态系统等国家野外观测定位研究站。同时，加强科技创新中心、重大基础设施和长期试验基地等科研平台建设。统筹林草科技数据中心等平台资源，构建林草科学数据监测网络，重点开展林业和草原长期性、基础性工作。

4. 强化科技人才队伍建设

设立林草领域高层次人才计划。整合现有各级各类林草领域科技人才计划，建立统一标准和政策，分类遴选和重点支持。推进创新、转化、支撑和管理四支林草科技人才队伍建设，弘扬“两弹一星”精神。制定人才队伍分类评价和激励措施，引导人才合理有序流动。倡导正确的人才观、价值观，创新人才柔性引进制度，制定人才有序流动政策，加大力度支持人才向西部和基层等乡村振兴最需要的地区集聚。

5. 构建以人为本的创新生态

加快构建科学家诚信体系，建立林草科研诚信负面清单，划定行为边界和行动底线，保护科学家首创精神。健全林草科研分类评价体系，针对不同类型的科研人员、科研项目和科研机构，设定相应的评价方法和评价指标，适当拉长评价周期，将评价结果作为资源配置的主要依据。构建“宽授权、强监管”科研管理体系，赋权科研一线人员在项目组织和经费使用等方面的自主权，推动科研管理信息化和公开化。

6. 打造国际合作大科学平台

依托国家“一带一路”合作倡议、中非合作等国际合作平台，强化统筹利用国际国内两个平台、两种资源，提升我国林草质量效益和竞争力，发挥林草学科优势、人才优势和技术优势，通过牵头组织实施全球林木泛基因组研究计划、农林废弃物资源高效综合利用、木竹细胞壁计划、陆地生态系统、国际农林生态系统等国际大科学计划，打造国际合作大科学平台，促进林草科技发展全面融入全球化进程，深化国际合作与交流，服务国家战略，赢得参与国际市场竞争的主动权。

参考文献

[1] Wei H，Min S，Song NL. A 3D GIS-based interactive registration mechanism for outdoor augmented reality system [J]. Environment Development Sustain，2016，18：697-716.

[2] Ran W. Coverage Location Models：Alternatives，Approximation，and Uncertainty [J]. International Regional Science Review，2016，39 (1)：48-76.

[3] Richard M Iverson，Chaojun Ouyang. Entrainment of bed material by Earth - surface mass flows：Review and reformulation of depth - integrated theory [J]. Reviews of Geophysics，2015，53 (1)：27-58.

[4] 崔鹏，邓宏艳，王成华. 山地灾害[M]. 北京：高等教育出版社，2018.

[5] 赵凤君，舒立福. 林火气象与预测预警 [M]. 北京：中国林业出版社，2014.

[6] 田晓瑞，舒立福，赵凤君，等. 中国主要生态地理区的林火动态特征分析 [J]. 林业科学，2015，51 (9)：71-77.

[7] Evison DC. Estimating annual investment returns from forestry and agriculture in New Zealand [J]. Journal of Forest Economics，2018 (33)：105-111.

[8] Gordillo F，Elsasser P，Günter S. Willingness to pay for forest conservation in Ecuador：Results from a nationwide contingent valuation survey in a combined “referendum” – “Consequential open-ended” design [J]. Forest Policy

and Economics，2019，105：28-39.

［9］Koch N，Zu Ermgassen EKHJ，Wehkamp J，et al．Agricultural productivity and forest conservation：evidence from the Brazilian Amazon［J］．American Journal of Agricultural Economics，2019，101（3）：919-940.

［10］Miranda JJ，Corral L，Blackman A，et al．Effects of protected areas on forest cover change and local communities：evidence from the Peruvian Amazon［J］．World Development，2016，78：288-307.

［11］郭会玲．论生态文明体制改革背景下林业生态环境保护制度创新——以法律制度创新为视角［J］．林业经济，2017，39（01）：8-12.

［12］刘璨，张永亮，赵楠，等．集体林权制度改革发展现状、问题及对策［J］．林业经济，2017，39（7）：3-14+22.

［13］张道卫，斯·皮尔森 著．刘俊昌等译．林业经济学［M］．北京：中国林业出版社，2013.

［14］Hu ML，Li YQ，Bai M，et al．Variations in volatile oil yields and compositions of *Magnolia zenii*Cheng flower buds at different growth stages［J］．Trees，2015，29（6）：1649-1660.

［15］江泽平，郑勇奇，张川红，等．树木引种驯化与困难立地植被恢复［M］．北京：中国林业出版社，2016.

［16］盛炜彤．中国人工林及其育种体系［M］．北京：中国林业出版社，2014.

［17］郑勇奇，张川红，等．外来树种生物入侵风险评价［M］．北京：科学出版社，2014.

［18］李文华，赖世登．中国农林复合经营［M］．北京：科学出版社，2004.

［19］李文华．生态农业——中国可持续农业的理论与实践［M］．北京：化学工业出版社，2003.

［20］曹玉昆，雷礼纲，张瑾瑾．中国林下经济集约经营现状及建议［J］．世界林业研究，2014，27（6）：60-64.

［21］张以山，曹建华．林下经济概论［M］．北京：中国农业科学技术出版社，2013.

［22］陈幸良，段碧华，冯彩云．华北平原林下经济［M］．北京：中国农业科学技术出版社，2016.

［23］姜明，邹元春，章光新，等．中国湿地科学研究进展与展望——纪念中国科学院东北地理与农业生态研究所建所60周年［J］．湿地科学，2018，16（03）：279-287.

［24］孙宝娣，崔丽娟，李伟，等．湿地生态系统服务价值评估的空间尺度转换研究进展［J］．生态学报，2018，38（08）：2607-2615.

［25］崔国发，郭子良，王清春，等．自然保护区建设和管理关键技术［M］．北京：中国林业出版社，2018.

［26］张希武，唐芳林．中国国家公园的探索与实践［M］．北京：中国林业出版社，2014.

［27］唐芳林，等．国家公园理论与实践［M］．北京：中国林业出版社，2017.

［28］中国林业科学研究院．森林生态学学科发展报告［M］．北京：中国林业出版社，2018.

［29］国家林业和草原局．中国林业年鉴 2018［M］．北京：中国林业出版社，2018.

［30］国家林业局．2017 中国林业发展报告［M］．北京：中国林业出版社，2017.

［31］中国科学技术协会．2016—2017 林业科学学科发展报告［M］．北京：中国科学技术出版社，2018.

［32］白永飞，黄建辉，郑淑霞，等．草地和荒漠生态系统服务功能的形成与调控机制［J］．植物生态学报，2014，38（2）：93-102.

［33］白永飞，潘庆民，邢旗．草地生产与生态功能合理配置的理论基础与关键技术［J］．科学通报，2016，61（2）：201.

［34］任继周．草地生态生产力的界定及其伦理学诠释［J］．草业学报，2015，24（1）：1-3.

［35］方升佐．人工林培育：进展与方法［M］．北京：中国林业出版社，2018.

［36］王豁然．桉树生物学概论［M］．北京：科学出版社，2010.

［37］国家自然科学基金委员会生命科学部．国家自然科学基金委员会“十三五”学科发展战略报告——生命科学［M］．北京：科学出版社，2017.

［38］Wingfield MJ，Brockerhoff EG，Wingfield BD，et al．Planted forest health：the need for a global strategy［J］．Science，2015，349（6250）：832-836.

［39］Xie YJ，Arnold RJ，Wu ZH，et al．Advances in eucalypt research in China［J］．Frontiers of Agricultural

Science and Engineering，2017，4（4）：380-390.
[40] 江泽慧. 传承开拓 走向世界 建设中国竹藤品牌集群［J］. 中国品牌，2018（10）：34-35.
[41] 费本华，陈美玲，王戈，等. 竹缠绕技术在国民经济发展中的地位与作用［J］. 世界竹藤通讯，2018，16（4）：1-4.
[42] 于文吉. 我国重组竹产业发展现状与机遇［J］. 世界竹藤通讯，2019，17（3）：1-4.
[43] 国家林业和草原局. 中国主要栽培珍贵树种参考名录（2017 年版），2017.
[44] 吴中伦. 杉木［M］. 北京：中国林业出版社，1984.
[45] 盛炜彤. 中国人工林及其育林体系［M］. 北京：中国林业出版社，2014.
[46] 张建国. 森林培育理论与技术进展［M］. 北京：科学出版社，2013.
[47] 童书振，刘景芳. 杉木林经营数表与优化密度控制研究［M］. 北京：中国林业出版社，2019.

撰稿人：王军辉 张会儒 迟德富 王立平 尹昌君 刘庆新 曾祥谓
张永安 李 莉 张劲松 吴 波 舒立福 段爱国 张于光
韩雁明 曾立雄 丁昌俊 倪 林 李 勇

专题报告

湿地科学

一、引言

（一）学科定义

湿地广泛分布于世界各地，拥有众多野生动植物资源，与海洋、森林并称为地球三大生态系统。湿地是最关键的生态系统之一，也是生态空间的重要组成部分。

湿地科学是一门研究湿地的形成演化、发育规律、类型、分布、生态过程、结构与功能以及保护与利用的科学。湿地科学的主要特征表现在：研究对象位于水陆交错带，具有许多区别于其他生态系统的属性，并形成了内在共有的规律和复杂性，对其研究多需要跨学科研究方法。同时应有整体性和系统化的思维，周边或区域环境变化对其具有显著影响，需综合考虑湿地与周边环境的关系。

在学科属性上，湿地科学融合了地球科学、生态学、生物学、化学、物理学、信息科学与系统科学、工程与技术科学和管理学等理论与技术，并发展出以整体性 - 系统性 - 综合性 - 复杂性思维和自然 - 社会 - 技术多学科交叉方法为研究特色的新兴应用基础型交叉学科。

湿地科学的狭义研究对象包括陆地生态系统（森林、草原、农田等）和水生生态系统（河流、湖泊、海洋）的水陆过渡带和生态交错区。湿地科学的研究内容包括：湿地生态系统的形成、发育和演替；湿地生态系统的结构与功能；湿地生物多样性；湿地生态系统的生态过程；湿地生态系统评价；湿地生态系统的保护、恢复与重建；湿地生态系统对人类活动和全球变化的响应；湿地生态系统管理等。湿地科学的研究尺度包括物质元素、生物种群、生物群落、生态系统、景观和区域等不同层次。

（二）学科概述

新中国成立初期，我国就开展了沼泽湿地方面的研究工作，并积累了大量成果，但是真正将湿地作为一类具有共同属性的生态系统加以管理和研究，则始于 1992 年我国加入《湿地公约》以后。1994 年，我国政府将“中国湿地保护与合理利用”项目纳入《中国 21 世纪议程》优先项目计划，把我国的湿地保护提到了优先发展的地位。而后围绕湿地的生态系统过程、生态系统服务、生物多样性、生态修复和保护管理等开展了大量的研究工作，而且还组织了两次全国湿地资源调查，基本摸清了我国的湿地资源家底。“十三五”期间，我国确定了湿地面积不低于 8 亿亩的目标。近 30 年来，我国对湿地的重视程度不断提高，在湿地保护和修复方面也取得了不菲的成绩。但我国目前的湿地资源仍然面临许多威胁和潜在风险，污染、过度利用和占用等导致湿地功能退化和丧失的现象仍然存在。同时，目前我国对湿地与全球变化、湿地生态系统演替规律、湿地生态系统物质循环过程，以及湿地对人类活动响应等基础研究领域的研究不足，湿地生态评估、湿地水生态环境调控、湿地保护修复和人工湿地构建等领域应用技术缺少。为解决这些问题，不仅要进一步完善湿地保护管理体制，也要在完善湿地科学的研究体系方面开展进一步地深入科学规划布局。未来全球变化下湿地生态系统的演化、水文过程变化和保护管理等，湿地生态系统对人类活动的响应，以及湿地生态系统评估和保护修复、人工湿地构建等将成为湿地科学研究的发展趋势。

二、本学科最新研究进展

（一）发展历程

20 世纪 60 年代我国开始了对沼泽研究，之后逐渐扩展到湿地科学研究，并经历了由最早资源调查到湿地生态系统结构、功能、过程以及长期定位研究的发展。1992 年，我国正式加入《湿地公约》，湿地研究和管理逐渐得到了国家重视。中国政府于 2000 年正式发布了《中国湿地保护行动计划》，并在 2004 年通过了《全国湿地保护工程规划（2004—2030 年）》，标志着中国大规模湿地保护与恢复工作的正式开始。围绕湿地水污染修复问题，中国设立了“水体污染控制与治理科技重大专项”，对河流、湖泊和其他类型湿地开展了大规模的恢复工作。

2014 年，全国第二次湿地资源公报发布。同年，我国启动了重点省份泥炭沼泽碳库调查，对分布面积较大的内蒙古、四川等 11 个省份泥炭沼泽进行碳库调查；2019 年 2 月，已完成 6 个省份调查试点工作。2016 年 12 月，国务院办公厅印发《湿地保护修复制度方案》，提出目标任务为：实行湿地面积总量管控，到 2020 年，全国湿地面积不低于 8 亿亩，其中，自然湿地面积不低于 7 亿亩，新增湿地面积 300 万亩，湿地保护率提高到 50% 以上；严格湿地用途监管，确保湿地面积不减少，增强湿地生态功能，维护湿地生物多样性，全面提升湿地保护与修复水平。2017 年 3 月《全国湿地保护“十三五”实施规划》发布，要求通过退耕还湿、退养还滩、排水退化湿地恢复和盐碱化土地复湿等措施，恢复湿地面积；坚持自然恢复为主、与人工修复相结合的方式，对集中连片、破碎化严重、功能退化的自然湿地进行修复和综合整治，优先修复生态功能严重退化的国家和地方重要湿地；通过多种方式逐步恢复湿地生态功能，增强湿地碳汇功能，维持湿地生态系统健康。2017 年 12 月《湿地保护管理规定（修订）》和《国家湿地公园管理办法》发布。2019 年 2 月，中国发布了《中国国际重要湿地生态状况》白皮书。

近 5 年取得的湿地保护修复成效，离不开在相关领域取得科研成果提供的技术支撑。在基础研究方面，有 475 项自然科学基金获批，累计金额 2.4 亿元，开展了大量关于湿地生物地球化学循环、湿地生态水文与水资源、湿地生物多样性保护、湿地生态系统服务、湿地修复与重建、湿地调查与监测等方面的研究工作。2013 年，国家科技基础性工作专项支持了中国沼泽湿地资源及其主要生态环境效益综合调查等项目，开展了全国沼泽湿地数量、类型、面积及分布的调查，沼泽湿地水文情势及水文调节功能、沼泽湿地泥炭资源及典型泥炭地碳库功能、沼泽湿地植物资源和东北地区植物种质资源的调查，沼泽湿地资源与生态效益调查数据库及共享平台的建设。2016 年，科技部会同相关部门及地方，制订了国家重点研发计划“典型脆弱生态恢复与保护研究”重点专项实施方案，在重点支持的方向里，分别包括了东北典型退化湿地恢复与重建技术及示范、三峡库区面源污染控制与消落带生态恢复技术与示范、河口湿地生态恢复与产业化技术、典型滨海湿地生态恢复与生态系统功能提升技术研发等；在“全球变化及应对”方面，重点支持了中高纬度湿地系统对气候变化的响应研究等项目。

（二）基础研究进展

1. 湿地生物地球化学循环

湿地生物地球化学循环研究是湿地科学研究的核心内容之一。湿地富含有机质、滞水等条件，是典型的沉积环境。湿地中氧化、还原环境交替，导致氮、硫和磷等变价元素形态和过程的多样性，从而影响湿地生态系统的相关功能。湿地中氮的迁移和转化主要发生在湿地演替带，演替带是生物地球化学活动比较强烈的缓冲区，常被视为湿地的氮源、氮汇和氮转化器。演替带中氮衰减主要是通过反硝化、厌氧氨氧化和湿地植被吸收等方式进行。湿地生态系统中有机质含量丰富，同时湿地中土壤微生物种类繁多，二者相互作用导致湿地土壤中元素的有机态循环过程受到更多关注，尤其是毒性较高的某些重金属的有机态化合物。湿地对营养物、重金属等物质具有很强的吸附、降解和转化作用，便于开展湿地生态过程和作用机理的研究。此外，湿地生态系统是全球陆地碳库的重要组分，在调控地球气候中发挥着至关重要的作用。目前相关研究主要集中在群落尺度的控制实验和单一或少数元素及生态系统功能指标变量的区域模拟。

2. 湿地生态水文过程

湿地生态水文过程是湿地生态学研究的核心内容之一，主要研究湿地水文的物理过程、化学过程及其生态效应。目前，已经开展了大量的湿地物理过程和水文过程研究，如湿地水文周期、水位波动、水量平衡、水的滞留时间、降雨产流系数等。同时，在湿地水文过程的生态效应方面也开展了大量研究工作，如在黄河三角洲和松嫩平原，开展了湿地水文情势与盐分变化交互作用对湿地植物生长和演替的影响研究，确定了水位、盐度和碱度生态阈值。

近 20 年来，以湿地保护与恢复对水文水资源需求为驱动力，我国学者在湿地水文过程模拟及其生态效应、生态需水机理及其计算理论和方法、生态补水与水资源管理等领域开展了大量研究工作。其中，生态格局、生态过程与水文过程相互作用机制模拟研究越来越引起我国学者的关注，主要是基于生态水文模型模拟、分析和预测湿地生态 - 水文要素变化规律及趋势。同时，湿地生态水文对气候变化具有高度敏感性和脆弱性而备受关注。气候变化通过改变全球水文循环而引起水资源在时空上的重新分布，洪水、干旱水文极值事件频发，对湿地生态水文过程产生深远的影响。在气候变化导致湿地干旱缺水、面积萎缩和功能退化的现实背景下，关于气候变化对湿地生态水文影响的研究成为当前气候变化和可持续发展研究领域关注的热点和重点。近年来，气温升高、蒸发量增大和降水量减少导致黄河源区湖泊和若尔盖高原湿地水位下降、河流径流量减少和沼泽水文和生态功能退化。此外，海平面上升导致长江口崇明岛盐沼植物生理特征发生改变、生态脆弱性问题凸显和湿地面积的不断减少。海平面上升引起的海水入侵也改变了滨海湿地原有的水 - 盐交互作用，引起湿地土壤和植物等发生变化，甚至引起了整个湿地生态系统发生逆向演替。在全球变化的背景下，处于过渡带的高寒湿地、滨海湿地的生态水文过程对全球变化响应受到了越来越多的关注。

3. 湿地生物多样性维持及其保护

丰富的生物多样性是湿地的重要特征，也是湿地受到国际社会普遍关注的原因之一。中国湿地生物多样性研究主要开展了以湿地植物和水鸟栖息地为核心的基础研究和恢复技术研究，近年来湿地无脊椎动物研究也逐渐受到关注。

植物分布格局及其形成机制是湿地植物多样性研究的核心内容。湿地植物分布具有带状格局特征，土壤水分和养分等环境梯度是植物组成及其丰富度的主控因子。采用生境分布模型方法，通过构建优势种分布对水深变化的响应模型，确定植物优势种分布的关键水深生态参数。在人类活动干扰下，湿地泥沙淤积会发生变化，泥沙淤积造成植物根区缺氧，并对植物的分生组织等造成机械压力。同时，泥沙淤积能带来丰富的营养，引起湿地植物分布格局的改变。例如，互花米草已经对中国温州以南的红树林造成严重威胁。在漳江口，互花米草已经广泛侵入河口，并已经扩散到红树林的下潮汐边缘；它没有入侵拥有封闭树冠的红树林地区，但是，已经入侵了被人类活动干扰了树冠的红树林区。

湿地种子库作为繁殖体的储备库，在植被演替更新和受损湿地恢复中起着十分重要的作用。水深及其波动是利用土壤种子库进行湿地恢复的关键限制性环境因子。如泥炭藓孢子库可存活超过600年，这可能是泥炭藓面对多变环境，通过有性更新维持泥炭地苔藓地被的重要适应机制。湿地被开垦后，土壤种子库的物种丰富度和种子密度随着开垦年限的增加迅速下降，开垦超过15年后，绝大多数的沼泽地中的物种消失，湿地自然恢复难度加大。

水鸟栖息地的适宜性分布及其对气候变化的适应性调控受到重视，如果采取有效的适应性对策，能有效缓解气候变化对栖息地影响的适宜性程度。无脊椎动物也是湿地生态系统的重要组成部分，对湿地环境变化响应敏感。对中国浅海、河流和湖泊中的无脊椎动物已经开展了较多研究，主要以底栖无脊椎动物研究为主；对沼泽中的无脊椎动物开展的研究相对较少，且以土壤动物研究为主，对典型水生无脊椎动物研究较少。

4. 湿地退化机制

湿地退化形式主要包括生物多样性减少、水体富营养化、湿地植被衰退等。影响湿地生态系统退化的驱动因子众多，既有生物因素也有非生物因素，它们之间相互联系，相互作用，且作用机理错综复杂。湿地生态系统退化主要受围湖造田、兴修水利、水文过程变化等物理方面，重金属富集、富营养化等化学方面，湿地植被格局变化、外来物种入侵等生物方面的三大驱动因子影响，揭示各类因子的驱动机理，能为湿地退化修复提供科技支撑。湿地退化机制的研究集中于湿地的生物学与生态学基础、湿地演替规律、不同干扰下湿地退化过程和机制、湿地退化的指示性标识、退化临界指标、退化景观诊断依据和评价指标体系等。通过建立动态模型，实现湿地退化过程动态监测模拟与预报，进一步模拟分析湿地退化机制。

（三）应用研究进展

1. 湿地资源调查与管理

湿地调查与监测是全面了解和掌握湿地资源及其变化的主要手段。20世纪60年代初，中国开展了针对全国范围内的浅水湖泊、沼泽和泥炭资源的调查，调查区包括三江平原、若尔盖高原、青藏高原、新疆维吾尔自治区、神农架、横断山、沿海地区以及黄河和长江中下游地区等。20世纪80年代初期，卫星影像最早被应用于湖泊、沼泽和海岸湿地调查规划中。在1995—2003年和2009—2013年，中国先后两次对全国范围内的湿地资源进行了调查，基本掌握了全国湿地资源的分布、类型、成因和发生、发展规律。2013年，科技部基础性工作专门针对沼泽类型、植物、水和泥炭资源进行了系统调查。

湿地监测研究已经逐渐形成体系，湿地监测从零星的野外监测点，到非系统的湿地监测站，再发展到大型的湿地监测台站，目前已经逐渐发展为网络化的监测台站和众多研究网络。湿地监测的内容不断丰富，从最初的湿地类型、湿地面积等较为单一的监测到目前的湿地景观变化、湿地植物以及湿地土壤流失、湿地沙化监测等较为系统的监测。湿地监测的手段不断改进。从最初单纯的湿地野外综合考察到现代遥感技术与GIS技术支持下的湿地动态监测，监测研究不断趋于定量化、准确化和网络化。高空间分辨率和高光谱分辨率将是卫星遥感监测总体发展趋势，其中，在湿地遥感分类技术上，从传统的目视解译方法逐步发展到有统计学分类（监督分类和非监督分类）、人工智能分类神经网络、专家系统和蚁群算法分类、支持向量机分类、决策树分类和面向对象分类方法等。监测指标也从常见作物长势指标（如 LAI、NDVI、TCI、VCI 和 NPP 等）扩展为湿地植物长势指标、气候指标和物候指标等。在过去的 20 年中，中国湿地遥感监测研究和应用从深度到广度上都得到了长足发展。

2. 湿地生态系统服务评价

湿地生态过程与生态功能问题是 21 世纪中国地理学综合研究的主要领域。湿地评价研究可以提高全社会对湿地保护重要意义的认识，湿地评价也是运用经济手段保护生态系统和环境的需要、建立综合的资源环境与经济核算体系的需要，更是湿地系统恢复与重建的需要。采用市场价格法、影子工程法、机会成本法、替代花费法和类推法，评估湿地服务价值（涵养水源价值、固碳价值、侵蚀控制价值、废物处理价值、生物栖息地价值）；采用市场价格法，评估湿地的直接实物产品价值；采用旅行费用法（TCM 法）和类推法，评估湿地直接服务价值（存在价值、遗产价值、备选半备选价值）。另外，湿地的总经济价值将随着市场需求的变化而波动。维持与保护湿地生态系统功能是未来实现湿地可持续发展的基础，客观准确深入地研究湿地生态系统功能，量化其经济价值，可以促进自然资本开发的合理决策，有利于人类自身的可持续发展。

湿地生态系统服务研究主要集中在：土地利用变化对湿地生态系统服务的影响、模型在湿地生态系统服务评估中的应用、湿地生态修复对生态系统服务的影响与评估等几个方面，而在模型开发、权衡分析、管理决策和设计等方面仍处在探索阶段。因湿地独特的水文特性和生物地球化学循环过程，现有模型大部分难以有效应用于评估湿地生态系统服务研究。此外，受监测数据和模型局限，大部分研究集中在湿地生态系统供给服务评价。

3. 湿地恢复技术

湿地恢复的方法主要有自然恢复法、人工辅助法和工程技术的方法。根据湿地的构成和生态系统特征，湿地恢复技术可以划分为湿地生境恢复技术、湿地生物恢复技术和湿地生态系统结构与功能恢复技术 3 个部分。

（1）湿地生境恢复技术

湿地生境恢复的目标是通过各类技术手段，提高生境的异质性和稳定性，主要包括湿地基底恢复、湿地水状况恢复和湿地土壤恢复等。湿地基底恢复是通过采取工程措施，维护基底的稳定性，稳定湿地面积；基底恢复技术包括湿地基底改造、湿地及上游水土流失控制、清淤等。湿地水状况恢复包括水文条件的恢复和水环境的改善，通常通过水利工程措施来实现生态补水，例如筑坝、修建引水渠等；湿地水环境质量改善技术包括污水处理技术、水体富营养化控制技术等。土壤恢复技术包括土壤污染控制技术、土壤肥力恢复技术等。

（2）湿地生物恢复技术

湿地生物恢复技术主要包括物种选育、物种培植、物种引入、物种保护、种群调控、群落结构优化配置与组建等。湿地恢复过程植物的导入主要为湿地植物定向移栽技术。植物的移植可以移栽植物的根部、茎部、块茎、秧苗等，输入基质和附近湿地的种子库。最好选择野生植物作为移栽植物，如果使用人工培育的，则要求这些植物的生存环境应该与要恢复的湿地地区相似。对湿地水鸟的恢复工作，主要集中在恢复湿地作为水鸟生境功能和人工繁殖、放养、招引水鸟等方面。

（3）湿地生态系统结构与功能恢复技术

生态系统结构与功能恢复技术主要包括生态系统总体设计技术、生态系统构建与集成技术等。对于退化湿地生态系统结构与功能的恢复，是从一个更高的层面上着眼于恢复整个湿地生态系统的物质、能量与功能的特征与自我维持机制，而不再是仅仅恢复湿地的某一特定方面的性征，目前开展这方面的研究相对较少，需要进一步探讨。

（4）退化湿地修复和重建有效性评价

退化湿地的修复和重建的有效性评价是目前湿地恢复研究中亟待加强的方向。在湿地修复工程中，多重视修复过程，而忽视修复后的长期监测。湿地恢复的效果评价涉及水文、土壤、动植物等各个方面，包含了物质循环、能量流动和信息传递三个方面。湿地植被可以在一年的时间内恢复，而湿地生物多样性的恢复则需要几年到十几年的时间，恢复湿地土壤物理化学性质则需要更长的时期。一些恢复湿地中，虽然植被的组成已经与自然湿地相差不大，但是土壤物理结构、化学组成及生物配置依然与自然湿地存在较大差异。

2016年开始实施的国家重点研发计划“典型脆弱生态修复与保护研究”重点专项主要开展了以下几个方面的应用研究，产生了系列研究成果。针对东北典型退化沼泽湿地，系统研究了该区域湿地生态系统格局、功能演变规律和驱动机制，研发了湿地生态补水及湿地生态水文调控技术、湿地关键生物生态恢复与重建技术、重要栖息地修复与功能提升技术。对于三峡库区及其消落带区域，开展了库区“边坡—消落带—水体”交错带生态系统的动态演替过程与机理、库区周边生态环境演变以及面源污染规律等研究；研发了三峡库区消落带生态恢复和土地合理利用技术、面源污染景观生态防治技术、水体富营养化消减与生物调控技术。在河口湿地恢复方面，研发了退化河口湿地生态修复技术、利于水文连通及生物连通的多孔质多维度生态护岸和生境替代绿色修复材料与装备；研发了特色资源利用和产业化技术及工艺，形成了河口湿地水盐－水沙－水生态－生态产业多过程联合调控一体化修复和产业化发展技术体系。在滨海湿地区域，研究了人类活动对滨海湿地的影响机制，研发了滩涂湿地生态服务功能提升技术，研发了滩涂土著资源可持续利用和产业化开发技术及工艺，形成了滩涂湿地生态服务－生态产业一体化综合开发利用技术体系；研究了红树林典型滨海湿地的关键生态过程和生物多样性的维持机制，揭示了红树林湿地生态功能的退化机理，研发了海草床和红树林等重要滨海湿地的恢复技术方法与途径，探索了不同区域与类型滨海湿地的管理方法与模式，提出了管理、保育和恢复的建议与措施。

2016年，“云南高原湖泊湿地生物多样性研究”获得梁希林业科学技术奖三等奖；2017年，“黄河三角洲湿地生态系统恢复与重建技术”获得梁希林业科学奖三等奖；2018年，“景宁高山湿地修复与重要植物资源保育”获得梁希林业科学技术奖二等奖，“松嫩－三江平原退化沼泽湿地生态恢复关键技术研究与应用”获得梁希林业科学技术奖三等奖；“湿地北京”获得2017年度国家科学技术进步奖，这是我国第一个湿地领域的国家科技进步奖。

（四）人才队伍和平台建设

1. 湿地生态站网络及其联盟

截至2019年5月，全国已经有39个湿地生态系统国家定位观测研究站、囊括了沼泽湿地、湖泊湿地、河流湿地、滨海湿地和人工湿地五大湿地类型的10个亚类，遍布23个省（自治区、直辖市），形成了覆盖重点生态区域的湿地科学观测研究网络。

中国湿地生态系统野外站联盟于2013年成立，由中国科学院、国家林业和草原局、中国农业科学研究院、高校联合建设，目前由21个野外湿地生态系统研究台站组成。联盟通过制定统一的野外监测指标体系、技术标准和规范，开展长期湿地生态系统结构与功能的研究，主要包括以下几项内容：湿地生态系统结构、环境变迁对湿地的作用机理研究、受损湿地系统生态功能修复、湿地保护生态学等。基于上述主要研究方向，通过长期定位观测和研究，揭示湿地生态系统的结构与功能规律，探索湿地的科学价值和社会意义，为国家、部门建设野外台站、支持基于野外站的研究项目提供决策依据。

中国国家湿地公园创先联盟是在国家林业和草原局湿地司和中国湿地保护协会的协调指导下，由重庆开州汉丰湖、广州海珠、杭州西溪、四川邛海、黑龙江富锦、北京野鸭湖、河北北戴河、贵阳阿哈湖和江苏沙家浜9家具有行业和区域影响力的国家湿地公园联合发起成立的，其目的是加强湿地公园间的合作交流，丰富湿地保护利用内涵，拓宽国家湿地公园创新发展模式。

2. 湿地相关重点实验室和工程中心

“湿地生态功能与恢复北京重点实验室”于2013年由北京市科学技术委员会认定，依托中国林业科学研究院湿地研究所。实验室致力于湿地生态功能作用机理与效应、湿地退化关键过程及驱动机制、退化湿地水环境演变及恢复、湿地生物多样性维持与生境恢复研究等方面的基础理论与应用技术研究。

“中国科学院湿地生态与环境重点实验室”成立于1997年，重点围绕湿地生态学、湿地水文学、沼泽学、泥炭地学开展原始性科学创新，突出湿地关键生态过程、生态系统演变与环境效应、受损生态系统的恢复重建与生态保育、湿地水土优化调控与高效利用等问题开展深入研究。主要研究方向包括湿地关键生态过程与服务、退化湿地生态系统恢复与管理、湿地环境变化区域效应与资源可持续利用。2019 年 2 月，中国科学院与国家林业和草原局签署合作协议，依托该实验室共建“湿地研究中心”。

“国家环境保护湿地生态与植被恢复重点实验室”依托单位为东北师范大学，于 2002 年 10 月由原国家环境保护总局批准正式建设。重点实验室主要在湿地生态过程与功能、湿地修复工程与技术、湿地资源与环境管理等三个领域开展研究，为我国湿地资源保育、合理利用及科学管理与生态恢复提供咨询服务，培养专业人才。

“鄱阳湖湿地与流域研究教育部重点实验室”于 2003 年以省部共建方式筹建。实验室以江西师范大学的地理与环境学院、江西省鄱阳湖综合治理与资源开发重点实验室、江西省亚热带植物资源保护与利用重点实验室、江西省绿色化学重点实验室、理化测试中心等为依托，以鄱阳湖复杂环境系统为研究对象，重点围绕鄱阳湖湿地与流域的关键科学问题，开展湖泊湿地生态和环境健康、流域地表过程和水生态安全、区域开发与资源可持续利用、湿地与流域空间信息模型方法与系统应用、湿地与流域时空动态监测网络系统与决策支持等研究。

“滨海湿地生态系统教育部重点实验室”依托厦门大学，建于 2007 年。实验室以环境科学、水生生物学、海洋科学等国家重点学科为主要依托，在滨海湿地和海陆界面生态系统研究方面具有明显的优势和特色，尤其在红树林生态学和近岸生态学领域。实验室以多学科交叉为基础，以技术创新为动力，主攻亚热带滨海湿地和海陆界面生态系统的结构、功能及环境修复，包括三个研究方向：①红树林湿地生态系统结构与功能及其对全球变化的响应；②近岸生态系统过程、机理与效应；③滨海湿地典型污染物的生态毒理和修复。

“河口海岸学国家重点实验室”依托于华东师范大学，于 1989 年由原国家计委批准筹建，1995 年 12 月通过国家验收并正式向国内外开放。实验室主要从事河口海岸的应用基础研究，研究方向为：河口演变规律与河口沉积动力学、海岸动力地貌与动力沉积过程、河口海岸生态与环境等。

“长白山湿地与生态吉林省联合重点实验室”于 2017 年由吉林省科技厅批准成立。实验室依托中国科学院东北地理与农业生态研究所，由东北地理与农业生态研究所、东北师范大学、延边大学和吉林省林业科学研究院共建。实验室立足于湿地与生态应用基础研究，以长白山及其周边地区为研究区，以湿地为主要研究对象，系统开展湿地生态系统演变规律和驱动机制、湿地系统关键生态过程、湿地环境变化及其区域效应、湿地生态功能和景观格局耦合、退化湿地恢复与重建、湿地资源可持续利用等方面研究。

“湿地演化与生态恢复湖北省重点实验室”成立于 2009 年，依托单位为中国地质大学，主要研究方向包括湿地生态系统的自然历史过程与动态监测、湿地生态系统保护的生物学和生态学基础、受损湿地生态系统恢复与重建的理论与方法等。

“湿地与恢复生态学黑龙江省重点实验室”于2006年经科技厅批准成立，依托黑龙江省科学院自然与生态研究所，与东北林业大学森林植物生态学重点实验室（教育部）共建。实验室以基础理论研究与应用开发研究相结合，主要从事湿地科学、恢复生态学、生物多样性科学和生态保护与建设四个方向的研究。

“湿地与生态保育国家地方联合工程实验室”于2011年由国家发改委批准成立，依托黑龙江省科学院自然与生态研究所。实验室以“开放、联合”为方针，围绕湿地和生态保育重大问题，开展生态资源和湿地保护与恢复，以及科学利用的关键技术和集成技术研发，形成区域创新体系。

“寒区湿地生态与环境研究黑龙江省重点实验室”依托哈尔滨学院，主要围绕寒区湿地生态监测与修复、寒区湿地资源本底调查及资源数字化建设、湿地生态-文化旅游与景观设计和湿地科普宣教及人员培训等方向开展研究。

“山东省海岸带环境过程重点实验室”正式成立于2009年10月，依托单位为中国科学院烟台海岸带研究所，主要研究方向包括海岸带环境污染过程、监控及修复，海岸带生态系统演变过程与生态修复，海岸带环境信息集成与可持续管理等。

“陕西省河流湿地生态与环境重点实验室”是陕西省科技厅批准建设的省级重点实验室，依托于渭南师范学院。实验室以陕西省河流湿地为主要研究对象，围绕湿地形成与演变、湿地生态保护与修复、湿地资源利用与开发三个主攻方向开展研究，旨在推动区域生态环境建设和社会经济的协调发展。

贵州民族大学的“贵州省教育厅喀斯特湿地生态监测研究特色重点实验室”于2012年11月由贵州省教育厅批准成立。实验室已基本形成了包括喀斯特湿地科学、喀斯特地区特色资源保护与开发利用、喀斯特区域环境规划与管理等研究方向的特色。

“广西红树林研究中心”成立于1991年，长期挂靠在广西海洋研究所，2002年隶属于广西科学院，2004年经自治区政府批准，增挂“广西海洋环境与滨海湿地研究中心”牌子。下设红树林与滨海湿地室、海洋环境工程室、海洋生物科学研究室、海洋环境测试分析室、信息与数据研究室、生态养殖室等。中心的业务定位是：北热带红树林、海草、珊瑚礁、盐沼、滨海盐生植物典型海洋自然生态系统结构功能、保护恢复与合理利用研究与示范，提供国家资质的海域和海岛使用认证社会服务。

“浙江省城市湿地与区域变化研究重点实验室”于2010年12月挂牌成立。实验室依托杭州师范大学理学院、遥感与地球科学研究院、生命与环境科学学院及浙江省林业科学研究院等单位，致力于空间信息科学、湿地科学等的基础理论与方法的研究。主要研究方向是城市湿地生态与环境效应、城市湿地遥感与实时监测、区域变化与辅助决策。

“长江上游湿地科学研究实验室”于2018年获批为重庆市重点实验室。实验室致力于长江中上游湿地资源现状、系统演变、调控机理、恢复、保护及可持续利用等的研究工作。主要研究方向包括湿地生物多样性及其维持机制、湿地生态系统演化及关键生态过程控制机理、湿地生态系统健康评估及调控、湿地恢复与可持续利用等。

"国家高原湿地研究中心"是依托西南林业大学，于2007年设立的专门针对我国高原湿地保护的国家级研究机构。主要围绕高原湿地生态系统结构与功能特征，以青藏高原、蒙新高原、云贵高原湿地生态环境和生物多样性研究为重点进行学科布局，开展高原湿地演替过程与退化机理、高原湿地与气候变化等的基础研究，以及高原湿地保护与恢复等适用技术的研究。

"长江中游湿地生态与农业利用教育部工程研究中心"于2009年依托长江大学设立。该中心主要围绕湿地环境生态修复、湿地农业资源利用、湿地作物高效生产、湿地水产健康养殖四个方向，重点开展平原湿地生态结构优化、湿地水环境生态修复技术、农业面源污染氮磷负荷调控技术、湿地土地农业利用及高效种养模式、水稻与水生蔬菜等优质多抗高产品种筛选繁育、湿地作物抗逆高产栽培技术，及以黄鳝、泥鳅等名特水产品为主的鱼类养殖和繁育技术等方面的研究。

"江苏省湿地修复工程实验室"于2014年成立，依托单位南京大学，实验室主要开展湿地退化及功能调控、修复工程技术、修复材料及关键设备、人工湿地构建、湿地监测与维护等研究。

"甘肃省湿地资源保护与产业开发工程研究中心"成立于2012年5月，以地理学一级学科博士点、博士后科研流动站和甘肃省生态学、地理学、环境科学与工程重点学科为依托，集成了湿地生态景观规划与评价、湿地生态恢复与生物多样性保护、湿地自然保护区和国家湿地公园管理研究、信息咨询和人才培养为一体的湿地资源保护与产业开发平台，在湿地产权确权政策技术研究、湿地和河岸林植被生态系统稳定性与功能多样性研究、湿地自然保护区与湿地公园管理绩效评价、生态安全屏障工程绩效评价与对策研究等方面形成了明显优势。

"山东省人工湿地工程技术研究中心"成立于2017年，依托山东省环境保护科学研究设计院、山东省环科院环境工程有限公司和山东大学。

"国家湿地保护与修复技术中心"由国家林业和草原局于2010年批准，依托北京大学建立，是北京大学在整合与湿地的认知、保护和利用相关的物理、化学、生态学、生物地球化学、水力学、环境科学与工程、经济学、法学、教育学乃至国际关系等学科的基础上成立的跨院系研究机构。

三、本学科国内外研究进展比较

（一）国际研究前沿与热点

湿地科学近些年来发展迅速，热点领域有以下几个方面：生态系统生态过程与功能、湿地与全球气候变化、湿地生态系统服务评价、湿地合理利用、湿地保护与恢复技术、湿地监测与观测、处理湿地技术、湿地管理等。研究方法以长期定位和模拟实验研究为主。湿地与全球气候变化研究由以往简单的湿地温室气体排放规律研究向排放机理研究发展，湿地研究类型更加丰富，从短期观测向长期监测发展，从孤立的排放研究向排放与环境因子关系研究发展，从描述性研究向定量模型研究发展，从限于 CO_2 和 CH_4 气体研究向 NO、NO_2、N_2O 等其他温室气体研究发展，从孤立的温室气体研究向温室气体与全球环境变化反馈机理转变。主要侧重不同类型湿地温室气体通量、模型与机理，不同水平温室气体排放的气候效应研究。

退化湿地生态恢复与重建的研究侧重湿地生境恢复技术、湿地基底恢复、湿地水文状况恢复和湿地土壤恢复。退化规律、机制和退化湿地恢复技术仍然是难点和热点。在退化湿地恢复与重建的生物学与生态学基础理论上探讨较多，主要研究湿地演替规律，不同干扰下湿地退化过程和机制，退化的指示性标识、临界指标、诊断依据和评价指标体系。侧重湿地退化过程动态监测模拟与预报研究、水生态修复技术研究等。水文连通对生物的影响主要通过生境的改变，如理化性质（悬浮物含量、水质指标、底层沉积物化学性质、底泥构成等）以及水文条件（水位、水深、流速、淹没时间、频率等），影响生物定居、迁移扩散、繁殖行为等，继而改变湿地生物群落分布以及生物多样性，并通过食物链（网）的级联效应影响更高营养级的生物组成与行为。

在人工处理湿地建设和设计方面，应用湿地学、生态学和生态工程学的方法与原理，设计并建立具有自然湿地生态功能的人工湿地，以改善环境质量。利用湿地中的基质、水生植物和微生物之间的相互作用，通过一系列物理、化学和生物方法净化污水。根据不同污染源废水的特点建设相应的人工湿地生态系统，研究其净化过程和机制，设计最佳工艺流程和运行条件，集中研究湿地植物的气体代谢、植物生理生态、水动力学、基质酶学等方面的机制。

（二）国内外研究进展比较

目前，国内外湿地科学的研究主要集中在物质循环（特别是碳循环）、湿地生物（特别是水鸟）、湿地生态评价和湿地植被以及建模方法等方面。国外研究机构由于积累了大量的长期基础观测数据，在湿地生态系统过程模拟、湿地演化和人为干预对湿地影响等方面开展了很多深入的研究工作。在国内，湿地水鸟的种群及其保护研究、高寒湿地和滨海湿地物质循环、水生态修复、湿地生态系统服务评价和人工湿地建设是目前湿地科学研究的重点。但由于长期观测数据较少，且没有公开数据共享平台等，湿地科学研究在很多方面缺少长期持续数据的支撑。与国外相比，我国在湿地物质循环领域、湿地过程建模、湿地退化评价、人为干预对湿地影响等领域仍有一定的差距。根据实际发展需要，我国也已经开展了大量的人工湿地建设、湿地保护、水生态修复和生态补水工程，但是这些实践一定程度上仍然缺少湿地科学基础理论研究数据支撑。此外，国内已经在河流湿地的调沙控沙、青藏高原高寒湿地的碳循环、东北沼泽湿地的植被组成和物质循环等研究方面具有明显的优势。

四、本学科发展趋势及展望

（一）战略需求

根据中共中央、国务院印发的《关于加快推进生态文明建设的意见》和《生态文明体制改革总体方案》，以及《湿地保护修复制度方案》要求，通过实施湿地保护修复工程，坚持自然恢复为主、与人工修复相结合的方式，对集中连片、破碎化严重、功能退化的自然湿地进行修复和综合整治，优先修复生态功能严重退化的国家和地方重要湿地。通过污染清理、土地整治、地形地貌修复、自然湿地岸线维护、河湖水系连通、植被恢复、野生动物栖息地恢复、拆除围网、生态移民和湿地有害生物防治等手段，逐步恢复湿地生态功能，增强湿地碳汇功能，维持湿地生态系统健康。从生态安全、水文联系的角度，利用流域综合治理方法，建立湿地生态补水机制，统筹协调区域或流域内的水资源平衡，维护湿地的生态用水需求。

上述湿地保护和恢复工作离不开完善的科技支撑。在加强湿地基础和应用科学研究的基础上，突出湿地与气候变化、生物多样性、水资源安全等关系研究。开展湿地保护与修复技术示范，在湿地修复关键技术上取得突破。建立湿地保护管理决策的科技支撑机制，提高科学决策水平。

（二）发展趋势与重点方向

1. 湿地生物地球化学循环

未来将在大尺度湿地中元素的地球化学循环改变与生态系统及景观格局演变耦合作用机制方面进一步深入开展研究。从湿地温室气体排放研究转向温室气体的浓度变化对湿地植物影响的研究。湿地生态系统及周围生态系统中碳氮磷污染物的环境行为也需深入研究。环境因子如何影响湿地生态系统物质循环过程，在特定环境中这些影响因素如何发挥重要作用和物质循环过程的耦合作用等研究仍需进一步深入。需要提出一个可以用来估计碳氮磷物质循环变化及其相应影响的模型，探索人类活动如何影响湿地生态系统物质循环过程。

2. 湿地生态水文过程及其生态效应

加强变化环境下流域水循环及其伴生过程对湿地生态的影响及其反馈机制研究。从湿地生态系统尺度研究水量、水质变化及其交互作用对生态系统的影响机理，从流域尺度开展水文过程与湿地水文响应耦合关系研究，精细化计算湿地生态需水量和生态补水量，为流域湿地水文调控与水资源管理提供支撑。同时，加强湿地模块研发及其与流域水文模型的耦合研究。研发不同类型湿地模块，并将湿地模块嵌入流域水文模型中，构建流域湿地生态水文模型，提高水文模拟精度，并为流域湿地恢复保护与重建和湿地景观格局优化提供依据和决策支持。加强湿地生态水文模型与生态经济模型耦合和应用研究，构建湿地“水—生态—经济”协调发展耦合模型，指导湿地水资源管理与生态恢复保护。

3. 湿地生物多样性维持及其保护

近年来，人类活动造成的城市化、气候异常、生境破碎化等全球变化越来越明显，湿地生态环境又非常脆弱，极易受气候变化影响，尤其是温度升高和降水量减少，都会对湿地的生态环境产生重大影响，从而导致其生物多样性衰退、湿地功能降低甚至丧失。同时，湿地拥有着丰富的动植物，包括一些濒临灭绝的生物，属于生物多样性维持及保护的重点区域。未来人类活动、城市化、气候变化等全球变化背景下的湿地生物多样性的变化趋势、维持机制及其保护措施等研究将成为湿地科学的发展趋势与重点研究方向。

4. 湿地监测和定位观测

传统的野外调查方法具有成本高、费时、费力且积水区通常难以接近等缺点，遥感作为一种新技术，具有观测范围广、信息量大、获取信息快、可比性强、实时动态监测等独特优势。因此，世界各国在湿地资源调查中普遍采用遥感技术，该技术也成为未来湿地资源调查的一种趋势。湿地资源调查中，遥感技术可以提供海量数据，利用经过处理后的遥感影像数据，不但能查清湿地资源分布、类型、面积及其开发利用情况等，而且还能反映其内部的环境状况。未来应深入研究湿地与周边气候、水文、土壤、地形地貌、土地利用、植被覆盖、湿地生物多样性以及社会经济发展状况的关系。

5. 湿地生态系统服务评价

除结合湿地水位、淹没出露面积、流速、换水周期等水情要素和水质等常规监测或观测指标外，根据湿地生态系统的特征及其特殊性，选取与人类活动和管理措施直接关联、比较重要且比较敏感的生态系统服务关键表征指标，如污染物降解能力、温室气体排放通量、渔获物、生物量、洪峰削减量、淡水供给量、珍稀鸟类数量等，为生态系统服务评估模型提供关键参数与率定所需的观测数据，同时有助于进一步深化认识湿地生态系统服务的形成与影响机理。

6. 湿地恢复和修复

从当前中国退化湿地恢复内容和发展态势可以看出，中国退化湿地恢复已经从过去的注重单一要素恢复，走向了湿地多要素协同恢复，恢复目标也从过去的单一目标朝着多目标方向发展，恢复技术手段也朝着更经济、更实用、更易于推广的方向发展。目前湿地生态恢复效果评价主要存在以下几个方面的问题：评价理论框架研究缺乏，评价思路简单；评价指标体系不完善，标准及规则缺失；评价方法简单，缺乏定性及定量研究；评价方法应用混乱，缺乏对比分析；评价缺乏长期的恢复湿地监测数据支持。迄今为止，中国已经实施了一大批湿地恢复工程，然而对于湿地恢复与重建效果评价的研究却非常滞后，许多问题还有待深入研究。将湿地水文过程与湿地生态系统管理结合起来，通过建造人工湿地，处理湿地污染物、净化水质，进行湿地恢复。

7. 城镇和乡村居民点湿地研究

湿地与人类文明发展息息相关，为人类社会的发展提供了多种多样的生态系统服务。随着城市化和乡村发展进程不断加快，这些区域的湿地萎缩、湿地污染、湿地退化等问题日益突出。如何在人类社会快速发展的基础上保护、可持续管理城市和乡村湿地，已经成为当前最亟须解决的问题，也是社会高质量发展和实现乡村振兴的关键。未来应加强对城市和乡村湿地的退化机制、湿地保护与恢复技术、可持续管理以及人类干预对城市和乡村湿地影响等方面的研究。

（三）发展对策与建议

1. 提高湿地学科地位

将湿地科学作为二级学科，纳入国家基础科学研究领域，强化湿地科学基础研究战略部署。同时，加强湿地科学与相关学科的交叉融合，提出一些基本科学问题，并孕育重大突破。

2. 推进湿地生态系统定位观测网络建设

建立统一监测规范，进一步研究湿地生态系统监测的指标体系，建立地面调查和遥感相结合的湿地调查监测技术体系，完善空间采样技术和样点布设方案，进行长期同步湿地监测研究。引进与研制高精度、高分辨率和高准确度的分析与监测仪器，提高对湿地生态过程的捕捉、监测、描述、表达能力，加快湿地生态过程的反演、显示和虚拟方法发展。利用 3S 技术，结合地面现场监测，实现湿地生态系统的组分或过程具体空间与时间数据的收集、存储、提取、转换、显示和分析。

3. 成立中国湿地科学家学会，促进科学家交流与合作

成立中国湿地科学家学会，促进国内湿地研究人员的交流，并加大与国际湿地学界湿地信息交流的范围与力度，增加有关湿地科学文献的保障率。加强服务于湿地主管部门的湿地科学数据和科学研究平台建设，为国家湿地管理提供科技支撑。

4. 强化以可持续发展为目标的湿地生态系统管理研究

湿地生态系统是人类生存环境的基本组成部分，其所提供的物质产品以及涵养水源和净化水质等服务，是人类得以生存和发展的基本条件。应从国家层面强化湿地生态系统的可持续管理，将其作为国家政策，出台相应配套措施。

参考文献

[1] 崔丽娟，张曼胤，张岩，等. 湿地恢复研究现状及前瞻[J]. 世界林业研究，2011（2）：5-9.

[2] 徐昔保，杨桂山，江波. 湖泊湿地生态系统服务研究进展[J]. 生态学报，2018，38（20）：7149-7158.

[3] 张立，于秀波，姜鲁光，等. 中国沿海湿地保护绿皮书——沿海湿地保护十大进展与最值得关注的十块滨海湿地[J]. 生物学通报，2018，53（8）：4-9.

[4] 赵姗，周念清，唐鹏. 自然湿地氮排放与气候变化关系研究进展[J]. 生态环境学报，2018，27（8）：1569-1575.

[5] 姜明，邹元春，章光新，等. 中国湿地科学研究进展与展望——纪念中国科学院东北地理与农业生态研究所建所60周年[J]. 湿地科学，2018，16（3）：279-287.

[6] 孙宝娣，崔丽娟，李伟，等. 湿地生态系统服务价值评估的空间尺度转换研究进展[J]. 生态学报，2018，38（8）：2607-2615.

[7] 崔保山，蔡燕子，谢湉，等. 湿地水文连通的生态效应研究进展及发展趋势[J]. 北京师范大学学报（自然科学版），2016，52（6）：738-746.

[8] 张亚琼，崔丽娟，李伟，等. 潮汐流人工湿地氮去除研究进展[J]. 世界林业研究，2015，28（2）：25-30.

[9] 杨永兴. 国际湿地科学研究进展和中国湿地科学研究优先领域与展望[J]. 地球科学进展，2002，（4）：508-514.

[10] 陈宜瑜，吕宪国. 湿地功能与湿地科学的研究方向[J]. 湿地科学，2003，1（1）：7-11.

[11] 崔保山，蔡燕子，谢湉，等. 湿地水文连通的生态效应研究进展及发展趋势[J]. 北京师范大学学报（自然科学版），2016，52（6）：738-746.

[12] 张仲胜，于小娟，宋晓林，等. 水文连通对湿地生态系统关键过程及功能影响研究进展[J]. 湿地科学，2019，17（1）：3-10.

[13] 周念清，赵姗，沈新平. 天然湿地演替带氮循环研究进展[J]. 科学通报，2014，59（18）：1688-1699.

[14] 吴燕锋，章光新. 湿地生态水文模型研究综述[J]. 生态学报，2018，38（7）：2588-2598.

[15] 高志勇，谢恒星，李吉锋，等. 气候变化对湿地生态环境及生物多样性的影响[J]. 山地农业生物学报，2017，36（2）：57-60.

[16] Ghermandi A，Bergh JCJM. van den，Brander LM，et al. Values of natural and human-made wetlands：a meta-analysis. [J]. Water Resources Research，2014，46（12）：137-139.

[17] Ma J，Fu HZ，Ho YS . The top-cited wetland articles in science citation index expanded：characteristics and hotspots [J]. Environmental Earth Sciences，2013，70（3）：1039-1046.

[18] Dotro G，Ülo Mander，Rousseau D . WETPOL 2015：Closing the gap between natural and constructed wetlands research [J]. Ecological Engineering，2016，98：286-289.

撰稿人：崔丽娟　张曼胤　郭子良　张骁栋　李　伟　雷茵茹
王大安　王贺年　刘魏魏　胡宇坤　魏圆云

水土保持

一、引言

（一）学科定义

水土资源和生态环境是人类繁衍生息的根基，是人类社会发展进步过程中不可替代的物质基础和条件。搞好水土保持、防治水土流失是保护和合理利用水土资源、维护和改善生态环境不可或缺的有效手段，是实现生态、社会和经济可持续发展的重要保证。

水土保持是防治水土流失，保护、改良与合理利用水土资源，维护和提高土地生产力，以利于充分发挥水土资源的生态效益、经济效益和社会效益，建立良好生态环境的事业。长期以来，水土保持学科面向国家生态、社会和经济发展主战场，主要从事土壤侵蚀过程与机制、防护林体系空间配置与林分结构优化、荒漠化发生过程及防治技术、开发建设项目生态环境保护与工程绿化技术等基础性和应用性研究。学科研究涉及林学、生态学、土壤学、生物学和地学等领域，具有鲜明的多学科交叉综合的特征。

（二）学科概述

我国水土保持学科始于 1958 年，发展较早。1981 年，国家批准建立了全国第一个水土保持硕士学位授权点；1984 年，建立了全国第一个水土保持博士学位授权点；1989 年，水土保持与荒漠化防治学科被原国家教育委员会确定为第一批国家级重点学科；2001 年，水土保持与荒漠化防治学科被教育部确定为国家级重点建设学科。

水土保持是可持续发展的坚实基础，是我国生态文明建设的重要组成部分。党的十九大以来，我国的生态文明建设不断取得新成果、新进展，水土保持事业步入发展的快车道。根据党的十九大精神，“统筹山水林田湖草系统治理”的思想已经在生态环境建设事业中生根、发芽，凸显了水土保持工作在生态文明建设中的重要地位。“实施流域环境和近岸海域综合治理”“完成生态保护红线、永久基本农田、城镇开发边界三条控制线划定

工作”和“健全耕地、草原、森林、河流、湖泊休养生息制度”等水土保持相关工作已经得到全面落实和切实推进。

水土保持事业“功在当代、利在千秋”。在未来 10—20 年的时间内，我国将基本建成与经济社会发展相适应的水土流失综合防治体系，基本实现预防保护，重点防治地区的水土流失得到有效治理，生态进一步趋向好转。重点防治东北黑土区、北方风沙区、北方土石山区、西北黄土高原区、南方红壤区、西南紫色土区、西南岩溶区、青藏高原区八大区域。大力加强预防保护，扎实推进综合治理，全面提升监测与信息化水平，精心打造示范区建设，全力构建与生态文明建设要求相适应的制度机制，推进“山水林田湖草系统治理”。

本报告从水土保持学科研究进展、水土保持学科研究国内外对照分析和水土保持学科发展趋势及展望三个方面全面系统整理了 2018—2019 水土保持学科发展的基本情况，对水土保持学科主要理论和技术研究进展、重大应用成果等进行了梳理和评述，力求反映水土保持事业的总体进展和先进成果。

二、本学科最新研究进展

（一）发展历程

1. 我国水土保持工作历程

近 5 年来，我国水土保持学科有了长足的发展。围绕生态文明、山水林田湖草综合治理、“两山”论等新时期的要求，进一步加强和深化水土保持学科的内涵与外延。尤其在气候变化背景下石漠化地区水土流失特征、干旱半干旱地区生态承载力、生态脆弱区水土流失成因、人类活动影响等方面有了长足的发展。同时，水土保持监测工作进一步深化，配套研究和学科体系逐步完善。目前已初步形成了一套全国性的水土保持动态监测方法，一定程度上推进了我国水土保持工作的整体水平。

2. 国外水土保持工作历程

近 5 年来，国外水土保持和土壤保持工作主要侧重于自然灾害评估新体系的构建［基于阈值的自然灾害 EWS（Early Warning Systems）评估框架方法］；旱区荒漠化与发展范式（旱地发展范式综合框架 DDP）；分布式土壤侵蚀模型、分布式生态水文模型评估植被覆盖和不同耕作措施对土壤侵蚀的影响以及模拟和评价水土保持生态水文的影响；复合指纹识别技术得到应用，成为探明水土流失中土壤运移分布及泥沙来源的重要手段；对沟壑侵蚀敏感性及泥石流流动性预测进行了实证分析。

（二）基础研究进展

1. 水力侵蚀及防治

目前，水力侵蚀及防治研究在以下两个方面取得较大进展：

（1）建立主要水蚀区土壤侵蚀过程观测与基础数据库，编绘《中国土壤侵蚀地图集》

在水土保持基础理论研究方面，建设了主要水蚀区土壤侵蚀过程观测与基础数据库。在全国选取了 60 个样区，采集土壤、植物等样品 4 万多份，开展了室外原位模拟降雨试验 2000 多场次和室内模拟降雨试验 3000 多场次，构建了全国土壤侵蚀环境基础数据库框架，编绘了《中国土壤侵蚀地图集》。

（2）开发多尺度土壤侵蚀预报模型，建立流域次暴雨水沙响应模型

在坡面水沙二相流侵蚀动力学过程方面，将河流动力学中的水沙两相流理论应用于描述坡面水沙二相共存的浑水动力学过程，初步建立了坡面水沙二相流侵蚀动力学过程的描述方程。开发了多尺度土壤侵蚀预报模型。通过对流域侵蚀地貌统一量化，建立了流域侵蚀产沙与地貌形态耦合关系。提出了基于径流深和洪峰流量的径流侵蚀功率概念，建立了基于径流侵蚀功率的流域次暴雨水沙响应模型，与降雨侵蚀力相比具有更高的计算精度和可靠性。建设了生产建设项目水土流失分类体系，确定了工程堆积体的物质结构及概化比尺模型。

2. 风力侵蚀及防治

（1）提出了人工藻荒漠生态修复技术

根据荒漠地区实际情况培育适宜生长的藻类，例如席藻（*Phormidium tenu*）、伪枝藻（*Scytonematales ssp.*），利用人工藻类喷洒荒漠地区，发挥其固沙、抑尘、成土、培肥、育草、固碳、修复生态系统的作用。

（2）提出了风沙地区输沙型路基理论模型

将野外观测与模型模拟相结合，通过对比青藏铁路普通路基、通风路基和输沙型路基对风沙运动规律的影响，揭示不同路基的流场分布和积沙特征，提出了适用于风沙地区的输沙型路基理论模型。

3. 重力侵蚀及防治

目前，重力侵蚀及防治研究在以下两个方面取得较大进展：

（1）创建崩塌 / 滚石三维运动过程分析模型

提出了物理确定性模型和统计模型耦合方法，并创建崩塌 – 滚石三维运动过程分析模型。能够对单个、群体滚石在坡面上的运动过程进行模拟，实现了滚石冲击荷载下人工结构体的动力学响应模拟，并研发了耗能减震防护结构。

（2）建立新型崩塌、滑坡运动模拟系统

基于深度积分的连续介质力学理论，利用改进有限差分方法，研发了兼有考虑复杂地形地貌、具有二阶精度和自适应求解域特征的崩塌、滑坡运动模拟系统。

4. 岩溶侵蚀及防治

现阶段岩溶侵蚀研究主要集中在岩溶区水土流失、漏失规律和岩溶溶蚀速率等方面，主要有以下两个热点：

（1）岩溶侵蚀的强度分级与研究方法

目前岩溶侵蚀的研究方法主要有河流泥沙观测、坡地径流小区观测、人工降雨室内模拟、^{137}Cs 同位素示踪法、溶洞沉积物、溶洞滴水水化学特征以及地下河出口断面连续定位监测法等。岩溶侵蚀强度分级是亟待进一步研究的问题，然而目前仍未达到统一标准。

（2）岩溶侵蚀速率

岩溶溶蚀速率也是岩溶侵蚀研究的热点问题。相关学者研究了不同区域碳酸盐形成 1cm 厚土壤所需时间，分布在 0.21 万—7.38 万年。太古界变质岩、寒武系碳酸盐岩、奥陶系碳酸盐岩和白云岩等不同溶蚀试片溶蚀速率差异，以及外源酸、土壤微生物等对岩溶溶蚀的影响，成为现阶段的热点研究问题。

5. 冻融侵蚀及防治

近年来，在冻融侵蚀领域，明晰了冻融交替对土壤理化性质的影响、冻融土壤水热环境响应及冻融土壤水热耦合模型等前沿内容。现阶段冻融侵蚀及防治研究主要侧重于以下六点：①不同时间尺度下冻结土壤与未冻结土壤的侵蚀演变特征比较；②冻融作用和冻融条件对土壤侵蚀过程及强度的影响；③冻融土壤入渗特性及其影响因素研究；④冻融期不同覆盖和气象因子对土壤导热率和热通量的影响；⑤覆盖物对冻融土壤热量空间分布与传递效率的影响；⑥季节性冻融对土壤可蚀性作用机理。

6. 混合侵蚀及防治

目前，混合侵蚀及防治研究主要侧重以下两个方面：

（1）泥石流侵蚀导致的规模放大效应的研究

因泥石流侵蚀作用导致的规模放大效应是国内外共同关注的科学问题。最新研究结果表明：泥石流侵蚀过程中，当底床物质含水量达到一定值时，会导致孔隙水压力剧增，进而使更多的底床物质参与到泥石流过程中；沟道内的多级滑坡坝级联溃决也会导致动量增加，流速加快，规模增大。

（2）山地灾害链风险评估体系的建立

因泥石流形成的山地灾害链风险评估也取得了突破，通过定量区分泥石流冲击、淤埋，泥石流坝回水、溃坝洪水淹没对工程结构体的风险程度，结合工程结构体的易损性程度，能够定量划分危险度大小，为山区道路、公路、桥梁的潜在山地灾害风险评估提供了框架。

7. 流域管理

基于生态系统的流域管理是在我国大力推进生态文明建设背景下兴起的一种全新的生态环境管理模式，其核心思想是将生态系统视为一种不可分割的整体，从生态系统层面进行分析和管理。目前，流域管理研究方向主要有以下两点：

（1）完善政府管理制度

将流域生态恢复和水资源可持续利用作为一项长期任务，流域一体、上下游协调、完善水市场运行管理、丰富水权交易方式等新的流域管理模式正在逐步发展。国家政策层面，实施最严格的水资源管理制度、流域取水许可制度等都是流域管理制定政策的新方向。

（2）建立应对极端气候的管理适应性应对策略

气候变化背景下，极端暴雨洪水和干旱发生频率增加，针对气候变化影响的流域管理适应性应对策略也是目前流域管理研究的新方向。

（三）应用研究进展

1. 水土保持区划

2015 年，国务院批复《全国水土保持规划（2015—2030 年）》。根据规划，全国（不包括港澳台地区）共划分 8 个一级区、40 个二级区、115 个三级区，成果具有区划界线清晰、分区命名规则、区划手段先进等特点。区划主要应用于全国水土保持规划分区布局和项目布局，根据区划结果分别明确 8 个一级区的区域范围、主要地貌单元、气候、土壤、植被、土地利用、水土流失类型面积等基本情况，以及区域国家主体功能定位、存在主要问题、区域水土保持方略等规划内容，并在一级区布局内容中体现了所包含的各个二级区的水土保持工作重点方向。全国水土保持区划可应用到各省（自治区、直辖市）水土保持区划，可根据全国水土保持区划三级分区的情况，根据省域实际，在全国三级区基础上划分。

2. 生态清洁小流域设计

随着城市化进程加快，水环境问题日益严重，以水土流失防治为重点的小流域治理模式已难以适应人们对宜居环境的需求。为此，北京市首次提出以水源保护为中心，构建“生态修复、生态治理、生态保护”三道防线的生态清洁小流域治理思路，水利部在全国开展生态清洁小流域试点推广建设。2016 年，江西省宁都县提出“四水”治理模式。2018 年，湖北省在“三道防线”的基础上，因地制宜建设生态旅游型、平原湖区型生态清洁小流域。经过各地的探索实践，生态清洁小流域建设与管理不断完善，并取得显著成效。

3. 水土流失综合防控技术

水土流失是影响我国社会经济可持续发展的主要生态问题之一，水土流失综合防控技术可有效预防和控制水土流失的发生及发展。

在我国西南地区通过坡耕地梯化、植物篱种植、免耕保土耕作技术构建喀斯特峰丛洼地坡地水土流失与阻控技术。在石漠化较为严重的喀斯特坡地，根据坡顶、坡上部（石质坡地）—坡腰（土石质坡地）—坡麓（土质坡地）—易涝洼地的垂直分异规律，实施因地制宜的峰丛洼地石漠化垂直分带综合治理模式。封禁坡顶、坡上部的石质坡地以恢复植被，防治地下和地表土壤流失；通过退耕还林、退耕还灌、退耕还草等方式在坡腰土石质坡地种植经济林和生态林以防止犁耕侵蚀；针对土质的坡麓以坡改梯防治水土流失；在洼地建设合理的水利工程来防治内涝，保障基本农田的高产稳产。

在黄土高原地区通过黄土宽梁缓坡丘陵区生态格局优化与特色粮草产业化技术、黄土梁状丘陵区林草植被体系结构优化及杏产业关键技术、黄土丘陵沟壑区植被功能提升与山地果园管理关键技术、黄土残塬沟壑区水土保持型景观优化与特色林产业技术、水蚀风蚀交错区植被群落构建与沙棘产业化技术、高塬沟壑区固沟保塬生态防护与苹果产业提质增效技术，解决黄土高原区水土保持资源配置与生态产业耦合机制等共性关键科学问题。

针对目前西北干旱荒漠区煤炭基地沙尘危害的问题，研究沙尘发生规律和矿区沙尘"固 – 阻 – 输"防控技术体系。一是开展矿区沙尘来源和发生规律研究，辨析沙尘源特点，评估沙尘对矿区环境的影响，揭示沙尘形成的物理过程与扩散规律；二是开发近地面沙尘智能监测平台，确定沙尘浓度阈值，建立沙尘监测预警系统；三是筛选滞尘效果良好的植物，按沙尘特性划分植物功能群，建立应对不同沙尘特性的优势滞尘植物功能性状配比体系；四是针对煤炭开发过程中各尘源特点，研发环境友好型抑尘材料与装置；五是在沙尘来源和发生规律研究以及抑尘材料与装置研发的基础上，研究生物、工程措施相结合的矿区沙尘控制综合技术体系。

4. 水土保持监测与预报技术

为加强全国水土流失动态监测工作，提高全国水土流失动态监测与预报技术水平，通过遥感解译、野外验证、因子计算、强度与判定、分析评价等方法实施覆盖全国的水土流失动态监测，加强对区域水土流失动态监测、土壤侵蚀因子分析评价、不同类型侵蚀模型运用、水土流失消长分析和监测数据整汇编技术等内容的掌握，掌握县级行政区域的年度水土流失面积、分布、强度和动态变化，为生态安全预警、生态环境损害责任追究，以及国家水土保持和生态文明宏观决策等提供支撑和依据。

5. 城市水土保持技术

随着城市化的进程，与之相伴的环境问题也应运而生，土地被全面硬化，水土保持功能急剧下降，引发和加剧城市内涝和城市水土流失等问题。针对这些问题，通过农林草措施和工程措施有机结合，实现对水土保持工程的科学配置，同时注重城市企业水土流失的治理，规划完善的城市水土保持体系。2014 年，中华人民共和国住房和城乡建设部组织编制了《海绵城市建设技术指南——低影响开发雨水系统构建（试行）》，将海绵城市理念与水土保持工作结合。另外通过应用"风水复合侵蚀监测系统""多营力土壤侵蚀定位监测系统""土壤侵蚀动力动态变化过程集成系统与技术""流域侵蚀元素迁移分析关键技术""激光与近景摄影测量技术"等十多项先进技术，推进了城市水土保持的研究。

6. 矿区水土保持技术

利用生态高效抑尘剂（化学抑尘方法）解决西北干旱煤炭矿区细粉物风损与污染控制；构建遗传投影寻踪—累积效应变权—综合评价的矿区生态环境累积效应时空集成动态分析与评价模型，研究不同的开采方式对煤矿区生态累积效应的影响源、累积途径以及产生的表现及效应；研发面向矿区的多信息监测系统，实时在线获取矿区气象及环境数据，为矿区粉尘污染监控提供有效工具；基于小流域自然形态的废弃矿区地形重塑模拟技术为废弃矿区土地复垦和生态重建研究提供了新思路和方法。

7. 水土保持信息化技术

做好新时期水土保持信息化工作，加快推进现代高新技术与水土保持业务工作的深度融合，提升水土保持管理能力和水平。①利用卫星遥感、无人机等先进技术实现部管生产建设项目和重点区域信息化监管全覆盖，推动国家水土保持重点工程信息化监管应用；②整合已建的全国水土保持监督管理系统、水土保持综合治理系统、全国水土流失动态监测与公告系统及移动采集系统，利用实用先进的信息技术，实现“天地一体化”监管和图斑精细化管理。

（四）人才队伍和平台建设

1. 水土保持人才队伍建设

北京林业大学水土保持与荒漠化防治学科是国家级重点学科，也是中国第一个水土保持与荒漠化防治学科博士学位授予点。在关君蔚院士、高志义教授、王礼先教授和朱金兆教授等的共同努力下，北京林业大学水土保持与荒漠化防治专业已逐渐发展成为国内一流、国际上有重要影响的优势专业。因此，本部分主要是基于北京林业大学水土保持与荒漠化防治学科的人才队伍现状来阐述国内水土保持人才队伍建设的基本情况。

水土保持是一项综合的系统工程，需要土壤学、生态学、地图学与地理信息系统等众多学科的支撑。本专业广开门路，吸纳和引进不同学科和学缘人才，形成了一支高水平综合人才队伍。基本结构为：教授约占 50%、副教授约占 25%、讲师约占 25%。现任专职教师中，90% 以上教师具有博士学位，70% 以上具有国外留学和进修的经历，国外和校外引进人员占总人数的近 40%，学缘结构总体趋势向着多元化方向发展。教师队伍以中青年教师为主体，35 岁以下青年教师、35—40 岁以及 40 岁以上教师分别占教师总数的三分之一，年龄比例合理。

2. 水土保持科教平台建设

水土保持学科的发展，离不开科教平台的支持。我国水土保持科教领域拥有较多的各类科研平台，包括黄土高原土壤侵蚀与旱地农业国家重点实验室、水土保持与荒漠化防治国家林业和草原局重点实验室、南方红壤区水土保持国家林业和草原局重点实验室、北京市水土保持与荒漠化防治工程中心、江西省土壤侵蚀与防治重点实验室等国家级和省部级实验室、吉县生态系统国家级定位观测站、首都圈生态系统定位观测站、盐池荒漠化防治定位观测站等多个野外生态系统定位站，以及国家林业与草原局西南石漠化防治创新联盟等组织。

三、本学科国内外研究进展比较

（一）国际研究前沿与热点

1. 水土保持学科国际重要科研项目进展

在水土流失和荒漠化防治的长期实践过程中，科学技术发挥了重要的支撑作用，不断提升了水土流失和荒漠化的防治水平。广大水土保持与荒漠化防治科技工作者开展了大量的科学研究和科技示范工作。

（1）国家“973”计划项目

在“中国水土流失与生态安全综合科学考察”基础上，紧紧围绕黄河中游、长江上游、东北黑土地保护、石漠化治理、南方崩岗治理等国家重点工程和大型生产建设项目水土流失治理中急需解决的关键技术问题，我国学者相继开展了“中国主要水蚀区土壤侵蚀过程与调控研究”“西南喀斯特山地石漠化与适应性生态系统调控”“黄河上游沙漠宽谷段风沙水沙过程与调控机理”等国家“973”计划项目。

（2）国家科技支撑计划项目

完成了“黄土高原水土流失综合治理关键技术”“长江上游坡耕地整治与高效生态农业关键技术试验示范”“红壤退化的阻控和定向修复与高效优质生态农业关键技术研究与试验示范”“松嫩－三江平原粮食核心产区农田水土调控关键技术研究与示范”“农田水土保持关键技术研究与示范”等国家科技支撑计划项目。

（3）水利部公益性专项

完成“水蚀地区坡面水土流失阻控技术研究”“生产建设项目水土流失测算共性技术研究”“汶川地震区新生水土流失环境效应分析研究”等水利部公益性专项。

（4）中科院西部行动计划

完成“三峡库区水土流失与面源污染控制试验示范”和“西南喀斯特生态系统退化机制与适应性修复试验示范研究”等中科院西部行动计划。

（5）国家自然科学基金项目

完成国家自然科学基金创新研究群体项目“流域水循环模拟与调控”，中科院重大方向性项目“水蚀风蚀交错区水土保持与受损生态系统关键技术与示范”以及教育部科研创新团队项目“黄土高原流域生态系统中水土迁移机制及其调控原理”等一系列国家级重大研究项目。

2. 水土保持学科前沿科学问题

水土保持学科是以土壤侵蚀现象和过程为研究对象的多学科综合和交叉性学科。在全球环境和气候多变的背景下，全球人口、自然资源、植被格局、土壤属性和生态系统都难免不受影响，随着这一系列适应性改变对土壤侵蚀发生发展日趋频繁的影响，水土保持学科关注的重点是变化环境下土壤侵蚀的演变机理；同时，逐步革新土壤侵蚀演变规律识别的技术途径。

针对学科发展动态及面临的实际问题，当前水土保持学科前沿科学问题包括：

（1）变化环境下土壤侵蚀过程及其机制

其核心在于变化环境条件下以降雨侵蚀力、径流侵蚀力、风力与土壤抗侵蚀力的复杂关系为基础的动力学过程及其机制研究。

（2）土壤侵蚀预测与预报模型

研究重点是建立多尺度的土壤侵蚀时空动力学模型，阐明多尺度土壤侵蚀影响因子变化趋势，分析水土保持和生态环境建设减少土壤侵蚀程度及潜力，定量评价环境因素和水土保持措施对侵蚀的影响。

（3）土壤侵蚀的环境效应及其反馈

全球气候和土地利用变化、区域性水土保持措施和生态工程的实施，对土壤侵蚀具有重要影响，而土壤侵蚀过程通过对土壤有机碳、大气 CO_2 含量等的影响，作用于全球气候变化，研究揭示区域性土壤侵蚀、水土保持与全球变化之间的关系，是土壤侵蚀的重要前沿领域之一。

（4）土壤侵蚀格局与规律的尺度效应

土壤侵蚀和水土保持都是多尺度过程，各尺度具有不同的主导性过程，重点在于建立各尺度间基于物理过程的联系，探索土壤侵蚀过程的时空尺度转换关系。

（5）土壤侵蚀研究新技术与新方法

土壤侵蚀研究必须以先进、精确的试验观测技术为基础，同时开展土壤侵蚀过程研究的核素示踪技术与方法，进行基于卫星遥感技术的区域尺度土壤侵蚀评估及卫星影像判读等。

3. 水土保持学科热点问题

水和土是人类赖以生存的物质基础，然而土壤侵蚀是世界性的环境问题之一，特别是当前土壤恶化的速度远超其改善的速度，全球土壤整体面临着土壤有机碳丧失、土壤生物多样性丧失、水土流失等威胁。近年来，水土保持学科研究的热点相对集中于全球气候变化、水土保持 - 土壤侵蚀的相互关系、土壤侵蚀建模研究、土壤侵蚀所造成的环境与生态影响。

（1）全球气候变化、水土保持 - 土壤侵蚀的相互关系研究

随着全球气温升高以及降雨格局的变化，全球土壤侵蚀强度和范围都在不断增加；水土保持生态恢复通过改变下垫面性质来改变土壤有机碳含量、影响土壤 CO_2 释放并促进土壤碳素积累，对抑制大气 CO_2 浓度升高能产生积极影响。

（2）土壤侵蚀建模研究

当前研究中，建模是各种土壤侵蚀研究预测及治理的重要方法，不仅研究模型多，而

且涵盖面广，与气候、水力、风成、泥石流、植被覆盖相关的土壤侵蚀模型是其中的主要研究模型。

（3）土壤侵蚀所造成的环境与生态影响研究

土壤侵蚀对生态环境的胁迫影响研究，是将土壤侵蚀作为生态系统或景观生物地球化学循环的组成部分，研究土壤侵蚀对植被生长、生态系统与景观格局所产生的胁迫效应。

（二）国内外研究进展比较

1. 国内外水土保持学科对标分析

国外并未设立专门的水土保持与荒漠化防治学科，部分高校和科研院所仅设有与水土保持相关的学科，比如美国普渡大学、密西西比大学等主攻领域为土壤侵蚀和流域管理，德国的慕尼黑大学、奥地利维也纳农业大学的荒溪治理学科是中欧地区的代表性学科，日本的东京大学、京都大学、北海道大学开设了砂防工程学科和专业。

我国水土保持与荒漠化防治学科以服务国家生态文明建设、推动绿色发展为目标，基础理论、应用技术与示范推广并重。目前已经形成了扎根中国大地、独具中国特色的水土保持与荒漠化防治学科群。据统计，设有水土保持专业的本科院校从20世纪50年代的1所发展至包括北京林业大学、西北农林科技大学、内蒙古农业大学等24所高校，全国现有46所高等院校招收水土保持与荒漠化防治硕士研究生，14所高等院校及研究院所招收博士生。经过半个多世纪的建设与发展，北京林业大学水土保持与荒漠化防治学科一直在全国高校中占据领先地位，始终是我国水土保持建设新理念的倡导者、新技术的开创者。

2. 国内外水土保持基础研究对标分析

世界各国的科技、文化发展水平不均衡以及水土流失危害特点存在差异，各国建立了具有本国特点的水土保持与荒漠化防治研究领域的科研单位和高等学校。经过近100年的发展，国外水土保持学形成了以欧洲荒溪治理学、日本砂防工程学和防灾林学、美国土壤保持学等为特色的水土保持学科体系。

国内学科构建的从小流域综合治理到生态清洁小流域生态修复的理论与技术体系，研究水平处于国际领先地位；在典型生态脆弱区防护林体系的构建方面，特别是在黄土高原防护林体系建设、水土保持林体系空间体系配置、水土保持林效益评价等方面；形成了我国特色的防护林构建技术体系，在生态修复工程对流域水文的影响研究方面，构建起基于植被生态恢复的水源地保护技术体系，系统提出了长江三峡库区水土保持植物群落营建技术。

3. 国内外水土保持应用技术对标分析

在水土保持工程技术方面，我国涵盖了四种应用技术：坡面防治工程技术、沟道防治工程技术、山洪排导工程技术和小型蓄水用水工程技术，通过这四种主要的工程措施手段造就了现有的水土流失治理面积。在坡面防治工程技术上，国内学者更加注重防治工程的强度和质量，而国外学者更加注重防治材料的创新性和多样性。在山洪排导工程技术上，我国提倡“稳、拦、排、停、封”，并十分注重洪峰流量的变化，国外学者较为注重沟道内拦挡坝体的性质和拦截效率等。总体上我国在水土保持工程应用技术方面的进展已与国际水平保持一致，在部分机理方面的研究处于领先水平。

在水土保持生物技术方面，我国主要营建水土保持林、水源涵养林、防风固沙林、农田牧场防护林、护岸林和护路林等。作为控制水土流失的最长久有效的措施，国外在较早时期便进行了相关的技术措施布设，以美国“罗斯福工程”和苏联的“改造大自然计划”为代表的各国林业生态工程均在一定程度上缓解了自然环境的恶化，较为有效地控制了水土流失。我国从成立开始便注重水土流失的生物措施治理，并在 21 世纪初达到高速发展的阶段，以“三北”防护林和京津风沙源治理等为代表的生物措施有效地防治了区域水土流失，我国也首次提出了“适地适树”的植被建植科学依据，相比于国外的水土保持生物技术效率更高。

4. 国内外水土保持服务生态环境建设对标分析

水土保持服务生态环境建设主要可以从水源涵养能力、保护生物多样性能力和改良土壤能力等三个方面体现。英国为解决水源问题，在泰晤士河和利河的上游进行了水源涵养区的建设，改善环境的同时还为流域用水提供了良好的解决方案，目前 70% 的伦敦用水均源自该水源涵养区。我国生态环境建设起步较晚，但发展迅速，研究表明，近 40 年来我国森林生态系统水土保持方面的作用非常明显，调节水量每年增加 2827×10^8 m^3，这一成果预示着我国具备涵养水源的能力，并能够为区域水循环提供长久的促进方法。保护自然环境，减少或消除人为干扰，是全球保护生物多样性的共识。在美国，国家公园以生态环境、自然资源保护和适度旅游开发为基本策略，通过立法保护濒危物种。我国也在 1956 年通过设立自然保护区的提案，并设立了长白山、神农架和可可西里等自然保护区，立法限制区域内的开发建设和人类活动，使之处于水土保持生物措施中“封禁”的保护状态，最大限度地保护了生物多样性。在改良土壤上，国内外以保护性耕作最有水土保持服务的代表性。使用包括改良型农具机械进行多种保护性耕作，采用留茬或秸秆覆盖等措施防治土壤流失，并达到土壤保墒作用，尤其在我国农牧交错区效果较为明显。但目前来说，美洲的保护性耕作面积远大于其他各洲，我国更是还处于推广发展阶段，致使农田土壤受侵蚀作用较强，面源污染有待治理。

四、本学科发展趋势及展望

（一）战略需求

1. 全球水土保持战略需求

全球范围内非退化土地的面积逐渐缩小，而各种竞争性用途的土地需求持续增加。粮食、能源、水和生计安全，以及个人和社会的良好身心健康，都受到土地退化过程的负面影响，可持续发展面临巨大挑战。尤其是一些“一带一路”沿线国家生态脆弱，对生态治理和修复有着强烈需求。联合国《2030 年可持续发展议程》确立了“到 2030 年实现全球土地退化零增长”的重大目标。发展水土保持学科、全面系统开展水土保持综合治理是建设美丽地球、实现全球可持续发展的有力抓手。

2. 国家水土保持战略需求

党的十八大报告把生态文明建设提到前所未有的战略高度，将建设生态文明纳入中国特色社会主义事业“五位一体”总体布局。水土保持是建设生态文明和美丽中国的重要内容，尤其是党的十九大报告中提出了许多进行生态文明建设的举措，如“实施流域环境和近岸海域综合治理”“完成生态保护红线、永久基本农田、城镇开发边界三条控制线划定工作”以及“健全耕地、草原、森林、河流、湖泊休养生息制度”等，都是在现有水保政策以及生态环境治理基础上的新的提升和具体化。报告中“统筹山水林田湖草系统治理”的说法，更是凸显了水土保持工作在生态文明建设中的重要地位。水保事业“功在当代、利在千秋”，建成与社会经济发展相适应的水土保持体系是全面建成小康社会的基础工程。

3. 社会和行业水土保持战略需求

随着我国改革开放的步伐逐步加快，经济迅猛发展，人民生活水平不断提高。经济的发展和生活水平的提高加大了对水土资源的需求，同时，在过快的经济发展过程中也容易造成资源的浪费，使水土资源问题凸显，如得不到有效解决，将会成为我国经济社会发展的瓶颈。如何采取有效的措施和方法来减少水土资源的浪费，同时利用有限的资源来满足人民生活和经济发展日益增长的社会需要，保持水土资源的可持续发展，已经成为水土保持行业的现实要求。合理地对水土资源进行规划，有效解决人地矛盾、水资源匮乏、水土不足等问题，不仅是社会对水土保持行业的要求，也是我国保持宏伟目标、实现伟大中国梦的基本要求。

（二）发展趋势与重点方向

1. 发展趋势

（1）水土保持与荒漠化科学技术的研究思路越来越重视多学科交叉

研究手段越来越重视利用其他学科的最新研究技术，以获得更能揭示荒漠化过程及规律的数据。宏观上与全球变化相结合，甚至向空间领域发展；微观上向分子、基因水平方向发展。

（2）走环境保护与发展相结合、以发展带动环境保护的道路

从景观生态系统入手，着重于环境的保护、植被的重建和提高，以及合理开发利用荒漠化地区资源，实现生态、经济、环境和人口的持续发展。

（3）注重以生物技术为主，机械措施为辅

做到更新利用资源，尽量避免用化学物质或工业废物防治荒漠化和水土流失，以免各种残毒物质带来新的环境问题；注重与本国、本地区实际相结合，建设一批环境治理与经济建设协调发展、高起点、高质量、高效益、各具特色的样板和典型，为不同类型区的防治荒漠化工程建设起到示范和技术辐射源作用，创造有中国特色的荒漠化防治技术体系。

（4）强调荒漠化地区可持续发展

贯彻正确的荒漠化防治指导思想，尽早开展全国荒漠化防治工程建设，具体是通过大力开展防止人为破坏保护生态环境工程、综合治理工程、综合开发工程及综合防治与开发工程等，面向我国整个荒漠化地区，以"三北"地区为重点，以风蚀荒漠化为主体，全面部署植被保护、沙害治理、资源开发、科技示范和能力建设等，逐步进行生态环境建设，遏制荒漠化的发展，促进荒漠化地区产业发展和经济繁荣。

（5）治理与利用荒漠化土地相结合

荒漠化地区农业生产潜力较大，作为农业的六大趋势（生态农业、电子化农业、有机农业、工业化农业、立体农业、沙漠农业）之一的沙漠农业方兴未艾，有关沙漠农业的节水技术、集水技术、高矿化度水利用技术及治沙防沙技术的研究将是沙漠农业的研究趋势。

2. 重点方向

（1）土壤侵蚀动力学机制及其过程

复杂坡面条件下的土壤入渗和坡面流运动规律，研究包括坡面流的阻力规律，不同形式坡面流的形成条件和水力特征及坡面流动的精细描述和土壤入渗规律等；土壤侵蚀演化的动力学机理，包括侵蚀演化过程及各种侵蚀类型的转化过程和条件。

（2）土壤侵蚀预测预报及评价模型研究

注重土壤侵蚀模型的理论研究，将从以侵蚀因子为基础的侵蚀预报向侵蚀过程的量化研究和理论完善，研究各侵蚀因子及其交互作用对侵蚀过程的影响，泥沙在复杂坡面以及不同流域尺度间的分散、输移和沉积作用；加强对重力侵蚀、洞穴侵蚀机制的研究，加强对大中流域侵蚀模型的研究；充分利用先进的 RS、GIS 技术，为侵蚀模型的研究提供大量的数据源，以利于对土壤侵蚀模型的检验。

（3）土壤侵蚀区退化生态系统植被恢复机制及关键技术

包括土壤侵蚀区退化生态系统结构、功能与过程研究，生态系统退化机理与健康评价，退化生态系统植被恢复技术集成与模式优化。

（4）水土保持措施防蚀机理及适用性评价研究

植被重建过程中物种的选择和配置及其分布格局，水土保持措施防蚀效果时空差异性，不同区域典型水土保持措施防治机理。

（5）流域生态经济系统演变过程和水土保持措施配置

通过流域生态系统结构、功能和过程的分析，研究流域水土资源保护与合理利用，探求结构合理、效能最佳、持续稳定的流域生态经济系统结构；研究土地利用/土地覆被变化与流域生态经济系统演变，流域生态系统重建中的生产力提高机制。

（6）水土保持与全球气候变化的耦合关系及评价模型

包括区域生态环境－水土保持对全球环境变化的响应与适应对策；区域资源可持续利用对策研究；全时空尺度的气候变化研究、评估、模拟与预测；植被－大气相互作用模式发展的研究；气候、生态－环境的影响评价、对策及可持续发展的研究；污染土壤、水体的生物修复；敏感区域水土保持、生态环境保护与可持续发展方案。

新的历史时期，水土保持学科既有大好的发展机遇，也面临着新的挑战。科学发展观的提出、新农村建设以及党和国家的高度重视等都为水土保持事业提供了新的发展动力，同时大面积的水土流失亟待治理、人为水土流失尚未有效遏制以及人们对生态环境要求的普遍提高，又对水土保持学科提出了更为紧迫和更高的要求，需要我们在新的历史时期做出新的回应。

（三）发展对策与建议

1. 学科发展对策与建议

从硬件设施方面，继续加大投入，完善已有实验室和实习实验基地的设施，在此基础上，在不同水土流失类型区，补充建立新的长期实习实验基地，从而为野外教学实习与科研创造良好条件。

从师资队伍方面，既要做好优秀师资力量引进工作，从国内外引进具有较高学术水准和国际影响力的水土保持相关学科专家级人才，又要加强现有师资队伍的培养提升。逐步形成一支专业结构齐全、学历学位层级合理的水土保持人才梯队。

2. 人才培养对策与建议

推动产学研结合，建立新型人才培养模式。在完成教学环节过程中，必须与科研相结合，与生产实践相结合。学生参与科研，不仅对科研水平提高起到积极作用，还必然会给学生带来新的思想和思维方式。水土保持是一项实践性强的事业，人才培养与生产实践相结合在增强学生感性认识的同时，必然会丰富学生在课堂上所学的知识，使学生深化理解在课堂上、校园内所学的内容，特别是一些在课堂上难以学到或掌握的内容；同时也大幅提高学生动手能力、综合运用知识能力和综合思考能力。

3. 科学研究对策与建议

应更加重视多学科交叉，研究手段应更加重视利用其他学科的最新研究技术，以获得更能揭示荒漠化过程及规律的数据。宏观上与全球变化相结合，甚至向空间领域发展；微观上向分子、基因水平方向发展。

应重视监测网体系建设，促进数据共享，改进监测方法与研究方法，引进新技术与方法，促进科研与生产实践相结合，同时考虑社会经济因素。为解决生态文明建设与国民经济发展所面临的水土保持问题提供科学依据，同时推动学科发展。

4. 社会服务对策与建议

走环境保护与发展相结合、以发展带动环境保护的道路。从景观生态系统入手，着重于环境的保护，植被的重建、修复和提升，以及合理开发利用荒漠化地区资源，实现生态、经济、环境和人口的可持续发展。

参考文献

[1] 何思明，王东坡，吴永，等. 崩塌滚石灾害形成演化机理与减灾关键技术［M］. 北京：科学出版社，2015.

[2] Richard M Iverson，Chaojun Ouyang. Entrainment of bed material by Earth - surface mass flows：Review and reformulation of depth - integrated theory. Reviews of geophysics 2015，53（1）：27–58.

[3] 崔鹏，邓宏艳，王成华 . 山地灾害［M］. 北京：高等教育出版社，2018.

[4] Cui P，Zou Q，Xiang LZ，et al. Risk assessment of simultaneous debris flows in mountain townships［J］. Progress in Physical Geography. 2013，37（4）：516–542.

[5] Iverson RM，Reid ME，Logan M，et al. Positive feedback and momentum growth during debris–flow entrainment of wet bed sediment.［J］. Nature Geoscience，2011，4（2）：116–121.

[6] Cui P，Zhou GGD，Zhu XH，et al. Scale amplification of natural debris flows caused by cascading landslide dam failures［J］. Geomorphology，2013，182（427）：173–189.

[7] 毕小刚，杨进怀，李永贵，等. 北京市建设生态清洁型小流域的思路与实践［J］. 中国水土保持，2005（1）：18–20.

[8] 杨进怀，吴敬东，祁生林，等. 北京市生态清洁小流域建设技术措施研究［J］. 中国水土保持，2007（4）：18–21.

[9] 李建华，袁利，于兴修，等. 生态清洁小流域建设现状与研究展望［J］. 中国水土保持，2012（6）：11–13.

[10] 张利超，葛佩琳，李高峰，等. 宁都县小布镇钩刀咀生态清洁小流域建设实践与成效［J］. 中国水土保持，2018（6）：24–27.

[11] 杨伟，赵辉，李璐，等. 湖北省生态清洁小流域建设模式分析［J］. 中国水利，2019（6）：38–40.

[12] 邹志刚，曾馥平. 喀斯特峰丛洼地坡地水土流失与阻控技术［J］. 农村经济与科技，2019，30（3），16–17.

[13] 刘国彬，王兵，卫伟，等. 黄土高原水土流失综合治理技术及示范［J］. 生态学报，2016，36（22），7074–7077.

[14] 赵廷宁，张玉秀，曹兵，等. 西北干旱荒漠区煤炭基地生态安全保障技术［J］. 水土保持学报，2018，32（1），1–5.

[15] 池春青 . 城市水土保持的历程与经验［C］// 中国水土保持学会预防监督专业委员会. 中国水土保持学会预防监督专业委员会第九次会议暨学术研讨会论文集. 2015：5.

[16] 李程，彭敏. 城市水土保持规划的方法和措施分析［J］. 湖南水利水电，2017（4）：72–75.

[17] 中华人民共和国住房和城乡建设部 . 海绵城市建设技术指南：低影响开发雨水系统构建（试行）［S］. 2014.

[18] 张亚梅，柳长顺，齐实. 海绵城市建设与城市水土保持［J］. 水利发展研究，2015，15（2）：20-23.
[19] 水利部水土保持司.【砥砺奋进水保惠民】立足科研，勇于创新，推动水土保持科技新进展［EB/OL］. 北京：水土保持，2017-10-11.
[20] 杨翠霞，赵廷宁，谢宝元，等. 基于小流域自然形态的废弃矿区地形重塑模拟［J］. 2014，30（1），236-244.
[21] 王礼先，张有实，李锐，等. 关于我国水土保持科学技术的重点研究领域［J］. 中国水土保持科学，2005，3（1）：1-6.

撰稿人：张志强　王云琦　程金花　陈立欣　马　岚　贾国栋　王　彬
高广磊　马　超　王　平　赵媛媛　万　龙　张　艳

荒漠化防治

一、引言

（一）学科定义

荒漠化防治学科是针对国家生态体系建设需求，研究利用生物、工程、农业、政策等相结合的综合措施体系预防和治理土地荒漠化的理论和技术的一门学科。荒漠化防治学科的研究方向包括荒漠化过程与机理、荒漠化治理与修复、荒漠化防治技术与模式、荒漠化监测与评价、沙区资源综合利用与开发等。

水土保持与荒漠化防治是林学的二级学科，是多学科结合的交叉性学科，与生态环境安全和国土资源保护密切相关，对保护、改良与合理利用水土资源、促进社会经济可持续发展有着极其重要的作用，直接为我国生态环境建设和复合农林业的发展服务。

（二）学科概述

荒漠化是全球性的生态环境问题之一，我国是世界上荒漠化危害最严重的国家之一，荒漠化严重威胁我国生态安全和经济社会的可持续发展。第五次全国荒漠化和沙化监测结果显示，截至 2014 年，全国荒漠化土地面积 261.16 万平方千米，占国土面积的 27.20%，其中沙化土地面积 172.12 万平方千米，占国土面积的 17.93%。荒漠化造成林草植被减少，地下水位下降，湖泊干涸，许多物种濒危或趋于消亡，使可利用土地资源锐减、土地质量下降。荒漠化与贫困相互加重，形成恶性循环，全国有约 4 亿人口受到荒漠化影响；荒漠化还对交通运输、水利设施和工矿企业造成严重危害和巨大经济损失。新中国成立以来，在不同的历史时期，采取了一系列行之有效的政策措施。经过半个多世纪的不断探索和不懈奋斗，中国已走出了一条生态与经济并重、治沙与治穷共赢的防治荒漠化道路，初步遏制了荒漠化扩展的态势。加强荒漠化防治学科建设是非常必要的，研究、开发和集成高效的荒漠化防治技术与模式，将为京津风沙源治理工程、“三北”防护林体系建设工程等国家重大生态工程的顺利实施提供强有力的科技支撑。

虽然近年来我国生态建设取得显著成效，荒漠化总体态势呈现荒漠化土地面积减少、程度减轻的“双缩减”，但是由于我国荒漠化面积大、类型复杂、成因多样，荒漠化地区生态系统非常脆弱，某些地区荒漠化仍然在扩展、恶化，荒漠化对我国的粮食安全、生态安全和社会经济发展仍然具有非常大的危害。因此，荒漠化防治是我国生态环境建设中的一项长期而又艰巨的任务。

在全球变化的影响下，荒漠化防治将面临更严峻的挑战，针对气候变化和社会经济发展对荒漠化带来的影响，荒漠化防治研究应更注重防沙固沙新材料新技术、固沙植被稳定性机理、荒漠化进程的预测及预警、荒漠化防治生态经济模式等研究。研究气候变化与人类活动在荒漠化过程中的相互作用，进而揭示荒漠化发生机制，探索全球变化对荒漠化的影响及荒漠化对气候变化反馈机制，建立智能化、标准化的荒漠化防治技术集成应用平台，是荒漠化防治学科的重点与热点。

二、本学科最新研究进展

（一）发展历程

1. 荒漠化防治的国际进程

1949 年，法国科学家 Aubreville 在其著述《非洲热带的气候、森林和荒漠化》一书中首次引入“荒漠化（Desertification）”一词。他在研究西非潮湿热带的土壤侵蚀时发现，由于森林滥伐和火烧，森林界线后退了 60—400 km，使森林地区变为热带草原，其标志是土壤受到侵蚀、土壤的物理与化学性质发生了变化以及旱生植物种类的增加和蔓延等。书中将非洲稀树草原上热带和亚热带森林的退化称为稀树草原化（Savannization），把人为的火烧和毁林作为这一现象发生的主要影响因子，并采用荒漠化（Desertification）一词来描述该现象的极度发展（Aubreville，1949）。此后，Le Houerou（1968）提出了 Desertization 一词，并将其定义为“典型的荒漠景观和土地形式向近期内没有发生荒漠化区域的扩展。荒漠化过程发生在荒漠边缘年均降水量为 100—200mm（变化范围为 50—300mm）的干旱地带”。

1951 年，联合国教科文组织提出了一个干旱区研究计划，对干旱区特别是萨赫勒地区的研究给予资助。这项计划对深入认识干旱区起到了重要作用。荒漠化一词在各种文献中被广泛提及始于 20 世纪 60 年代末到 70 年代初。1968—1973 年萨赫勒地区的严重干旱及其造成的巨大灾难使该地区的干旱问题成为人们关注的重点。但随着对该地区研究的进一步深入，人们认识到需要一个比干旱更为全面的概念来描述该地区的环境变化，因此，荒漠化的概念开始逐渐得到广泛应用。

1968—1973 年发生在非洲苏丹 - 撒赫勒地区的特大持续干旱导致萨赫勒北部牧场上乔灌草的大面积死亡，连年的干旱造成粮食歉收、牧场退化和水资源枯竭进一步导致牲畜和人口大量死亡，使荒漠化问题首次引起国际社会的关注。

1974年，国际地理学会（IGU）组织了荒漠化专题研讨会，对荒漠化的定义、成因等进行了讨论；1975年，在美国亚利桑那大学召开了以“荒漠化——进程、问题和观点”为题的专题研讨会。这些都为深入认识荒漠化问题起到了积极作用。

面对日益严峻的荒漠化问题，联合国于1977年在内罗毕召开了有94个国家、地区和国际组织的500多名代表出席的联合国荒漠化大会，首次对荒漠化进行了全面、科学的分析与总结。会议提出了由联合国粮农组织、联合国教科文组织、世界气象组织和联合国开发计划署共同编制的1∶2500万世界荒漠化图，并首次对全球荒漠化状况进行了评估。大会还制定了“联合国对抗荒漠化行动计划”，决定采取对抗荒漠化的国际行动，“阻止荒漠化和协助受影响地区的经济发展”。这次大会影响深远，使全世界认识到了荒漠化的严重性和防治的紧迫性，在全球范围内极大地推动了荒漠化研究与防治工作的进展，成为荒漠化研究史上的一座里程碑。

1992年，联合国环境与发展大会在巴西里约热内卢召开，首次把荒漠化防治作为全球环境治理的优先领域，并列入了《21世纪议程》的第12章，要求各国把防治荒漠化列入国家环境与发展计划，采取共同行动，控制沙漠蔓延，防治土地荒漠化，促进可持续发展，体现了人类社会可持续发展的新思想，反映了在环境与发展领域合作的全球共识和最高级别的政治承诺。经过多次谈判，1994年6月17日，《联合国防治荒漠化公约》（以下简称《公约》）在法国巴黎外交大会通过在巴黎签署；1997年10月，第一次缔约国大会在罗马召开，荒漠化防治得到前所未有的重视。《公约》中给出了具有量化标准的荒漠化的统一定义，即荒漠化是包括气候变异和人类活动在内的多种因素造成的干旱、半干旱和亚湿润干旱地区（湿润指数在0.05—0.65）的土地退化。《公约》的签署使荒漠化防治有了一个共同的认识基础。

2015年9月，联合国可持续发展峰会通过了《2030年可持续发展议程》，确定了17项可持续发展目标和169个子目标。其中，目标15.3是防治荒漠化、恢复退化的土地和土壤，到2030年实现土地退化零增长，并号召各国定期向联合国可持续发展大会报告。为落实联合国2030年可持续发展议程，《公约》各缔约方于2015年10月在第十二次缔约方大会上通过了“土地退化零增长”的科学定义，即在特定的时间和空间尺度或生态系统范围内，用于支持生态系统功能、服务和改善粮食安全的必要土地资源的数量和质量保持稳定或增长。《公约》第十二次缔约方大会同时做出决议，将实现土地退化零增长作为推动履约的重要载体，邀请缔约方设定土地退化零增长国家自愿目标，同时要求《公约》相关机构为自愿制定目标的国家提供技术支持。2017年9月，在我国鄂尔多斯举办的第十三次缔约方大会上，共有113个国家承诺加入土地退化零增长自愿目标设定进程，将确定目标并开展行动。会议通过了《公约》2018—2030年新战略框架，明确了实现2030年全球土地退化零增长目标的战略途径、步骤和监测指标。

2. 荒漠化防治学科的发展阶段

荒漠化的概念是在 1977 年联合国荒漠化大会后被引入国内的。但在我国，有关荒漠化的研究可以追溯到 19 世纪。以鄂尔多斯地区为例，从 19 世纪中叶起，一些中外学者就先后对该地区进行了考察。俄国包担宁在 1891 年发表的文章中论述了该地区的流动沙地，在他随后发表的专著中描述了鄂尔多斯东部的自然特征。从 19 世纪末到中华人民共和国成立前的半个多世纪内，许多学者（主要是外国学者）先后对鄂尔多斯地区的地质地貌特征、风沙来源、环境演变等进行了初步研究。但是，这一时期主要处于现象描述和各种资料的收集与报道阶段。

中华人民共和国成立后的半个多世纪以来，我国的荒漠化研究大致可以分为以下三个阶段：

（1）从 20 世纪 50 年代到 70 年代末，以沙漠、沙地科学考察和防沙治沙技术研究为主

作为防治荒漠化的内容之一，防沙治沙工作早在 20 世纪 50 年代就已经开始了。从 1957 年起，中国科学院与苏联科学院合作共同组织了沙漠综合考察，对我国北方地区进行了大面积的普查，并对某些重点地区进行了深入调查，初步摸清了我国沙漠、沙地的成因和分布等；在西北和内蒙古等省区先后建立了许多治沙站作为荒漠化防治的样板，在荒漠化防治的应用技术方面积累了许多成功的经验，如农田防护林体系建设、铁路—公路防沙、飞播造林等。1977 年以前，虽然没有使用荒漠化的概念，但所开展的各项工作都属于荒漠化的研究范畴。

（2）从 20 世纪 70 年代末到 90 年代初，主要涉及沙质荒漠化的多学科研究

面对日益严峻的荒漠化问题，荒漠化研究日益国际化。1977 年联合国荒漠化大会后，荒漠化的概念被引入国内，荒漠化研究开始受到广泛重视。有关科研机构和高等院校先后在我国北方的一些典型地区进行了比较深入的研究，研究内容包括风沙移动规律、荒漠化成因、荒漠化发展状况、荒漠化评价等，出版和发表了许多专著文献。由于种种原因，荒漠化的概念在被介绍到国内时被译成了沙漠化，因此以往的研究主要侧重于沙漠和风成荒漠化土地；同时，由于荒漠化定义不断发生变化，对荒漠化的认识难以统一，使荒漠化研究缺乏系统性，这在一定程度上阻碍了对我国土地荒漠化的研究与防治。

（3）20 世纪 90 年代至今，逐步与国际荒漠化研究接轨，荒漠化的多学科系统研究正式起步，荒漠化防治学科进入全面发展的新阶段

中国于 1994 年 10 月 14 日签署《公约》，1997 年 5 月 9 日对中国正式生效。1992 年联合国环境与发展大会后，可持续发展思想逐渐深入人心，开拓了人们的思路，促使人们从更综合的角度来认识荒漠化问题。20 世纪 90 年代以来，我国北方地区沙尘暴频发。特别是 2000 年，华北地区沙尘天气日趋频繁，仅在 3、4 月间，北京就遭受了 12 次沙尘暴或浮尘天气，人民生产、生活受到巨大影响。为改善和优化北京、天津及其周边地区生态环境状况，遏制沙化扩展趋势，治理沙化土地，中国政府启动京津风沙源治理工程。同

时，随着中国社会经济的快速发展，生态环境保护与社会经济发展的矛盾越来越突出，生态建设受到前所未有的重视，荒漠化防治也受到全社会关注。这个时期，科学的发展趋向于不同学科的交叉和综合，新学科不断涌现，特别是地学和生物学的有机结合和景观生态学的迅速崛起促进了荒漠化基础研究的发展；同时，遥感、地理信息系统（GIS）等技术手段日新月异，使得开展系统的多学科的荒漠化研究成为可能。这个时期开展了荒漠化气候类型划分和全国荒漠化与沙化监测；从不同时空尺度入手，宏观与微观相结合，多学科交叉、渗透，开始进行荒漠化发生机制与荒漠化地区景观重建以及荒漠化综合防治优化模式的系统研究，取得了一系列科研成果，为“三北”防护林工程、京津风沙源治理工程等提供了重要科技支撑；组织开展了库姆塔格沙漠综合科学考察、中国戈壁生态调查，填补了沙漠科考的空白，近期开始组织编撰《中国沙漠志》，全面系统地总结半个多世纪以来中国沙漠研究成果；建立了荒漠生态系统服务评估方法，首次评估了中国荒漠生态系统服务的实物量和价值量，为我国旱区生态保护奠定科学基础。

中国积极履行《公约》，为推动全球荒漠化防治提供了中国方案，为全球树立了榜样。2018 年 9 月 6—15 日，《公约》第十三次缔约方大会在鄂尔多斯市召开，大会的主题为“携手防治荒漠，共谋人类福祉”，来自 196 个缔约方、20 多个国际组织的正式代表 1400 多人参加。大会期间，各缔约方围绕落实联合国 2030 年可持续发展议程、制定《公约》新战略框架以及推动实现土地退化零增长目标等议题进行了广泛深入的探讨和磋商，达成多方共识，取得了重要成果。

2019 年 8 月 1—8 日，在日内瓦召开的《气候变化框架公约》（IPCC）第五十次全会审议通过了《气候变化与陆地——政策制定者特别报告》，该报告将气候变化的物理基础、影响和对策作为一个有机整体，系统评估了气候变化与陆面过程和土地利用之间的相互作用，主要包括陆气相互作用和荒漠化、土地退化以及粮食安全等与气候变化的相互作用，为协同应对气候变化和可持续土地管理提供科学依据。

（二）基础研究进展

1. 沙漠、沙地、戈壁综合科学考察

经过半个多世纪以来的系统的科学考察与调查，基本摸清了我国沙漠、沙地、戈壁的家底。1959—1963 年，通过 3 年多时间的大规模沙漠、沙地综合考察，基本上厘清了我国 7 大沙漠和 4 大沙地的面积、类型、分布、成因、自然条件、社会经济条件等。首次编绘出《1∶400 万中国沙漠分布图》。此外，沙漠地区铁路的选线及防治试验也有所进展，如沙通铁路通过科尔沁沙地区段的选线与防治等；与此同时，还先后在内蒙古磴口、陕西榆林、甘肃民勤、青海沙珠玉、内蒙古伊克昭盟（今鄂尔多斯市）新街、展旦召等地，开展了沙地土壤、植被特性和植物固沙、机械固沙等方面的研究，掌握了大量第一手数据，为我国防沙治沙事业的发展奠定了科学基础。目前，榆林、磴口、民勤、沙珠玉都已经成

为全国防沙治沙的重要试验示范基地，甘肃民勤在2005年被批准为国家级野外生态定位研究站（甘肃民勤荒漠草地生态系统国家野外科学观测研究站）。这次考察所获得的一些珍贵基础资料和成果，至今仍然具有重要的参考价值，并作为重大决策参考的依据。

2007—2017年，在国家科技基础性工作专项支持下，由中国林业科学研究院牵头，对库姆塔格沙漠开展了多学科、全方位的综合科学考察，累计野外工作超过500天，总行程超过40万公里，首次对库姆塔格沙漠及其周边地区进行了全面、系统的综合科学考察，获取了大量样品、标本和数据，从地质、地貌、气候、水文、土壤、植被、动物、植物、微生物、景观、生态保护与可持续发展等各个方面，全面系统地研究和总结了库姆塔格沙漠的环境演变历史、自然地理和社会经济特征，取得一系列研究成果和第一手的资料、数据，填补了我国沙漠科考的空白。取得的主要研究成果：初步揭示了库姆塔格沙漠及邻区的第四纪地质环境演变过程以及库姆塔格沙漠的形成时代和演化过程，重建了全新世大暖期库姆塔格沙漠空间分布格局；初步查明了库姆塔格沙漠“羽毛状”沙丘形态学特征及形成机制，确定了库姆塔格沙漠地域范围和面积，测算出最近30多年来沙漠动态变化趋势与扩展速率；根据实地观测的气象数据分析了库姆塔格沙漠的气候特征，尤其是降水和风等气象要素的空间格局与变化特征；初步查清了库姆塔格沙漠现代水系分布及水文与水资源特征，分析了库姆塔格沙漠区域水循环途径及极干旱区的洪水特征；揭示了库姆塔格沙漠地区植被与土壤的分布格局及其控制因素，基本摸清了库姆塔格沙漠野生动植物种群、数量、分布区域，特别是对国家一级保护动物双峰野骆驼种群、行为规律、迁徙通道及生境进行了系统调查，提出“库姆塔格生物多样性保护热点地区”；系统研究了极端干旱、高温和高盐环境条件下荒漠植物的形态特征，对极端环境下的微生物资源进行了调查，初步揭示了该地区微生物多样性特征，确认该地区存在较多数量的未知新菌。

2. 荒漠化监测与评价

根据联合国防治荒漠化《公约》的定义，基于长时间序列气象数据，确定了中国荒漠化的潜在发生范围，将荒漠化发生地区划分为干旱（arid）区、半干旱（semi-arid）区和亚湿润干旱（dry sub-humid）区，为我国荒漠化监测奠定了科学基础。以荒漠化气候分区为基础，建立了国家尺度的荒漠化及沙化监测与评价指标体系，对全国荒漠化及沙化土地进行以5年为一个周期的系统调查与监测，1994年以来已经开展了5次监测，为我国荒漠化防治战略决策及履行《公约》提供了科学数据支撑。同时，该研究也为揭示我国荒漠化及沙化土地分布规律与发展趋势、开展荒漠化预警奠定了基础。

3. 荒漠化过程与发生机制

通过多学科交叉融合，系统研究荒漠化过程中的土壤风蚀过程、生态水文过程以及生物地球化学循环过程，揭示气候变化、人类活动对荒漠化过程的驱动机制。我国荒漠化发展最快、危害最严重的有两类地区：

（1）中国北方半干旱和亚湿润区的农牧交错带，其中有四大沙地，即科尔沁沙地、毛乌素沙地、呼伦贝尔沙地和浑善达克沙地，主要分布在内蒙古。在这一地区，荒漠化发生的主要原因是：①过牧、滥垦、滥樵和滥挖药材导致草场退化，如固定沙丘活化、草场生产力下降和生物多样性丧失等；②粗放的耕作技术导致耕地退化；③未保护好居民点周围的防护林，导致风沙入侵。

（2）中国北方干旱区内沿内陆河分布或位于内陆河下游的绿洲地区，主要分布在新疆和甘肃。在这些地区，荒漠化发生的主要原因是：①过度利用内陆河水或过量抽取地下水导致绿洲萎缩，包括天然植被衰退和死亡、地下水位下降和湖泊干涸等；②灌溉管理不佳导致盐渍化；③滥垦、滥樵、过牧导致草地退化；④未能很好地保护绿洲内和绿洲周围防护林，导致风沙入侵。

4. 荒漠生态系统生态服务评估与价值核算

构建完成了荒漠生态系统服务评估指标体系，建立了荒漠生态系统服务综合评估模型，全面核算出我国荒漠生态系统防风固沙、土壤保育、水文调控、生物固碳、生物多样性保育、沙尘生物地球化学循环、景观游憩等主要生态服务的实物量和价值量，系统分析了我国荒漠生态系统服务的特征、空间格局及影响因素，揭示了其未来变化趋势及对全球变化的响应。估算了2009年中国荒漠生态系统服务实物量，中国荒漠区植被每年固沙量440.49亿t；农田防护林保护农田使其增产6.15亿t；牧场防护林增加了畜牲保存率和出肉率，相当于增加1.77亿只羊；中国荒漠地区沙尘搬运可形成土壤176.49亿m^3；沙漠和沙地每年产生凝结水76.53亿m^3，满足部分植物生存需水；荒漠地区每年有地表水104.99亿m^3，有地下水129.06亿m^3；荒漠地区植被每年固碳1.91亿t，土壤固碳0.12亿t，沙尘落入海洋固碳10.35亿t；每年我国荒漠地区沙尘向海洋输送铁元素量4.83万t，满足了海洋浮游生物生存和发展的部分需要；荒漠生态系统为动植物提供了生存和繁衍场所，其中动物有12419种、植物2280种，其中受威胁物种1807种、极危物种244种、濒危物种774种、易危物种498种、近危物种291种；由于荒漠特殊的景观和文化遗址的存在，每年为2.69万人提供了就业机会。2009年中国荒漠生态系统服务价值量，每年产生的生态服务价值为53786.56亿元，其中荒漠植被每年的固沙价值26334.28亿元，土壤保育价值5728.22亿元，水资源调控价值6724.09亿元，固碳价值14838.65亿元，生物多样性保育价值116.21亿元，景观游憩45.11亿元。

（三）应用研究进展

1. 低覆盖度治沙技术

该技术针对防风固沙中造林密度大、配置不合理、中幼龄林大面积衰败等问题，开展了基于水分平衡低覆盖度治沙理论、新材料、新技术和新设备的研发，提出了低覆盖度（15%—25%）治沙理论；探明了低覆盖度行带式造林的水分调控机理和生态修复过程，有效解决了干旱沙区固沙林在中幼龄期大面积死亡的难题；建立了不同气候区近自然水分平衡的低覆盖度防风固沙技术模式与体系；研究成果支撑修订了《国家造林技术规程》（GB/T 15776—2016）中旱区部分的造林密度与验收标准，造林密度降低了 30%—60%，对我国北方防风固沙林体系修复和生态安全屏障建设具有重要的实践与指导意义。此外，秉承低成本、高效益和绿色环保的理念，筛选出抗逆性强的固沙植物 40 余种，研发出了流沙快速固定的新型沙障与机械化治沙技术等 14 项，进一步丰富了防沙治沙材料与方法，特别是发明了一种网膜沙障铺设机，实现了沙障铺设的机械化作业，大大促进了我国机械化治沙的进程。科研成果“基于水分平衡的低覆盖度治沙理论及其防风固沙技术模式研究与示范”获 2017 年度甘肃省科技进步奖一等奖。

2. 高寒沙地林草植被恢复技术

针对川西北高寒区气温低、立地条件差、植物生长期短、植被恢复难、群落稳定性差等植被恢复技术难题开展持续科技攻关，完成了川西北高寒沙地四个方面系列研究成果。一是研究建立了川西北高寒沙地 6 级立地分类系统，划分了 27 个沙地立地类型；二是筛选出适宜治沙乔灌木 33 种、草种 11 种，培育国审牧草新品种 1 个，省级认定林木良种 4 个；三是研究建立了沙地土壤改良、沙障营建、良种壮苗、乔灌木栽植、牧草混播等高寒沙地林草植被恢复技术体系，制定了四川省地方标准 5 项，获国家授权专利 2 项；四是研究提出了“方格固沙 + 丛植灌木 + 混播牧草”生态恢复、“均匀栽植经济性灌木 + 牧草混播”生态经济恢复等 11 个有效模式。项目完成度高、科学性强、系统全面、具有创新性和可操作性，对支撑川西北地区沙化土地治理、全面构建长江上游生态屏障等都具有重要理论价值和现实意义。研究成果“川西北高寒沙地林草植被恢复技术研究与示范”获 2015 年四川省科技进步奖一等奖。

此外，甘肃甘南是黄河重要水源补给生态功能区，每年向黄河补水 65.9 亿 m^3，占黄河总径流量的 11.4%。其主体生态系统——高寒湿地和草地大面积沙化，直接影响到藏区经济发展与社会稳定，也关乎我国乃至世界的生态安全。鉴于已有针对其他区域的生态修复与保护利用技术均难以在高寒区应用，研究团队自 21 世纪以来在国家、省部级项目的支持下，以该区域生态系统的土壤 - 植被的协同生态修复及保护技术为研究主线，以生态系统保护与恢复急需的关键技术为核心，以水源补给能力提升为研究目标，从理论研究、技术研发和示范推广三方面进行设计，多学科交叉，产学研结合，开展了多要素、宽尺度、多方法、系统性的研究及针对高寒区沙化土地特征的创新性技术研发，取得了一系列创新成果。科研成果“黄河源区（甘肃段）高寒沙化土地生态修复技术研发与应用”获 2018 年梁希林业科学技术奖三等奖。

3. 重大工程建设中的风沙防治技术

青藏铁路沙害形成机理及防治技术研究课题组利用风沙物理学、治沙工程学、冻土学、遥感等多学科交叉方法，对青藏铁路沙害形成机理及防治技术进行研究。研究成果运用多种手段，查明了青藏铁路不同沙害区的沙源、风蚀、风积的时空分布特征、主要沙害类型及其划分指标；通过不同海拔的风沙流野外风洞模拟实验，建立了不同空气密度条件下风蚀沙粒的起动摩阻风速、输沙量、输沙结构和能量分布模型，阐明了不同空气密度条件下的风沙运动规律；通过野外观测证明，地表积沙后下伏多年冻土的活动层减薄、冻土上限上升、冻结层厚度增大、年平均地温下降，首次发现青藏高原沙漠化保护了多年冻土的结论；通过青藏铁路典型路基流场及既有防沙工程的效应监测，揭示青藏铁路沿线风沙危害的成因、方式和动力学机制，提出青藏铁路沿线干河道、干湖岸和退化草场 3 种风沙灾害防治模式；探索了青藏铁路沙害区域高寒植被恢复与再造技术，发明了环境友好型、造价低廉、施工方便、使用寿命长的新型固沙新材料和新技术，建立了适宜高原的综合风沙防治体系。“青藏铁路沙害形成机理及防治技术研究”成果获 2014 年青海省科技进步奖一等奖。

库姆塔格沙漠东缘重大工程建设中的风沙防治问题研究组针对位于库姆塔格沙漠东缘极端干旱区、丝绸之路重要节点城市和少数民族聚集区的敦煌及阿克塞地区面临的风沙威胁，研究了风沙运动的规律和风沙问题的本质，着力解决文化和自然遗迹保护、城市发展、道路交通建设等方面的风沙危害问题。研究人员经过近 25 年的研究，开展了世界文化遗产敦煌莫高窟风沙危害防治研究，在莫高窟顶建立了“A”字形防沙网并提出了以阻为主、固输结合的“六带一体”风沙危害防治体系；发现了国家级风景名胜区鸣沙山月牙泉近 25 年的沙山移动特征，制定了以打通风道为主的系统流场恢复方案；提出了阿克塞哈萨克族自治县由博罗转井镇搬迁至红柳湾镇的可行性和风沙治理对策，为县城搬迁和当地社会经济发展提供理论支撑；提出了敦煌—格尔木铁路途经库姆塔格沙漠沙山沟的可行性和风沙防治对策，为铁路改线途经阿克塞县城提供了理论依据。该项目取得了良好的生态、社会和经济效益，基本解决了莫高窟和鸣沙山月牙泉的风沙危害问题，为民族地区经济发展和社会稳定创造了条件。“库姆塔格沙漠东缘重大工程建设中的风沙防治问题”成果获 2014 年甘肃省科技进步奖一等奖。

4. 沙漠绿洲外围防风固沙体系及流动沙丘固定技术

“古尔班通古特沙漠活化沙丘治理技术与试验示范”研究组以沙漠化危害严重下的古尔班通古特沙漠为研究对象，重点开展活化沙丘综合治理与绿洲节水型防护林体系构建中的关键科学问题和技术的研究与示范。通过 4 年分析与研究和后期 3 年的推广应用，为准噶尔盆地荒漠化治理、干旱区绿洲边缘荒漠植被保育、生态环境的保护与改善提供了重要的科学依据。“古尔班通古特沙漠活化沙丘治理技术与试验示范”成果获 2014 年新疆维吾尔自治区科技进步奖三等奖。此外，“塔克拉玛干沙漠绿洲外围防风固沙体系及流动沙丘固定技术研究与示范”成果获 2016 年新疆维吾尔自治区科技进步奖二等奖。“腾格里、巴丹吉林沙漠交汇处综合治沙技术集成试验示范”成果获 2016 年内蒙古自治区科技进步奖三等奖。

5. 沙地综合治理技术

半干旱典型黄土区与沙地退化土地持续恢复技术课题组针对半干旱黄土区和沙区退化

植被恢复与重建过程中水资源短缺、可利用性下降和利用效率低的问题，以及人工恢复植被稳定性差、风沙区风蚀条件下土壤贫瘠和保水性差、密集型流动沙丘生境条件恶劣、植物种子难以固着和造林苗木成活困难等问题，创新研发和推广了半干旱区有机混合物诱导土壤生物结皮快速生成技术、密集型流动沙丘植被稳定建植的技术体系等，并发布了甘肃省地方标准《红砂林保护与恢复技术规范》和《沙拐枣育苗技术规程》，弥补了相关技术规范的不足。目前，该项目在中国北方半干旱黄土区和沙区推广应用各类技术累计约 110 万亩，其中在甘肃省兰州市周边黄土丘陵区推广应用约 70 万亩。“半干旱典型黄土区与沙地退化土地持续恢复技术”成果获 2014 年甘肃省科技进步奖一等奖。此外，“内蒙古退化沙地生态系统持续恢复与资源有效利用技术”“呼伦贝尔沙地综合治理技术研究与示范”分别获 2017 年内蒙古自治区科技进步奖二等奖、三等奖。

6. 防沙治沙新材料

生物土壤结皮（biological soil crust，BSC）形成机理、生态作用及在防沙治沙中的应用研究组，首次揭示了 BSC 的形成机理，明确了大气降尘在沙面沉积是 BSC 形成的主要物质基础；在国际上率先探明了物理结皮—蓝藻—地衣—藓类的 BSC 演替规律；提出了 BSC 调控沙地生态系统碳氮循环及其“源 – 汇”功能的新观点；发现 BSC 不仅为沙区土壤生物类群的繁衍创造了生境，而且是食物链构成的重要环节，并通过影响种子萌发、定居和幼苗成活而影响荒漠植被的格局；提出了 BSC 通过改变沙地土壤水文过程而驱动固沙植被演替的新观点；首次研发了 BSC 隐花植物人工培养基质，分离纯化了 10 种蓝藻、地衣和藓类。“生物土壤结皮形成机理、生态作用及在防沙治沙中的应用”成果获 2017 年宁夏回族自治区科技进步奖一等奖。

仿真固沙灌木及其防风固沙林模式研究项目，针对干旱区防沙固沙林体系存在的植被衰败、植物固沙困难的现实，观测梭梭、白刺、油蒿、花棒和红砂个体构型与其防风固沙效能，建立仿真固沙灌木标准化生产构型参数，研制形成 3 种仿真固沙灌木。将其应用到退化防风固沙林恢复，建立仿真固沙灌木纯林和仿真固沙灌木 + 梭梭灌木林。仿真固沙灌木组成或恢复退化防护林操作简便，可重复、多次利用，设置不受季节影响，具有四季防护的特点，防风固沙效果良好。“仿真固沙灌木及其防风固沙林模式研究”成果获 2018 年甘肃省科技进步奖二等奖。

（四）人才队伍和平台建设

近年来，荒漠化防治的人才队伍进一步稳定和发展，各级平台建设得到不断完善，为荒漠化防治学科发展提供了强有力的支撑。

1. 省部级以上人才

国家级“百千万人才工程”人选包括：中国林业科学研究院卢琦研究员、丛日春研究员，甘肃省治沙研究所马全林研究员。

国家林业和草原局“百千万人才工程”省部级人选包括：中国林业科学研究院吴波研究员、冯益明研究员、贾志清研究员和杨晓晖研究员，北京林业大学周金星教授。

2. 重点实验室

荒漠化防治学科的重点实验室主要有：中国林业科学研究院荒漠化研究所的国家林业和草原局“荒漠生态系统与全球变化重点实验室”、北京林业大学的“水土保持与荒漠化防治教育部重点实验室”、内蒙古农业大学的“沙生灌木材料科学与技术中央地方共建实验室”、国家林业和草原局“沙地生物资源保护和培育重点开放实验室”、新疆农业大学的“西部干旱荒漠区草地资源与生态教育部省部共建实验室”等。

3. 工程中心

国家级工程中心主要有：中国科学院新疆生态与地理研究所的“国家荒漠－绿洲生态建设工程技术研究中心”、新疆农业大学的“新疆水文水资源工程技术研究中心”、宁夏农林科学院的“国家枸杞工程技术研究中心”等。

国家林业和草原局的工程中心主要有：中国林业科学研究院的“滨海盐碱地生态修复工程技术研究中心”、辽宁省固沙造林研究所的“樟子松工程技术研究中心”、陕西省治沙研究所的“长柄扁桃工程技术研究中心”、山东省林业科学研究院的“滨海盐碱地生态修复工程技术研究中心”等。

省级的工程中心主要有：内蒙古农业大学的“内蒙古自治区沙生灌木资源开发利用工程技术研究中心”、甘肃省治沙研究所的“甘肃省沙生植物工程技术研究中心”等。

4. 生态定位站

按照我国荒漠化气候分区和主要沙化土地、石漠化类型分布，充分考虑《全国防沙治沙规划》和《岩溶地区石漠化综合治理规划大纲》等生态工程效益评估的需求，国家林业和草原局制定了“全国荒漠生态系统野外观测台站网络”框架设计和总体规划；分别在6大区域的23个亚区（类）设立观测场（群），每个观测场（群）则由数量不等的生态站（点）构成；总体布局基本涵盖我国八大沙漠、四大沙地，并兼顾和考虑我国中南、西南地区一些非典型性沙地、岩溶石漠化、干热干旱河谷等特殊区域环境。荒漠生态站的建立不仅能够满足荒漠生态系统定位观测的科学需求，同时也能够满足国家防治荒漠化、防沙治沙、石漠化等重点工程的宏观需求。共规划建立47个荒漠生态站，目前已经批准建立26个。

科技部依托中国科学院，建立了中国生态系统研究网络（CERN），其中荒漠生态站有：临泽内陆河流域综合研究站、奈曼沙漠化研究站、沙坡头沙漠试验研究站、鄂尔多斯沙地草地生态定位研究站、阜康荒漠生态试验站、策勒沙漠研究站；草原生态站有内蒙古草原生态系统定位研究站和海北高寒草甸生态系统定位研究站。

5. 荒漠－草地生态系统观测野外站联盟

2013年，荒漠－草地生态系统观测野外站联盟由中国科学院、国家林业局、教育部和农业部共同发起并成立。目前，该联盟有 30 个野外站，包括 11 个荒漠站、4 个草地站、6 个沙地站、6 个水土保持站和 3 个喀斯特站。

6.“一带一路”生态互联互惠科技协同创新中心

为了贯彻落实国务院《推动共建丝绸之路经济带和 21 世纪海上丝绸之路的愿景与行动》，有效衔接《推进“一带一路”建设科技创新合作专项规划》，按照全国林业科技创新大会的决策部署，经国家林业和草原局批准，中国林业科学研究院协同国际竹藤中心、北京林业大学、“一带一路”沿线省市林科院，联合中国科学院等相关科研院所和内蒙古农业大学等相关高校，于 2019 年创建“一带一路”生态互联互惠科技协同创新中心。中心秉持“和平合作、开放包容、互学互鉴、互利共赢”的理念，以驱动绿色发展、增进合作互信为导向，按照“共建共享、人才驱动、聚焦重点、有序推进”的原则，对接“一带一路”的科技需求，组织“一带一路”沿线政、学、研、用相关单位，打造跨学科、多领域、国际化的协同创新平台，创建发展理念相通、要素流动畅通、科技设施联通、创新链条融通、人才交流顺通的生态科技创新共同体，突破一批生态保护、生态修复和生态产业关键技术，促进一批先进实用技术跨国转移，发挥林业在荒漠化防治、生物多样性保护、竹藤资源利用、湿地保护与修复、沿海防护林建设与岛礁生态修复等领域的重要作用，支撑“一带一路”生态互联互惠科技创新行动。创新中心由 33 家科研单位和高校组成，中国林业科学研究院为创新中心第一届理事会理事长单位，国际竹藤中心、甘肃省治沙研究所等 6 家单位为副理事长单位，北京林业大学、国家林业和草原局调查规划设计院等 10 家单位为常务理事单位，北京师范大学、国家林业和草原局竹子研究开发中心等 16 家单位为理事单位。

三、本学科国内外研究进展比较

荒漠化是全球广泛关注的重大生态环境问题之一，各个国家都在积极研究荒漠化防治的对策和措施，并形成了不同的模式，积累了许多成功经验。国际上以色列、美国、澳大利亚等国在荒漠化防治方面具有代表性。以色列以节水和提高水资源利用效益为核心，积极发展高科技、高效益的技术密集型现代化高效农业。美国通过对干旱区土地、光热、风能资源的高效开发利用以及对草场的合理轮牧与改良，实现了干旱区生态保护和资源利用的高效性，并且特别重视对天然植被的保护和封育以及破坏后的土地复垦与管理。澳大利亚对干旱区土地退化采取了以保护为主的一整套土地管理技术措施，将大面积生态脆弱的荒漠化土地划作保留地，禁止过度开发。

我国自 20 世纪 50 年代以来，先后在干旱、半干旱地区建立起一批荒漠和草地生态系统定位研究站，积累了大量基础数据和资料。50 多年来，我国荒漠化防治重点围绕牧业、农业和交通等重大生态安全问题开展科研和治沙工程建设，探索出一批适于当地自然条件和社会经济状况的荒漠化防治模式。近些年来，在国家科技计划支持下，我国在沙漠形成演化、土地沙化过程、生态水文过程、土壤风蚀沙化过程等方面取得重要进展，在沙化土地监测、防沙治沙植物种选择与快速繁育、飞播与封育促进沙区植被恢复技术、铁路与公路防沙技术等方面取得突破，为"三北"防护林工程、京津风沙源治理工程和国家基础设施建设等提供了重要科技支撑。

从国内外技术水平比较来看，我国荒漠化防治技术总体上处于国际先进水平，在局部领域达到国际领先水平。如植物固定流沙技术，干旱绿洲防护林技术，干旱、半干旱地区径流造林技术，流动沙地飞播造林种草技术，铁路及公路防沙技术均达到国际领先或国际先进水平。

四、本学科发展趋势及展望

（一）战略需求

1. 国际履约方面

我国政府历来高度重视防沙治沙工作，作为联合国防治荒漠化公约缔约国，认真编制实施《中国防治荒漠化国家行动方案》，把荒漠化防治列入国家重大事项。然而，荒漠化与气候变化、生物多样性保护、扶贫和粮食安全等发展问题密切相关。气候变化引发的极端气候灾害，尤其是干旱，加剧了荒漠化。荒漠化会造成植被退化和土壤流失，减少旱地生态系统的碳汇，而治理荒漠化土地将增加植被覆盖、保持水土，增加碳汇。荒漠化也会导致栖息地退化、加速生物多样性丧失。但是，中国对上述荒漠化与气候变化、生物多样性保护之间的协同缺乏深入的研究，严重制约了我国对其他公约如《生物多样性公约》《迁移物种公约》等的履约，迫切需要加强荒漠化地区的相关学科的发展，提升荒漠化防治学科在履约方面的作用。

2. "一带一路"沿线国家荒漠化防治

生态保护和绿色发展是"一带一路"沿线国家可持续发展的共同目标，需要强化和细化对"一带一路"沿线国家荒漠化现状、重点区域沙生植物和荒漠保护地的研究，摸清"一带一路"沿线重点国家荒漠化防治管理体系；破解"一带一路"沿线生态环境保护与建设中的重大科学问题和关键共性技术难题，构建生态保护与生态产业技术体系，打造"一带一路"生态领域的科研平台、创新平台和技术辐射平台，转移转化先进实用技术成果，建立人才培养、培训及学术交流基地，促进生态文化交流，全面提升自主创新能力和国际影响力，为"一带一路"倡议的实施提供生态科技支撑。有针对性地输出我国治沙技术，帮助遭受荒漠化危害的"一带一路"国家治理风沙危害，促进"一带一路"的生态联通，推动政府间统计合作和信息交流，为务实合作、互利共赢提供决策依据和支撑，迫切需要在基础理论、防治技术和预警监测等方面推动荒漠化防治学科的发展。

3. 未来 10—20 年国家荒漠化防治需求

目前，我国荒漠化和沙化呈现整体遏制、持续缩减、功能增强、成效明显的良好态势，党的十八大将生态文明建设纳入中国特色社会主义事业“五位一体”的总体布局，把生态建设提到前所未有的高度。但是，我国荒漠化和沙化土地大部分立地条件差，生态脆弱，保护与巩固任务繁重，人与自然对环境的竞争激烈，生态需水与农业用水矛盾凸显，缺水对沙区植被保护和建设形成了巨大的威胁。土地荒漠化和沙化问题仍是当前我国最为严重的生态问题，是建设生态文明、实现美丽中国的重点和难点。因此，土地荒漠化发生机制机理等基础研究必须取得突破，荒漠化评价指标体系与监测系统要更加完善，基础研究和综合防治技术学科的同步发展是关键。

（二）发展趋势与重点方向

1. 多学科交叉研究

在研究方式上，注重学科的融合和交叉，科技的协同攻关。地理学、农学、林学、生物学、生态学、气象、水文、畜牧等自然科学与人口学、经济学等社会科学的综合运用，相互渗透，土壤 – 气候 – 植被原理、生物多样性、可持续理论等研究的突破，将形成荒漠化防治研究的综合理论基础。实现研究、培训、推广、生产实践四位一体，发展具有良好生态、经济和社会效益的开发模式，同时考虑当地自然、社会、经济条件和民族风俗习惯，并兼顾公众承受能力，保证新模式及时推广到生产实践中去，使其真正发挥效用。

2. 荒漠化地区可持续发展

我国明确提出在荒漠地区推进生态文明，提倡绿色发展，转变沙区经济增长方式，探索保障基本生态需求与发展特色优势产业相结合的道路。只有选择与主体生态功能区自然承载力相适宜的产业方向和开发强度，发展沙区特色产业，才能够确保生态成果的长期和持续性。目前针对沙区开发建设产业投资项目的环境影响评价和监管体系还不完善，导致一些企业重经济效益，轻生态保护；特色产业的发展尚处于起步阶段，大多数增长方式粗放，开发类型有限，规模效益不高，市场竞争力不强。急需完善相关政策，健全沙区建设开发项目的环境影响评价制度，开展绿色经济示范，引导和推动沙产业绿色发展，激励可持续土地管理和生态修复活动。

3. 发展沙产业，治理与利用相结合

在荒漠地区发展沙产业，必须确定“防”“治”“用”“示”的建设内容与重点。在封禁保护方面，明确沙化土地封禁保护区的范围，确定封禁保护的主要建设内容（封禁设施建设、监管能力建设和妥善安置农牧民生产生活）；综合治理方面，确定包括造林营林、沙化草原治理、水源及节水灌溉工程建设、流动半流动沙地固定、沙区生态移民和小城镇建设以及沙区农村新能源建设在内的综合治理内容，并提出了防沙治沙重点工程；在沙产业方面，明确发展沙产业的重点领域和发展区域；在能力建设方面，提出加强科技攻关和

技术推广、加强监测预警的主要内容和措施。坚持以民为本，通过生态建设、产业发展，实现治沙治穷、增绿增收、减灾减贫。发展特色林沙产业脱贫，充分利用沙区光、热、土地资源优势，大力发展特色林果、灌草饲料、中药材、沙漠旅游业等，拓展沙区增收致富渠道，增加群众收入。

（三）发展对策与建议

荒漠化防治学科未来需要重点研究解决的科学问题和关键技术：

（1）旱区水资源生态承载力与植被稳定性维持

基于植被－土壤系统的水量平衡，研究旱区水资源的生态承载力与不同植被类型的耗水规律，揭示植被稳定性维持机制，提出维持植被水分平衡并发挥最佳防风固沙功能的固沙植被优化配置模式。

（2）荒漠化防治技术标准化与信息化集成

针对不同生态功能区不同立地类型的荒漠化土地，研究提出荒漠化防治技术体系，并对技术进行标准化，建立荒漠化防治技术信息化集成应用平台，并进行区域化试验示范。

（3）沙产业可持续开发模式

针对不同生态功能区，研究提出沙产业可持续开发模式及其配套的技术体系，对其经济、社会和生态效益进行综合评估，并进行区域化试验示范。

（4）北方旱区水土资源优化配置与生态质量提升

基于水资源的生态承载力，对北方旱区生态建设容量和水土资源的开发利用潜力进行系统分析，对不同生态功能区的生态系统服务进行综合评估，研究提出荒漠化防治优化布局与生态质量优化前提下的土地利用安全格局。

参考文献

[1] 慈龙骏，等．中国的荒漠化及其防治［M］．北京：高等教育出版社，2005.

[2] 国家林业和草原局．中国荒漠化和沙化状况公报，2016，1.

[3] 贺志霖，俎瑞平，宗玉梅．沙漠化与气候变化相互作用机理研究进展［J］．自然灾害学报，2015，24（2）：128–135.

[4] 贾晓红，吴波，余新晓，等．京津冀风沙源区沙化土地治理关键技术研究与示范［J］．生态学报，2016，36（22）：7040–7044.

[5] 刘昫东，高广磊，丁国栋，等．风蚀荒漠化地区土壤质量演变研究进展［J］．南京林业大学学报，2017，41（5）：161–168.

[6] 田长彦，买文选，赵振勇．新疆干旱区盐碱地生态治理关键技术研究［J］．生态学报，2016，36（22）：7064–7068.

[7] 杨帆，王志春，马红媛，等．东北苏打盐碱地生态治理关键技术研发与集成示范［J］．生态学报，2016，

36（22）：7054–7058.

［8］杨劲松，姚荣江，王相平，等. 河套平原盐碱地生态治理和生态产业发展模式［J］. 生态学报，2016，36（22）：7059–7063.

［9］王国倩，王学全，吴波，等. 中国的荒漠化及其防治策略［J］. 资源与生态学报：英文版，2012，3（2）：97–104.

［10］王涛. 荒漠化治理中生态系统、社会经济系统协调发展问题探析——以中国北方半干旱荒漠区沙漠化防治为例［J］. 生态学报，2016，36（22）：7045–7048.

［11］杨俊平，孙保平. 中国的沙漠与沙漠化研究发展趋势［J］. 干旱区资源与环境，2006，20（6）：163–168.

［12］张宪洲，王小丹，高清竹，等. 开展高寒退化生态系统恢复与重建技术研究，助力西藏生态安全屏障保护与建设［J］. 生态学报，2016，36（22）：7083–7087.

［13］赵媛媛，高广磊，秦树高，等. 荒漠化监测与评价指标研究进展［J］. 干旱区资源与环境，2019，33（5）：81–87.

［14］卢琦，周士威. 全球防治荒漠化进程及其未来走向［J］. 世界林业研究，1997，10（3）：35–44.

［15］贾晓霞. 全球荒漠化变化态势及《联合国防治荒漠化公约》面临的挑战［J］. 世界林业研究，2005，18（6）：11–16.

［16］卢琦. 国情系列丛书——中国沙情［M］. 北京：开明出版社，2000.

撰稿人：卢　琦　吴　波　崔　明　贾晓红　朱雅娟　周　维

草原科学

一、引言

（一）学科概述

草原科学是以植物生命科学为基础，面向草食动物饲草料生产、生态环境治理和景观及运动场绿化等行业产业，集生物学基础研究、植物生产应用和草地工程技术于一体，涉及农学、畜牧学、生态学、景观学等多个学科专业的新兴交叉学科。近年来，随着气候变化及草原资源不合理利用，草原退化严重，草原生态系统保护与重建急需加强，草原科学研究也围绕草原生态系统保护与恢复开展相关教学与科研工作，学科涉及草遗传育种学、草坪学、草地监测与管理、草原生态系统管理、退化草原修复与重建、草原灾害防治、草原资源挖掘与可持续利用等。

（二）学科发展历程

中国的草原科学始于 1946 年王栋先生在前中央大学开设的“草原管理学”，20 世纪 50 年代建立了独立的专业。80 年代，随草原系统工程思想和草原生态系统理论不断完善，草原科学得到进一步发展。1985 年，任继周先生提出草业科学是研究草地农业生态系统的科学，其主要研究对象是 3 个要素群（生物因子群、非生物因子群和社会因子群）、3 个主要界面（草丛—地境界面、草地—家畜界面、草畜—社会界面）和 4 个生产层（前植物生产层、植物生产层、动物生产层和外生物生产层），而 3 个界面理论是系统最活跃、最敏感和功能最密集的部分，也是草业科学新的分支学科和生长点。1999 年，草原学由原属于畜牧学下的二级学科正式升级为草业科学一级学科。

近年来，随着气候变化及草原资源不合理利用，90% 以上草原呈现不同程度退化，草原生态系统更加脆弱，草原资源保护与生态环境恢复急需加强。特别是党的十九大提出山水林田湖草生命共同体系统治理理论，并组建国家林业和草原局，天然草原由传统的重生产功能转向生态优先的草原生态治理、保护与可持续利用。草原科学研究也转向围绕草原生态系统保护与功能维护为核心任务，重点开展草原生态系统管理、草原退化修复、草原资源监测、草原灾害防治以及草原资源挖掘与可持续利用等领域研究。

（三）关键技术

1. 草遗传育种研究

以杂交、诱变和基因工程育种技术为主，目前有性杂交仍是种质创新和新品种创制最有效的方法。主要包括：选择育种、杂交育种、诱变育种、杂种优势利用、多倍体育种、分子育种等。其中分子育种技术已越来越多应用于草种质创新研究，包括草的重要性状形态的分子基础与调控技术、目标性状精准检测与分子辅助早期选择技术、重要性状基因编辑与基因组编辑技术等。

2. 草原种质资源研究

主要包括草原资源遥感监测技术，草原种质资源平台及信息共享利用技术，种质资源编目、评价指标体系与信息库构建技术，草核心种质库构建及骨干亲本分子指纹库建设技术，重要农艺性状挖掘与系统评价鉴定技术，优异基因资源挖掘技术等。

3. 草原灾害预测与防控

主要包括草原虫害调查与预测预报技术，重要病虫害有益菌防治技术，抗病虫害转基因育种技术，草原毒草精准识别与实时监测预警技术，草原毒草信息系统，草原火灾风险评价与发生预警防控技术等。

4. 草原生态保护与重建

包括围栏封育草原水肥管理技术，退化草原补播改良技术，退化草原植被恢复生态工程技术，退化土壤保育技术，草原生态系统健康评价技术，草原生态系统服务价值评价技术等。

5. 草原资源监测与管理

主要包括基于卫星遥感、无人机遥感和地面传感以及人工智能等技术的草地植被类型及其变化识别、植物群落特征综合测量、草地产草量估测等生态系统监测，不同类型草地评价和生态安全阈值指标体系，退化草地遥感判别和评价技术体系，草地资源遥感立体监测生态安全预警技术体系。

二、本学科最新研究进展

（一）学科发展现状与动态

1. 草遗传育种研究

（1）种质资源保存与利用

我国天然草原种质资源丰富，仅饲用植物已收集 6704 种，分属 5 个植物门 246 个科

1545个属，其中禾本科草资源为1148种。丰富的草种质资源为我国草种业发展提供了重要的资源保障。目前已建立了包括1个中心库、2个备份库、17个资源圃、10个生态区域技术协作组，覆盖全国31个省（自治区、直辖市）的国家级草种质资源收集保存体系。研究制定了《中国饲用植物特有种名录》《全国主要栽培牧草的野生类型及其野生近缘植物名录》等8个重点保护名录。2012年扩建后的国家草种质资源库贮藏区总面积1280平方米，设有2个长期库、3个中期库和2个短期库，实验区配有2400平方米的实验室。总体库容保存种质资源10万份。迄今，国家草种质资源库共保存草种质资源2.6万份，其中豆科8410份、禾本科14049份、其他科4062份。国家库中收藏了古老的第三纪孑遗植物沙冬青，三级濒危植物野大豆、黄芪、蒙古黄芪等许多珍贵稀有的草种。

（2）种质评价与创新利用

针对草种质资源开发利用目标，系统开展农艺性状多年多点评价13794份，筛选出高蛋白、低纤维苜蓿等优异种质资源157份；完成抗性鉴定评价6876份，筛选出优异种质资源361份；创新了牧草种质资源收集规范及描述符、资源圃建植方法、农艺性状和抗性鉴定评价指标体系、中期库入库标准、无性繁殖和异花授粉种质材料繁殖更新技术6项；提出沙冬青等18个野生草种子发芽率检验方法和苜蓿属等90个属种入库发芽率标准，制定了库存资源监测频率、抽测比例以及繁殖更新阈值；发掘扁蓿豆耐寒基因6个、紫花苜蓿褐斑病抗性SCAR功能标记7个、杂交狼尾草RAPD特异标记1个；通过国家草品种委员会审定登记的草品种近600个品种，其中通过野生种质资源直接获得的野生栽培品种为129个，占品种总量的21.6%。

（3）重要性状功能基因挖掘

功能基因组学研究。继拟南芥、水稻、杨树等模式植物基因组测序完成，新型禾本科模式植物二穗短柄草基因组也顺利完成，为以禾本科为主要的重要牧草、草坪草、能源草以及观赏草等全基因组测序以及重要基因挖掘工作奠定重要基础。目前，高粱的全基因组测序已完成，由中国农科院草原所牵头，联合深圳农业基因组研究所等多家研究机构开展的羊草全基因组测序计划已全面启动，为牧草基因组、生态基因组及复杂基因组等研究提供全新的起点与平台。

重要基因分离与功能鉴定。绘制了苜蓿、三叶草、高丹草等主要牧草以及野牛草、黑麦草、结缕草等主要草坪草的遗传连锁图，并基于遗传作图开展功能基因发掘研究。已发现在部分种质资源中存在着被掩盖的包括抗病、抗逆与高产等功能的优异基因。获得柠条、锦鸡儿、狗牙根、紫花苜蓿、高羊茅、野牛草等的Na^+/H^+逆向转运蛋白基因、DREB转录因子基因。完成对截形苜蓿、冰草等的全基因组测序，获得了海量cDNA和EST序列信息，比较研究了重要牧草、草坪草响应低温、高盐、干旱等逆境的表达谱，探索其对非生物胁迫的响应机制及ABA、NO、Ca^{2+}等关键信号分子在介导逆境诱导基因表达中的作用，为加快功能基因发掘奠定了重要基础。

（4）育种技术及品种创制

选择育种。通过单株选择与混合选择相结合的方法育成“中草 1 号塔落岩黄芪”新品种，并以毛乌素沙漠大面积细枝岩黄芪野生群体为原始材料经单株选择与混合选择相结合育成“ 中草 2 号细枝岩黄芪”新品种，新品种与原始群体相比，在同等栽培条件下增产 20 % 左右。育成结缕草、狗牙根以及野牛草等暖季型草坪草 25 个。

杂交育种。杂交育种仍将是草新品种培育应用最广泛最有效的技术手段。通过国家草品种委员会审定登记的近 600 个草品种中，通过杂交等常规方法育成的新品种占 36.3%。如以黄花苜蓿和紫花苜蓿为亲本群体，育成抗寒性强的杂花苜蓿；以内蒙古呼伦贝尔野生黄花苜蓿为主要母本材料，与紫花苜蓿进行多个人工杂交组合和开放授粉，从它们的后代中采用改良混合选择法，选出 82 个无性系；以野生二倍体扁蓿豆作母本（或作父本），地方良种四倍体肇东苜蓿作父本（或作母本）结合辐射处理，用突变体进行人工杂交，获得正反交杂种植株，通过集团选育法继代选育，获得多个抗寒性强、产草量高的苜蓿优良新品种。草坪草方面以生殖性状存在差异的结缕草与中华结缕草为亲本开展杂交育种，结合分子标记辅助选择，筛选出一批优良无性系，其中“南京狗牙根”“阳江狗牙根”等新品种已在高尔夫球场等公共绿地进行了小规模推广应用。

诱变育种技术。我国诱变育种研究工作始于 20 世纪 50 年代，据不完全统计，截至 2018 年，共获得近千个突变新品种并部分应用于生产。在草育种研究中，通过空天射线、^{60}Co-γ 射线、C^+ 离子注入等辐射诱变技术，得到性状稳定的草地早熟禾、多年生黑麦草、中华结缕草、野牛草等草坪草新种质 71 份，紫花苜蓿等牧草育种材料 61 份。

基因工程育种。草基因育种研究目标主要涉及品质改良、抗病虫害、抗除草剂、耐逆性等方面。自 1985 年首次提出应用转基因技术改良牧草的可行性以来，国外牧业发达国陆续开展了大量转基因研究。美国、加拿大和澳大利亚等先后育成转抗除草剂苜蓿和高硫氨基酸百脉草等新品种，并已投放生产。我国在草转基因育种方面已开展了大量研究工作。如利用转基因技术，获得耐铝的紫花苜蓿转基因植株 6 个系，抗盐耐碱多年生黑麦草转基因植株 11 个系。首创增强子标签（Activation Tagging）插入法建立紫花苜蓿显性突变群（共 988 株），通过营养生殖进行保存，并从中筛选到抗铝突变株 4 个，其他抗性突变株 3 个。目前无转基因草新品种投放到生产。

2. 退化草原修复

我国天然草原经历了 20 世纪 60—70 年代的垦殖及 80 年代后的垦殖和超载过牧，退化、沙化面积由过去的 30% 左右上升到 70% 以上。目前，我国 90%的可利用天然草原存在不同程度的退化现象。草地生态的保持恢复建设、可持续利用是一个复杂而宏大的系统工程。2013—2018 年，国家累计投入 400 多亿元用于草原生态建设。目前，已经形成以退牧还草、退耕还林还草、京津风沙源治理、石漠化治理等为主体，草原防火防灾、监测预警、草种基地建设等为支撑的草原工程体系，有力促进了草原生态保护修复。

（1）围栏封育

主要是通过人为干预，降低或完全排除牲畜对草地生态系统的危害，使系统在自身的循环下得以恢复与重建。作为一种效率高且简便易行的恢复措施，围栏封育在我国草地管理中应用比较广泛，取得了良好的生态效益和经济效益。围栏封育恢复过程中草地生态系统的结构和功能变化机理复杂，影响因素众多，且随着我国围栏封育恢复草地实践的积累，对围栏封育是否存在最佳期限、过长的封育是否将导致草原结构和功能的退化等问题也成了研究的焦点。长期围栏封育对草地土壤性质与土壤肥力的恢复作用较明显，但有部分研究表明，对草地群落物种多样性的影响并非都是积极的。

（2）浅耕翻与划破草皮改良

浅耕翻可以在较短时间内有效提高草地生产力，有效减少激活土壤种子库，降低侵蚀退化草地群落的物种丰富度和总盖度，但对提高退化草地植被均匀性和多样性有积极作用。浅耕翻改良对促进退化羊草草甸草地地上植被生产力的恢复，尤其是羊草种群的恢复有更好的改良效果，但是，浅耕翻改良也会导致退化羊草草地植被物种饱和度、物种均匀性指数、物种丰富度指数和物种多样性指数显著下降。划破草皮是一种人为的物理扰动类型，划破草皮在一定程度上提高草地土壤的通透性和土壤温度，增加土壤的水、气含量，为微生物活动创造适宜的环境条件，而且还为其他物种的入侵创造了条件，从而表现为杂类草功能群内物种数增加，群落结构改善，生产力得到一定程度的提升。

（3）补播改良

在不破坏或少破坏原有植被的情况下，在草地上播种一些适应性强的草种，是改良草地群落结构、增加地面盖度、提高草地产量与质量的重要措施。补播改良是我国目前草地改良的主要方法之一，在一般退化草地植被恢复中已得到了广泛应用，并收到了较好的效果。特别对退化高寒草原，补播是一种改善沙化草地群落特征具有持久性的最简单、最有效的植被恢复措施。

（4）综合措施

近年来，将不同草地恢复措施组合使用的综合恢复措施的成效以及相关影响的研究越来越多。综合恢复措施既改变了退化草地的生境条件，又增加了可利用资源，具有更好的改良效果。刘延斌等对退化高寒草甸实施 2 年的围封、划破、施肥、补播和综合措施等 5 种不同生态恢复措施，以及自由放牧下的草地生态系统健康状况进行了评估。结果均表明，综合措施实施 2 年后其 CVOR 值高达 0.917。补播和划破草皮结合使用，对地上生物量、高度、总盖度和功能群多样性总指数有显著的相互促进作用。根据不同的草原类型、气候、土壤、植被特征、退化程度、人为干扰类型与程度、恢复目标等因素，选择将不同的改良措施综合实施，不仅有利于更好地提高草地的生产力，改善草原生态环境，快速恢复草地生态系统健康，同时也有利于减少某种单个改良措施所带来的负面影响或克服其在成本、便利度等方面的缺点。

3. 草原灾害监测与防控

草原生态系统是各类生态系统中最为脆弱的开放性系统，极易遭受各种自然灾害和人为灾害破坏，特别是鼠、虫、病、毒草、旱、雪、火等灾害尤为严重。每年各种灾害引发的生态危害造成的直接及间接经济损失达数十亿元。由于草原面积大，且灾害发生规律及空间存在潜在性、长期性、多样性、复合性、连锁性和不确定性，草原灾害监测与防控一直为草原管理的重点和难题。

（1）草原自然灾害监测预警

我国已初步建成草原灾害监测站和预警预报系统。特别是草原火灾，环境与灾害监测预报小卫星星座 A 星、B 星和风云三号 A 星、风云二号 E 星已成功发射运行，近年来，高分卫星也已在轨运行。卫星监测减灾应用业务系统不断完善。遥感、地理信息系统、导航定位、物联网和数字地球等信息技术在防灾减灾领域已广泛应用，对自然灾害发生机制、发展与演变规律研究不断深入，灾害监测预警、风险评估和应急处理等技术不断成熟，基于海量大数据的草原灾害监测与防控科技支撑平台已形成。

（2）草原生物灾害防控

我国草原有害生物种类多，分布广，危害重。分布在草原上的鼠类有 100 余种，害虫有 200 多种。能够对草原形成严重危害鼠类的包括高原鼠兔、高原鼢鼠、大沙鼠、布氏田鼠等 20 余种；虫类包括蝗虫类、草原毛虫类、夜蛾类、叶甲类和草地螟等 10 余种（类）。分布在我国草原上的主要毒害草有 300 余种，包括有毒棘豆、狼毒、茎直黄芪、醉马芨芨草、马先蒿、毒芹、黄帚橐吾、乌头等 50 余种。牧草病害主要包括真菌病害、细菌病害和病毒病害三大类，其中尤以白粉病、锈病、褐斑病和根腐病危害较重。20 世纪 80 年代以来，我国草原生物灾害总体上呈偏重发生。特别是 90 年代末期至 21 世纪初，随着全球气候变暖、草原严重退化、防控比例偏低，生物灾害连年高发。

（3）草原鼠虫病害的化学防治

化学防治是最简单且高效的措施，特别对短时间内大面积爆发的虫害，对多数害虫可达到相当高的防效。目前已针对鼠、虫、病害开发了大量靶向药剂并已大规模应用。但化学农药长期使用，不仅对农畜产品的质量和生态环境影响较大，同时由于对大量有益生物的无选择性杀伤以及害虫抗药性不断增强，部分地区形成害虫越治越多，导致生态系统失衡，形成恶性循环。改变单一的化学防治，探索以生物为主的综合治理措施已成为草原生物灾害防控的研究重点。

（4）草原鼠虫病害的生物防治

生物防治技术即利用生物及其代谢产物防治植物病原体、鼠虫和杂草的方法。包括所有以生物为基础的产品，如释放和保护各种鼠虫天敌、昆虫信息素、动植物代谢生物碱、植物源农药等。目前单一的生物防治仍存在防效低、技术要求高、质量不稳定、防治成本高等不足和缺陷。综合生物灾害发生发展规律，把生物防治和化学防治、物理防治等多种措施有机结合的综合防治措施将是草原生物灾害有效防治的主要手段。

4. 草原生态系统监测与评价

（1）草原生态系统定位监测

选择具有代表性的草原建立生态系统固定区域研究基地，通过长期定位观测和实验研究，系统、全面地获得草原生态系统在生态生理、个体、种群、群落以及生态系统水平的资料和数据，探索草原生态系统在自然和人为活动作用下的动态变化规律，解析生态系统多功能性及其维持机制，为草原生态系统保护与重建、草原资源保护与可持续利用以及草原生态系统服务功能提升等提供理论与技术支撑。我国在草原区已建立了9个国家级草原生态系统野外观测台站，基本涵盖了我国典型草原、荒漠草原、高寒草甸、草甸草原等不同类型草原生态系统。

（2）草原物种多样性监测研究

由于气候变化、人类活动的加剧，生物多样性正在经受前所未有的快速变化，各国政府和相关国际组织已经积极投入生物多样性监测和保护中。为了解生物多样性的现状和变化规律，全球性、区域性及国家性生物多样性监测网络陆续建立。地球观测组织——生物多样性监测网络（GEO BON）作为全球性网络，目的是建立和完善生物多样性监测核心指标 EBV（Essential Biodiversity Variables），推动监测指标的标准化和全球化，为数据共享和大尺度生物多样性变化评估奠定基础。在区域尺度上，欧盟成立了 EU BON，亚太地区成立了 AP-BON。在国家尺度上，瑞士、英国、日本等均建立了监测网络。中国科学院在“十二五”期间成立了中国生物多样性监测与研究网络（Sino BON），对中国生物多样性的变化开展长期的监测与研究。生物多样性监测依赖于传统调查方法与先进技术结合，如红外相机、基因技术、无人机技术等。遥感能够提供大范围、全覆盖的生物多样性信息，是未来大尺度生物多样性监测的重要手段之一。随着中国综合地球观测系统的完善，Sino BON 的地面观测将更好地与卫星数据结合，实现生物多样性天地一体化监测，服务于中国生物多样性保护与评估。

（3）草原生态系统多样性研究

生态系统作为自然界存在的一个功能单位，其多样性研究能够弥补一直以来对生态系统组成结构和分布等方面研究的不足。对生态系统的分类仍存在不同尺度、角度和途径的理解。生物群落是生态系统的核心，目前生态系统的多样性测度多以群落多样性的测度代替。生态系统多样性测试的方法主要包括 Whittaker 提出的 α 多样性、β 多样性和 γ 多样性三类。

（4）物种多样性与生态系统功能的关系研究

两者关系一直是生态学家研究争论的热点，至今尚未形成普适的理论支撑两者之间的关联和互作机制。争议主要集中在生物多样性与生产力的关系、生物多样性与生态系统稳定性关系以及生物多样性与生态系统可持续性关系三个方面。进一步说明生物多样性和生态系统功能之间关系的复杂性。

（5）草原资源宏观大尺度监测与管理

随着“3S”集成技术在草原资源动态变化、草原监测与管理等方面研究更趋成熟，监测内容越来越丰富，新技术、新方法和新数据源不断涌现。运用草原生态学原理、3D-GIS技术、遥感技术、数据库技术及软件技术等现代相关技术，探索了多元生态信息与三维虚拟地形模型的关联技术，通过解决多元海量信息管理、三维建模、信息关联、数据集成等关键技术，基于 OpenGL，设计开发了运行于 Windows 平台上的中国三维虚拟草原信息系统，构建了我国首个 30m 分辨率的三维虚拟草原，为建成我国数字草原奠定了基础。

（二）学科重大进展及标志性成果

1. 建成中国牧草种质资源的信息共享平台

由中国农业科学院草原研究所主持完成的“中国牧草种质资源评价技术体系与数据库信息系统研究”项目，构建了一个比较完整的牧草种质资源搜集、鉴定、评价和保存的综合技术体系，并自主设计开发了我国第一个关于中国牧草种质资源的信息平台。采用了先进的 WebGIS 技术，实现了万余份牧草种质资源信息共享。在我国中温带、暖温带、亚热带和青藏高原不同生态区，建立了八个牧草种质评价（保存）圃，全面开展评价和保存研究。研究成果全面提升了我国牧草种质资源的研究水平，为推动我国开发和利用丰富的牧草种质资源奠定了基础。

2.“青藏高原特色牧草种质资源挖掘与育种应用”获得 2017 年度国家科技进步奖二等奖

四川省草原科学研究院联合四川农业大学等科研院所，针对青藏高原地区草地退化严重、草畜矛盾尖锐等问题，紧扣优良牧草缺乏这一重要限制因素，对本土特色牧草资源开展系统评价，发掘创制抗寒耐旱、高产优质种质 465 份；选育出 14 个高产优质、性能稳定的牧草新品种；创建了新品种丰产栽培、加工利用及退化草地治理等配套技术体系。

3.“中国北方草地退化与恢复机制及其健康评价”获得 2008 年度国家科技进步奖二等奖

兰州大学草地农业科技学院组织内蒙古大学、甘肃农业大学等国内草业科学研究的优势科研院所和北方主要牧区的草业科技推广骨干，在国际上首次提出草业系统的界面论，研制出草地健康评价的 CVOR 综合指数及其测算模型和一系列辅助指标体系。针对草地退化世界性难题，明确了退化草地的恢复机理，建立了草地生态系统健康评价的方法与指标，揭示了草地退化与恢复过程中土壤、植物、微生物、家畜与啮齿类动物的动态及其对草地生态系统的作用，阐明了草地围封禁牧对草地生态系统的正负作用，提出了合理利用与改良草地的技术体系。

4.“川西北高寒草地生态恢复综合技术研究与示范”获2017年四川省科技进步奖二等奖

四川省草原科学研究院联合中科院成都生物所等科研院所，针对川西北高寒草地生态系统恶化、草地畜牧业可持续发展面临的难题，建立了川西北高寒草地首个退化诊断和分级体系，系统研究了气候变化和人为干扰对川西北高寒草地的影响，揭示了川西北高寒草地的现状和变化趋势，集成了适应高寒牧区不同草地类型和退化程度的草地综合治理技术，创新了草地共管机制和合理利用模式，解决了退化高寒草地治理缺乏适应性技术、治理后效果难以持续的难题。

5.“三江源区草地生态恢复及可持续管理技术创新和应用”获2016年度国家科技进步奖二等奖

针对青藏高原三江源地区植被退化严重、生态治理技术薄弱和生态牧畜业发展滞后的现状，中科院西北高原生物研究所联合青海大学等科学院所，以生态系统可持续发展为前提，以植被恢复为主线，以生态－生产－生活系统集成为核心内容，系统研发和集成了退化草地生态恢复重建技术，创建了兼顾生态保护和生产发展的“三区”耦合发展管理新范式，为国家生态安全战略及生态文明建设提供了理论依据、技术支撑和创新模式。研究成果为促进三江源草地生态功能恢复、转变草地畜牧业生产方式、提高资源利用效率及经济效益等方面提供了理论与技术支撑。

6.“草原虫害生物防控综合配套技术推广应用”获得2013年度全国农牧渔业丰收奖一等奖

该项目历时多年，摸清了我国草原虫害种类本底数据，掌握了主要种类害虫生物学和发生规律，集成了一系列草地害虫监测预警及防治技术体系。生物防治作为草原害虫防控研究的重点领域，突破了关键技术瓶颈，开发了一批生物制剂产品，生物防治规模逐年扩大，逐步形成了以绿僵菌为主的草原蝗虫防控技术体系。

7.编辑出版《中国天然草地有毒有害植物名录》和《中国草地重要有毒植物》

基于我国天然草原毒害草的种类、分布与灾害状况等本底基础数据，利用3S技术绘制我国天然草原有毒棘豆、有毒黄芪、瑞香狼毒、禾本科醉马芨芨草等主要毒害草的分布图并分析毒性灾害的成灾规律；利用多层遥感技术、GPS测量技术，结合地面野外调查，对西部草原的毒草进行长期动态监测；集成利用现代空间信息技术，建立“农业部草原毒害草公共信息服务平台”；开展了草原主要毒害草的毒性成分提取分离、纯化及化学结构鉴定，安全性毒理学评价，动物中毒病模型复制、临床病理学、中毒机理及早期诊断技术研究。从整体、器官系统及细胞分子水平揭示动物毒害草中毒致病机制。

（三）人才队伍和平台建设

1. 省部级以上人才 40 余人

现有中国工程院院士 2 名、长江学者 4 名、国家“百千万人才工程”人选 5 人、新世纪百千万人才工程国家级人选 6 名、国家杰出青年科学基金获得者 2 名、教育部新世纪优秀人才 4 名、国家级“有突出贡献的中青年专家”6 名，还有若干省级领军人才等。

2. 省部级以上重点实验室 19 个

现有草地农业生态系统国家重点实验室 1 个，农业农村部草地农业生态系统学重点开放实验室、草地管理与合理利用重点实验室、牧草遗传资源与育种、农业部牧草资源与利用等重点实验室 10 余个，干旱与草地生态教育部重点实验室、草业与草地资源教育部重点实验室、草业生态系统教育部重点实验室等 8 个。

3. 省部级工程中心 14 个

现有国家林草局草原修复资源利用工程中心、高寒草地鼠害防控工程技术研究中心、暖季型草坪草资源开发利用工程中心等 6 个，草地农业教育部工程中心、绿洲农业工程与信息化教育部工程研究中心等 8 个。

4. 国家草原生态系统野外科学观测研究站 8 处

现有甘肃民勤荒漠草地生态系统国家野外科学观测研究站、河北沽源草地生态系统国家野外科学观测研究站、内蒙古鄂尔多斯草地生态系统国家野外科学观测研究站、内蒙古呼伦贝尔草原生态系统国家野外科学观测研究站、内蒙古锡林郭勒草原生态系统国家野外科学观测研究站、宁夏沙坡头沙漠生态系统国家野外科学观测研究站、青海海北高寒草地生态系统国家野外科学观测研究站、新疆策勒荒漠草地生态系统国家野外科学观测研究站。

三、本学科国内外研究进展比较

1. 草遗传育种

传统遗传育种方法是建立在有性杂交的基础上，通过遗传重组和表型选择进行新品种选育，常用的方法包括远缘杂交、杂种优势利用、倍性育种等。传统育种方法虽周期较长，但仍是国际上应用最广泛且最有成效的育种方法。迄今登记的草品种中 60% 以上草新品种由传统育种方法育成。而受不可避免的品种遗传多样性逐步减少的影响，传统育种瓶颈效应愈来愈为明显，仅利用常规育种技术已很难定向育成突破性新品种。

近年来，随着分子生物学、基因组学、系统生物学、合成生物学等学科的发展和生物技术的不断进步，多学科联合催生了设计育种技术的革新，尤其是基因组编辑技术、单倍体育种、分子设计育种技术的发展，正孕育着一场新的育种技术革命。

美国明尼苏达大学的研究人员开发了一个可以预测 CRISPR/Cas9 目标位点的网页

工具，在此基础上，利用大豆密码子优化的 Cas9 蛋白构建了一个同时包含 sgRNA 的 CRISPR/Cas9 载体，并通过根毛转染的方法分别转化大豆和豆科模式牧草蒺藜苜蓿，分子检测发现在大豆和蒺藜苜蓿的根毛转化细胞中靶标基因出现一系列的突变。Wang 等（2016）在豆科模式植物百脉根中利用 CRISPR 技术成功实现 *LjLb1*、*LjLb2* 和 *LjLb3* 的多基因敲除，导致百脉根产生白色根瘤。林浩等（2017）利用蒺藜苜蓿特异表达的 U6 启动子结合密码子优化的 Cas9 蛋白建立了 1 个适用于农杆菌介导的苜蓿 CRISPR/Cas9 基因组编辑系统。上述研究为 CRISPR/Cas9 技术应用于具有复杂基因组饲草作物的遗传改良奠定基础。

近年来，中国农科院通过利用磁性纳米粒子作为基因载体，创立基于磁性纳米颗粒基因载体的花粉磁转化植物遗传修饰的一种高通量、操作便捷和用途广泛的植物遗传转化新方法。该方法将纳米磁转化和花粉介导法相结合，实现高通量与多基因协同转化，开辟了纳米生物技术研究的新方向。

针对不同复杂性状间的耦合等分子设计育种的关键科学问题，依托国际国内重大项目，开展国际合作和技术攻关。中国科学院遗传与发育生物学研究所、华盛顿州立大学等多家研究团队深入解析了大豆 84 个农艺性状间的遗传调控网络，揭示了不同性状间相互耦合的遗传基础，发现其中重要节点基因对不同性状的形成起到关键调控作用，为大豆的分子设计育种提供了重要的理论基础，也为草分子设计育种提供重要技术参考。

基于大数据的育种技术近年来快速发展，并成为基础性战略资源。NRGene 公司开发的 GenoMAGICTM 平台能够分析海量的基因组数据，鉴别出广泛的序列多态性和单体型，使基因组选择和性状定位更加高效。目前，该软件被全球多家种子公司以及学术研究团队广泛采用，大数据的加速使用使育种的年限和成本都得到大幅的缩减。

随着大数据的发展，作物数量遗传学、全基因组关联分析、作物基因组编辑技术将不断突破和改进，通过定点编辑、定点修饰顺式调控序列、定点激活基因表达实现对数量性状的精准操控，必将引领新一轮的育种技术革命。

2. 退化草原生态修复治理

草原退化是整个生态系统的退化，即草原生态系统在其演化过程中，其结构和功能的恶化，也就是生物群落及其赖以生存环境的恶化。因此草原生态系统的退化，既指“草”的退化，也包含“地”的退化，它不仅反映在构成草原生态系统的非生物因素上，也反映在生产者、消费者、分解者三个生物组分上。自然环境的恶化和人类不合理的开发利用是造成草原退化的主要因素。

退化草原恢复的核心理论是经典生态学中的“演替理论”。演替理论认为，在自然条件下，如果群落或生态系统遭到干扰和破坏，它还是能够恢复的，尽管恢复时间有长有短。通过人为手段对恢复过程加以调控，可以改变演替速度或演替方向。此外，恢复生态学理论涉及的自我设计和人为设计理论也是退化草原生态系统恢复的重要理论支撑。

基于草原生态系统退化的原因、类型、阶段与过程，国际上草原生态恢复的技术方法主要包括非生物方法、生物方法和管理手段。对于非生物因素包括地形地貌、水肥条件等引起的生态系统退化，一般通过物理方法如地形改造、施肥灌水等进行生态恢复；对于生物因素包括物种组成、物种适应、群落结构等引起的生态系统退化，一般需要通过生物方法进行恢复；对于社会经济因素引起的生态系统退化（结构功能和景观退化），一般通过管理手段促进生态系统的有效恢复。常用的退化草原恢复措施主要包括：围栏封育、松土、补播、施肥、灌溉、鼠虫害控制等。

3. 草原灾害预警与防控

草原虫灾治理方面，随着生物技术和信息技术快速发展，草原害虫防治理论与技术进一步发展。不断培育出抗虫转基因植物、转基因昆虫、杀虫相关基因重组微生物，草原天敌分子检测与诊断技术更加快速高效，并形成了分子昆虫新学科。在灾害预警方面，地理信息系统、全球定位系统等信息技术、计算机网络技术和大数据分析技术的广泛应用，大大提高了草原害虫种群监测和预警能力。发达国家利用 3S 技术实用监控草原病虫鼠害等生物灾害，并作为信息资源通过网络等途径实时传递给用户，为精准治理和控制提供一手资料。我国在草原灾害发生与成灾机制、监测预警技术、控制技术、绿色防控及生态治理技术、防治生态和经济效益评价、综合防控技术集成与示范等方面进行研究。特别是近年来，随着遥感技术不断完善，草原灾害监测精度显著提升，但基础仍较为薄弱，尽管在技术层面已与国际同步，因在大尺度长期预测的基础数据积累不够，影响灾害预警与防控效率。

草原自然灾害中，草原火灾因其破坏力强、致火因素及火行为复杂等，国内外研究较为深入。可燃物是草原火灾发生的重要介质，也是火灾研究的重要因子。目前对草原可燃物特征研究主要集中在可燃物承载量及其含水率，在可燃物含水率估测方面，涉及的方法主要包括遥感估测、结合气象要素回归的过程模型等。

4. 草原生态系统监测与评价

草原生物多样性长期动态监测是当前国际生物多样性研究的热点之一。生物多样性是生物及其与环境形成的生态复合体以及与此相关的各种生态过程的总和。GEO BON 成立了“生态系统结构”组主要研究如何建立基于遥感数据的 EBV。Sino BON 也引入了无人机近地面遥感技术探讨更大区域的生物多样性监测。未来随着中国综合地球观测系统的完善，Sino BON 的地面观测将更好地与卫星数据结合，实现生物多样性天地一体化监测，服务于中国生物多样性保护与评估。

四、本学科发展趋势及展望

（一）战略需求

草原既是牧业发展重要的生产资料，又承载着重要的生态功能。长期以来，强调草原的生产功能而忽视其生态功能是导致草原生态难以走出恶性循环的根本原因。只有实现草原生态良性循环，才能为草原畜牧业可持续发展奠定坚实基础，才能满足建设生态文明的迫切需要。

（二）重点领域

重点研究草原生态系统演变规律、草原退化机理和驱动机制、草原生物多样性维持与生态系统服务协同效应机理，以及生态系统结构优化、生态系统生产力与生态服务功能提升、退化湿地生态系统恢复与重建、盐碱化和水土流失综合治理、退化土地土壤微生物修复、关键物种栖息地修复与维持、草原资源精准监测、草原灾害防控、草原退化修复资源可持续性挖掘利用等关键共性技术，集成退化草原生态系统恢复重建技术体系，开发草原生态优先的生态衍生产业技术，为协调草原生态保护与社会经济发展提供科技支撑。

（三）优先发展方向

1. 退化草原修复治理

针对不同退化草原类型，系统分析草原退化的原因及驱动力，揭示不同干扰作用下草原结构与功能退化机制，厘清草原退化与恢复过程中草原生态系统生产力与生物多样性变化规律，阐明草原植物群落稳定性维持机理，构建草原退化与恢复的理论体系。

2. 草原生态系统管理

针对不同草原类型，解析草原生态系统结构、功能和服务的调控关键因子，揭示草原生态系统功能维持机制；厘清草原生态系统服务的形成过程与机理，建立草原生态系统服务评估与价值核算的技术与方法论体系；阐明草原退化与恢复对生态系统服务的作用机制。

3. 草原生物多样性保护

从物种多样性、生态系统多样性和基因多样性三个层次研究气候变化、栖息地破坏、外来物种入侵、基因污染、过度开发等因素对生物多样性构成、生态系统结构和功能的影响，探索生物多样性演替与衰落驱动机制，建立科学的就地和迁地生物多样性保护模式，维护生物多样性自然演替过程与生态系统的弹性和稳定性，实现生物多样性资源可持续利用。

4. 草原灾害与防控

综合利用卫星遥感、无人机和地面调查手段，对草原生物灾害和非生物灾害进行发生、发展、演变的“天－空－地”全方位动态监测，揭示草原病鼠虫害与环境因子的关系并建立预警机制。

5. 草原资源挖掘与可持续利用

利用草原巨大的资源基因库优势，对草原植物资源定期调查、收集、评价，结合国家草种质资源库保存的大量种质材料，开展应用导向的创新利用研究与开发，为退化草原生态治理及生态功能恢复提供丰富的适生资源。

参考文献

[1] FAO，Barkaoui K，Roumet C. et al. Mean root trait more than root trait diversity determines drought resilience in native and cultivated Mediterranean grass mixtures [J]. Agriculture，Ecosystems & Environment，2016，231：122-132.

[2] Bernard-Verdier M，Navas M，Vellend M，et al. Community assembly along a soil depth gradient：contrasting patterns of plant trait convergence and divergence in a Mediterranean rangeland [J]. Journal of Ecology，2012，100：1422-1433.

[3] Bodner G，Nakhforoosh A，Kaul HP. Management of crop water under drought：a review [J]. Agronomy for Sustainable Development，2015，35：401-442.

[4] Casadebaig P，Debaeke P，Lecoeur J. Thresholds for leaf expansion and transpiration response to soil water deficit in a range of sunflower genotypes [J]. European Journal of Agronomy，2008，28：645-654.

[5] Clark LJ，Whalley WR，Barraclough PB. How do roots penetrate strong soil? Plant and Soil [M]. Cambridge: Cambridge University Press，2003，255：93-104.

[6] Diamond JM. Assembly of species communities. Ecology and Evolution of Communities [M]. Cambridge: Belknap Press of Harvard University Press，1975：342-444.

[7] Eric C，Sofie C，Indra L，et al. Endozoochorous seed dispersal by cattle and horse in a spatially heterogeneous Landscape [J]. Plant Ecology，2005，178：149-162.

[8] 刘加文. 大力开展草原生态修复 [J]. 草原学报，2018，26（5）：1052-1055.

[9] 马娜，刘越，胡云锋，等. 内蒙古浑善达克沙地南部草原盖度探测及其变化分析 [J]. 遥感技术与应用，2012，27（1）：128-134.

[10] 侯向阳. 草原植物基础生物学研究进展与展望 [J]. 中国基础科学，2016，（02）：67-76.

[11] 张新时，唐海萍，董孝斌，等. 中国草原的困境及其转型 [J]. 科学通报，2016，61：165-177.

[12] 任继周. 放牧草原生态系统存在的基本方式—兼论放牧的转型 [J]. 自然资源学报，2012，27（8）：1259-1275.

[13] “中国草地生态保障与食物安全战略研究”项目组. 中国草地生态保障与食物安全战略研究. 北京：科学出版社，2017.

[14] 白永飞，潘庆民，邢旗. 草地生产与生态功能合理配置的理论基础与关键技术 [J]. 科学通报，2016，（2）：201-212.

[15] 方精云，白永飞，李凌浩，等. 我国草原牧区可持续发展的科学基础与实践 [J]. 中国科学，2016，61（2）：155-164.

[16] 任继周，胥刚，李向林，等. 中国草业科学的发展轨迹与展望 [J]. 科学通报，2016，（2）：178-192.

撰稿人：孙振元　王　涛　辛晓平　侯扶江　周　俗
武菊英　刘　刚　范希峰　钱永强

林业经济管理

一、引言

（一）学科定义

林业经济管理学科在国家学科目录中属于管理门类农林经济管理一级学科下的二级学科，国内外学术界普遍认为林业经济管理学科研究范畴属于应用经济学。林业经济管理学科是应用经济学科理论与管理学科理论研究林业经济发展规律、林业管理重大问题、经济社会发展与森林资源及生态系统作用关系的经济与管理交叉学科。

（二）学科概述

林业经济管理科学研究范畴在不断拓展，学科交叉不断融合。特别是从党的十八大以来，习近平总书记的“两山”理论，生态文明、绿色发展、乡村振兴等国家战略的实施，以及应对全球气候变化林业功能定位的不断提升，进一步促进了林业经济管理学科研究从传统的以森林资源经营管理和林业产业及木材供给经济为主的领域，向生态文明制度体系建设、森林生态服务功能价值与林业绿色经济发展、森林生态保护及修复政策和制度体系建设、山水林田湖草综合治理体系的政策规范、林业生态治理模式的创新等领域转变。生态发展、绿色经济、综合治理成为鲜明特色。学科研究主要方向有以下几个方面：①林业经济理论研究的发展，包括传统林业经济理论研究、新林业经济学理论研究以及相应的林业经济研究方法的改进；②林业管理理论及实证研究，包括林业宏观管理研究、林业区域管理以及林业微观管理；③林业产业发展，包括林业产业发展战略、林业产业国际竞争力研究、林业产业集聚度研究、林业生态产业发展问题研究；④林业市场经济发展理论，包括林业要素市场、产品市场、国际市场，以及各市场主体的行为，市场中价格传导机制及产业链研究等；⑤林业生态经济问题，包括森林资源生态价值计量、核算以及资产化管理研究，森林生态效益的补偿问题，林业生态工程管理研究，林业生态政策问题研究等；

⑥林业产权制度和管理体制，包括国有林业产权制度和管理体制改革、集体林区产权制度和管理体制改革以及林业系统自然保护区分级、分类管理体制构建研究；⑦林业政策体系研究，包括中国林业法律体系研究，中国林业政策体系研究以及专项林业政策研究；⑧其他前沿和热点问题，森林认证、林业生物质能源、森林碳汇市场及碳汇林业发展、森林生态福祉、气候变化林业应对机制、林业国际履约与合作等。

林业经济管理学科的研究方式和特点是应用经济学理论与方法，结合管理科学理论及林业科学相关理论，研究森林资源及生态系统保护、管理及利用的经济问题，林业经济及产业发展的经济规律和具体管理问题，经济社会发展对森林资源和生态系统利用的政策和制度体系运行问题。其学科定位是以经济学为主，多元理论支撑，以森林资源和生态系统及林业社会经济活动为对象的应用经济学学科体系。

二、本学科最新研究进展

（一）发展历程

林业经济学科是在西方资本主义国家林业发展过程中逐步形成的，至今已有 100 多年的历史。早期较完整的著作有美国的《林业经济学》（1902 年）和德国的恩特莱斯所著的《林业政策》（1905 年）等。

20 世纪初期，我国开始引进林业经济学著作和思想。这个时期林业经济学并没有独立的地位，而是依附于农业经济学之中的。20 世纪 40 年代，老一辈林学家将国外林业经济思想带入国内，并在农林院校开设林业经济及林政学等课程。

我国林业经济学作为一门独立的学科始建于 20 世纪 50 年代中期，当时正是国家经济全面恢复时期，林业建设事业大发展，客观形势迫切要求开展林业经济管理的科学研究和培养林业经济管理方面的人才，以有效解决林业建设发展中所提出的各种经济与管理问题。当时引进了苏联林业经济专家在东北林学院开办了林业经济研究生班和教师进修班，为我国培养出第一批林业经济管理学科的教师，形成了本学科的骨干队伍。此后，各林业院校借鉴苏联经验，开设了林业经济学和林业生产计划管理等课程。

党的十一届三中全会召开之后，社会经济变革及林业发展催生了新一轮林业经济研究高潮。我国林业产业管理体制发生了一系列变化，林业经济管理学科的发展也因此开始转向研究林业市场体系的构建问题。

近年来，国内外林业经济管理的研究范围不断扩大，并采用多学科和跨学科的方法研究相关经济和管理问题。研究的最新动态和主要内容集中在对森林利用和收益，森林的经营、管理和经济分析及木材生产和市场。当前，林业经济热点问题主要集中在集体林权制度改革、林业碳汇等方面，相关研究成果较多。林业经济管理除了研究传统的理论问题外，也不断引入行为经济学复杂性、多平衡理论、制度经济学、组织经济学、福利经济学和其他流派的管理理论。

（二）基础研究进展

1. 林业经济管理理论研究

理论基础更加厚实。注重将现代经济学、管理学与政策等学科的理论与林业进行关联和结合，构建起以林业经济学为基础，林业管理学、林业政策学、森林资源经济学、林区社会学、林业区域经济学、森林生态经济学等为分支的学科理论体系。

作为应用经济学范畴，经济学与社会发展的融合不断为林业经济注入了新的理论思想。作为应用经济学分支学科，如何应用经济的手段解决林业产业发展和生态环境建设中的具体问题也是林业经济管理学科研究发展的重要方向。

2. 林业经济管理学科发展的新领域

由于林业发展涉及可持续发展、生态环境保护、农村发展等众多热点领域，林业经济研究不仅具有很强的理论性，也具有高度的实证性、敏感性和热点性。

林业经济理论、森林资源经济学、林业管理学和林业政策学是林业经济管理学科的主要研究领域。这四个研究领域的发展不仅对林业经济管理学科体系的完善和林业经济管理相关问题研究水平的提高发挥重要作用，也将对相关的理论经济学、政策学和管理学科的丰富及发展起到促进作用。

林业经济管理学科实证研究比重大幅提升，研究方法越来越朝着系统化和数量化方向发展。林业经济管理涉及经济、生态和社会经济发展的众多领域，具有其特有的复杂性和复合性，研究方法的科学、系统和准确是保障其研究成果正确的重要条件。现代经济学科的发展，以及计量经济学、数理经济学和信息技术的发展使林业经济管理研究方法系统化和数量化成为可能。

3. 交叉学科研究进展

学科的交叉和融合将使林业经济管理学科更加宽泛和丰富。作为应用经济学科，相关学科的发展正在不断对林业经济学科发展产生影响，特别是制度经济、资源与环境经济学科的发展，使林业经济管理学科的理论体系更加系统，也有更多的研究方法选择。随着林业发展和领域的拓展，林业经济管理问题研究具有越来越强的综合性和复合性，需要不同学科的协作，这就导致了林业经济管理学科不断与其他相关社会科学和自然科学学科的交叉、融合，产生一些新的学科交叉研究领域，如林业经济管理与社会学科、生态学科、资源管理学科的交叉产生了一批林业经济管理学科的前沿和热点研究领域。

总体来看，林业经济管理学科不论是理论研究，还是实证研究，研究的方法与领域不断在扩展，水平在不断提升，研究队伍能力也有大幅提升。

三、本学科国内外研究进展比较

近年来，我国林业经济管理学科有了长足的发展，但是与林业发达国家的水平相比，还存在着各种差距。

1. 林业经济理论研究发展

我国林业经济理论和方法研究相对落后于发达国家，是我国林业经济管理研究的薄弱环节。

（1）传统林业经济理论

在国外，传统林业经济理论相对较为成熟，但我国由于制度和体制的因素以往研究较少。其主要研究内容有：森林资源最佳经济轮伐期问题，地租及林价理论，森林资源配置及多种利用经济理论，地租、税收和利息等经济因素变化对林业投入影响研究，林地生产率及林业投入—产出效果量化分析，林业市场和贸易问题等。

（2）新林业经济学理论

随着林业领域的拓展，林业经济管理学科和研究内容也在不断发展，形成了新的林业经济管理学理论，其主要特点是更多依据现代经济学、新制度经济学、发展经济学、产业经济学、福利经济学、资源与环境经济学、区域经济学等相关理论和方法分析解决林业发展中的新问题。主要体现在资源产权和资源管理制度问题，资源可持续利用与管理理论问题，资源最佳经济和生态配置理论问题，国家干预以及国家林业宏观调控及管理理论问题，森林利益分配和管理的博弈理论研究，政府林业政策绩效分析理论等。

（3）林业经济研究方法

现代经济学研究的一个重要特点是方法系统和数量化，我国林业经济整体研究水平不高的一个重要原因就是方法手段的落后，今后应加大力度对林业经济研究方法进行引进、发展和规范化与系统化，特别是应用经济数学、系统论、博弈论等方法开展林业经济研究。

2. 林业管理理论及实证研究

林业管理水平的高低直接关系到林业发展的效率，也关系到众多林业发展问题的解决。我国林业管理水平相对较低，有关林业管理方面的研究也处于较低层次。今后林业管理研究主要体现在以下几个方面：

（1）林业宏观管理研究

主要研究在市场经济下林业宏观管理的相关理论与机制，政府对林业宏观管理的手段和途径选择，政府林业宏观管理的重点，在气候变化背景下的国家林业应对机制等。

（2）林业区域管理

林业区域管理从理论到实践都缺乏系统研究，包括林业区域资源和生态管理的理论和方法、林业区域管理的规划理论及方法、林业区域管理体制的创新等。

（3）林业微观管理

主要研究如何应用现代管理的理论和方法对林业企业、国有林场等微观林业管理对象进行管理等。

3. 林业产业发展研究

林业产业发展是林业服务于社会的重要体现，也是林业经济效益实现的重要途径。由于资源和生态的制约，林业产业发展不同于其他产业发展，产业发展的经济问题和管理问题多与资源和生态相关联。为此，林业产业经济研究是林业经济的重要和特色领域，也是传统林业经济管理的主要领域。该领域主要研究的内容如下。

（1）林业产业发展战略

研究主要集中在各国林业产业发展的定位，以及如何从战略角度科学地引导和构建适合各国国情的林业产业体系，并从产业政策角度给予保障。我国林业第二产业相对有竞争力，但第一产业与第三产业发展比较落后，因此研究主要聚集在产业升级优化方面，并结合“两山”理论，提升地区产业绿色升级的能力。

（2）林业产业国际竞争力研究

中国既是全球最大的木材林产品生产大国之一，也是最大的消费国。随着全球经济一体化越来越高，特别是中国加入世界贸易组织后，如何进一步提升中国林业产业的国际竞争力是林业经济管理不能回避的重要研究问题，也是解决中国林业产业规模化经营效果差、经济效率低的客观需要。

（3）林业产业集聚度研究

在一定环境和基础上，林业产业规模和产业管理规模及集聚程度直接关系到林业产业发展，关系到产业管理水平和产业经济效益。但中国目前林业产业集聚度较低，规模化和产业关联度也较低。中国的研究致力于找出影响中国林业产业集聚的主要因素，以及如何从林业产业政策和区域经济结构调整角度解决该问题。

（4）林业生态产业发展问题研究

林业的产业基础是森林资源，森林生态系统和木质原材料是发展现代生态产业的基础条件。可以说，林业产业未来发展的一个重要特点就是生态产业将占据越来越重要的地位。但如何在一定资源和生态基础上发展中国林业生态产业，其中多经济、管理和政策问题是研究的重点。

4. 林业市场经济发展理论

国外在林业市场经济发展过程中的各类传统林产品、非木质林产品、林业服务以及新型林产品（如森林碳汇、林业生物质能源等）的市场供需均衡、林业投入要素配置、市场主体（消费者与生产者）的行为、林产品价格传导机制、贸易及贸易壁垒、森林认证、林业国际履约与合作等方面的研究都比较细致全面。我国还需要进一步完善林业市场中要素市场与产品市场的研究与构建，还需要对产业链与价值链的研究进一步强化，从而形成有中国特色的相关林业市场经济理论，以指导中国林业市场经济改革与发展。

5. 林业生态经济问题研究

国内外的研究主要有下几个方面：

（1）森林资源生态效益计量、核算以及资产化管理

主要研究森林资源生态社会效益经济评价的理论、方法，以及具体应用，为政府和社会客观认识森林资源总体价值、对森林资源科学保护和利用提供客观依据。在资源核算方面，主要参考国际主要核算体系，结合我国的社会经济发展及现行的国民经济核算体系，研究探索将森林资源价值核算纳入国民经济核算体系的理论、方法和实证问题。基于此，出现了绿色核算、资产化管理以及资源管理依据等问题。

（2）森林生态效益的补偿问题

主要研究森林生态效益的经济补偿制度，以及通过市场化和政策等手段有效解决林业发展中的外部性问题。该领域研究目前也是国内和国际相关研究的热点领域，但国内研究水平相对较低，其主要原因是缺乏理论研究和系统研究基础，这也是今后开展相关研究时应特别关注的问题。森林生态服务功能市场化问题，如碳汇和清洁机制相关理论研究。

（3）林业生态工程管理

各个国家对林业生态建设都十分重视，不断通过林业生态工程等形式加大对林业的生态投入，但林业生态工程不同于其他公益工程，这使得生态工程参与方的福利、整体与区域利益协调、生态建设与减贫机制等问题都成为研究热点。我国主要通过系统研究，探索适合中国的林业生态工程投入机制、管理模式以及项目检测评估方法等，以期为今后生态工程管理效率不断提高提供科学依据。

（4）林业生态政策与福祉问题

生态建设是国家公益事业，政策保障体系的构建是实现其目标的根本保障。该领域主要研究投入、税费、利益分配等相关政策，并着重研究如何通过经济性政策手段解决林业生态建设中的利益失衡问题。

6. 林业产权制度和管理体制改革

林业产权制度和管理体制改革与国家发展和改革环境密切关联，国外重点研究的是在产权明晰与完善的情况下通过政策引导林业产权主体如何更好地经营林业，而我国的林业产权研究主要集中在以下三个方面：

（1）国有林业产权制度和管理体制改革

主要研究国有林产权制度改革的理论，国有林主要经营形式及制度保障，国有林业企业管理体制改革的主要途径和形式，国有林区经济可持续发展研究，国有林区天然林保护工程后续政策研究等。

（2）集体林区产权制度和管理体制改革

主要研究集体林产权制度改革的相关理论，集体林产权制度改革的动力及约束机制，

林地、林权流转的理论和实践，集体林经营模式和资源管理制度与政策研究，集体林区社会经济和生态综合协调发展的相关理论研究等。

（3）国有林场管理体制改革

主要研究国有林场管理体制改的理论与政策环境研究，国有林场管理制度改革的主要途径和模式研究，国有林场分类经营和管理模式的探索研究等。

（4）林业系统自然保护区分级、分类管理体制的构建

主要研究保护区分级、分类管理的相关理论，保护区分级、分类管理体制的构建研究，社区参与保护区管理模式研究等。

7. 林业政策研究体系研究

近年来，林业政策研究一直是我国林业经济管理学科研究最活跃的领域，但我国林业政策研究整体水平不高，特别是缺乏从经济角度和政策理论层面对林业政策的研究。

（1）中国林业法律体系研究

法律是政策的固化，主要研究有中国林业法律制度研究、中国林业法律体系研究、林业立法的绩效研究等方面。

（2）中国林业政策体系研究

主要研究林业政策体系的结构、林业政策与相关政策的关联和协调性、林业政策的绩效评价、林业公共政策的相关理论与实践等。

（3）专项林业政策研究

主要有资源管理政策、公共投入政策、产业发展政策、生态保护政策、社会参与政策、国际合作政策等专项政策研究。

四、本学科发展趋势及展望

（一）战略需求

党的十九大进一步明确，建设生态文明是中华民族永续发展的千年大计，坚持人与自然和谐共生是中国特色社会主义的基本方略，提供更多优质生态产品是现代化建设的重要任务。在这些战略部署下，林业经济管理学科需作出相应的重大调整。

第一，要适应国际化背景下的生态文明发展的要求。现代林业经济的发展不再是单一的林业产业的发展，而是与世界经济大系统、生态大系统相融合的林业经济的发展。这使得林业经济管理学科不仅能解决实际的林业管理问题，还要能解决林业与整个生态系统协调发展的问题。

第二，要认真实施乡村振兴的战略部署，贯彻落实“产业兴旺、生态宜居、乡风文明、治理有效、生活富裕”的二十字方针，紧密结合农村发展的实际，创新林业经营管理模式，为政府相关政策的制定提供参考，同时完善生态资源保护发展体制机制，开展不同

尺度"山水林田湖草生命共同体"的生态保护、修复和管护。

第三，努力学习践行"两山"理论，加快林业产业化发展步伐，带动绿色就业和绿色创业，把乡村森林资源优势转化为绿色资本优势，把生态优势转化为发展优势，实现生态美与百姓富的有机统一。

第四，要以推进林业现代化为契机，遵循森林生态发展规律，不断提高森林培育的质量和林业管理的现代化水平，推动森林资源规模化、专业化、精细化管理和我国森林质量精准提升，更好地发挥多产品、多功能、多效益优势，满足人民群众对优美生态环境、优质生态产品和服务的需要，为进一步推进美丽中国建设，开启全面建设社会主义现代化国家新征程作出贡献。

（二）发展趋势与重点方向

1. 林业经济管理学科发展趋势

学科研究的系统化、定量化、复合交叉化和国际化是学科研究的主要发展趋势，系统化主要体现在更侧重从经济社会生态复合系统角度研究林业经济管理的具体问题，使研究结果更具整体性和科学性。定量化主要体现在经济学及管理学方法体系的不断发展和创新，计量分析的技术和手段不断完善，促进林业经济管理研究更注重科学的定量分析。复合及交叉化，主要体现在林业经济管理学科与生态科学、社会学、系统科学、福利和制度经济等经济学新领域的交叉融合，在研究视角、范式及方法论方面将不断拓展。国际化，随着全球化进程不断加快，以及资源与生态环境问题的国际化发展，林业经济管理国际合作集中在应对林业应对气候变化机制与政策、森林与贫困、林业分权与市场化、林业治理模式、生物质能源及产业化、生态服务功能及福利化等方面。

（1）林业经济管理学科将对国家林业发展和生态环境建设发挥越来越重要的指导作用

未来林业发展将面临更多的经济问题，而如何应用经济的手段解决林业产业发展和生态环境建设中的具体问题也将成为林业经济管理学科研究发展的重要趋势，学科的理论性将不断加强，学科理论体系也将不断得到完善。

（2）林业经济管理学科研究方法趋向系统化和数量化，数据库越来越真实准确

林业经济管理涉及社会经济发展和生态资源管理等众多领域，具有其特有的复杂性和复合性，因此采用科学、系统、准确的研究方法，建立和维护真实可靠的数据库是保障其研究成果正确的重要条件。现代经济学科、计量经济学、数理经济学和信息技术的发展使林业经济管理研究方法系统化和数量化成为可能。

（3）林业经济管理学科的创新力度将逐步加强

林业经济管理学科创新包括学科理念创新、学科体系创新、学科内容创新、学科组织创新、学科制度创新等。林业经济管理学科创新，对于学科自身发展，促进林业经济与林业科学技术的进步，都具有十分重要的意义。创新型人才队伍的完善和创新理念的深

入都为学科创新力度的加强提供了可行性条件。

2. 林业经济管理学科重点方向

（1）生态保护、修复和利用中重大问题研究

林业部门深入贯彻“山水林田湖草是一个生命共同体”的理念，全方位开展生态系统保护和修复重大工程，将荒山荒地造林、湿地保护和恢复、退耕还林还草、退牧还草、生物多样性保护等进行整合并统一规划实施，因此资源的配置效率、资源分配及再分配问题对生态保护、修复和利用工程至关重要，也是林业经济管理学科的重点问题。

（2）“两山”理论下生态与产业协调发展机制研究

习近平总书记在中央扶贫开发工作会议上强调指出，“通过改革创新，要让贫困地区的土地、劳动力、资产、自然风光等要素活起来，让资源变资产、资金变股金、农民变股东，让绿水青山变金山银山，带动贫困群众增收。”因此，如何实现森林生态产品的价值和绿色资源价值化，协调生态与产业协调发展，做到“在保护中发展、在发展中保护”也是林业经济管理的重点方向。

（3）国家公园体系建设及运行机制研究

建立国家公园体制是党的十八届三中全会提出的重点改革任务，是我国生态文明制度建设的重要内容，对于推进自然资源科学保护和合理利用，促进人与自然和谐共生，推进美丽中国建设具有极其重要的意义。因此，国家公园的管理体制、运营机制、法治保障、监督管理等配套体系建设研究，及其运行过程中的资金利用、人员配备、基础设施建设等管理机制完善问题，以及与周边居民的协调共生发展问题等也是林业经济管理的重点研究方向。

（4）全球气候变化背景下的生物质能源产业发展研究

随着化石能源危机和全球环境气候问题的日益加剧，生物质能源作为传统化石能源的有效替代品，可有效改善环境问题，加快生态文明建设步伐。因此，生物质能源产业的发展潜力、产业模式构建、相关政策工具实施效果的模拟与评价优化等也成为林业经济管理的热点话题。

（5）森林可持续经营与林业可持续发展研究

在生态文明建设背景下，森林生产经营的可持续发展对促进森林资源的有效利用，推动社会经济长期发展具有重要意义。因此，森林质量精准提升、林业生态工程建设及森林认证体系构建等促进森林可持续经营与林业可持续发展的有效途径相关研究也是林业经济管理研究的重点方向。

（三）发展对策与建议

随着国家对生态环境的重视，以及社会经济发展对木材与林产品需求的不断增加，林业的生态建设和产业发展均将成为国家可持续发展战略的重要支撑性领域。使林业发展既满足社会对木材与林产品的需求，又满足国家生态安全对林业生态环境的需求，将是未来林业的重要使命，也是林业经济管理学科需要从经济理论、管理、政策、社会、生态与环境多角度和多层次进行研究和发展的问题，并以此来构建和完善林业经济管理学科体系。

在学科建设中，既要突出重点，又要兼顾一般。突出优势学科，兼顾世界前沿水平的学科领域建设与整体学科建设。在研究中，结合国家经济结构的调整和社会发展的需要，使林业经济学学科建设与解决国民经济发展的重大问题有机结合起来。

1. 加强学科体系的构建

在林业经济学科体系建设中应加强理论研究，将不同相关学科的理论和方法融合，注重与现代林业、能源发展等热点问题相结合，保证研究的整体性与连续性。拓宽学科建设和其他相关部门的连接沟通渠道，了解国家林业政策的发展趋势和需求。结合社会发展需求和国际研究前沿构建完备的课程体系，夯实理论基础。

2. 促进学科交叉与融合

林业经济管理学科涉及经济、生态和社会发展三大领域，其研究对象的特殊性决定了其学科的交叉融合性。当社会经济发展到一定时期，社会科学等各个领域的问题变得越来越复杂，林业经济管理学科的问题亦是如此。与生态学、社会学、空间计量分析等学科和方法的融合可以创新性地探索新领域和新问题，促进高质量成果的产出。注重学科间的交流与合作。在国内层面，应加强与农业经济及生态环境领域等相关学科的交流，寻求跨学科的科研合作。在国际层面，应加强导入国际林业经济前沿理论知识，并与国外同领域学者开展学术交流，提高国内学科的国际影响力。

3. 加强国际合作和交流

由于发达国家林业经济管理学科研究水平较高，学习国外研究经验可以帮助我们尽快提升科研能力。加快与国外的学科交流，建立科技创新的长效机制，推动设立海外创新中心。组织和参与国际科学计划和工作，建立重大国际合作的科学项目，推进实施国际科技创新计划。通过国际交流与合作，提升双一流学科建设的国际化水准。

4. 加强学科队伍建设

学科队伍建设是今后学科发展的基础，目前我国林业经济管理学科队伍整体水平不高，结构也不尽合理。所以，人才培养应作为今后林业经济管理学科发展的基础战略给予高度重视，应通过规范教育、研究实践和学术交流等多种途径培养后备林业经济管理人才，并通过系统化研究的开展和重点研究项目的攻关构建具有创新性的研究团队。

参考文献

[1] Damania R, Joshi A, Russ J. India's forests–stepping stone or millstone for the poor [J]. World Development, 2018.

[2] Evison DC. Estimating annual investment returns from forestry and agriculture in New Zealand [J]. Journal of Forest Economics, 2018, 33: 105–111.

[3] Gordillo F, Elsasser P, Günter S. Willingness to pay for forest conservation in Ecuador: Results from a nationwide contingent valuation survey in a combined "referendum" – "Consequential open–ended" design [J]. Forest Policy and Economics, 2019, 105: 28–39.

[4] Koch N, zu Ermgassen EKHJ, Wehkamp J, et al. Agricultural productivity and forest conservation: evidence from the Brazilian Amazon [J]. American Journal of Agricultural Economics, 2019, 101 (3): 919–940.

[5] Leban V, Malovrh ŠP, Stirn LZ, et al. Forest biomass for energy in multi–functional forest management: Insight into the perceptions of forest–related professionals [J]. Forest Policy and Economics, 2016, 71: 87–93.

[6] Liu P, Yin R, Zhao M. Reformulating China's ecological restoration policies: What can be learned from comparing Chinese and American experiences? [J]. Forest Policy and Economics, 2019, 98: 54–61.

[7] Meilby H, Smith–Hall C, Byg A, et al. Are forest incomes sustainable? Firewood and timber extraction and productivity in community managed forests in Nepal [J]. World Development, 2014, 64: S113–S124.

[8] Miranda JJ, Corral L, Blackman A, et al. Effects of protected areas on forest cover change and local communities: evidence from the Peruvian Amazon [J]. World Development, 2016, 78: 288–307.

[9] Nathan I, Hansen CP, Cashore B. Timber legality verification in practice: prospects for support and institutionalization [J]. Forest Policy and Economics, 2014, 48: 1–71.

[10] Naughton–Treves L, Wendland K. Land tenure and tropical forest carbon management [J]. World Development, 2014, 55: 1–6.

[11] Shashi Kant. Extending the boundaries of forest economics [J]. Forest Policy and Economics, 2003, 5 (1): 39–56.

[12] Wilebore B, Voors M, Bulte EH, et al. Unconditional transfers and tropical forest conservation: Evidence from a Randomized Control Trial in Sierra Leone [J]. American Journal of Agricultural Economics, 2019, 101 (3): 894–918.

[13] Withey P, Lantz VA, Ochuodho T, et al. Economic impacts of conservation area strategies in Alberta, Canada: A CGE model analysis [J]. Journal of Forest Economics, 2018, 33: 33–40.

[14] Xie F, Zhu S, Cao M, et al. Does rural labor outward migration reduce household forest investment? The experience of Jiangxi, China [J]. Forest Policy and Economics, 2019, 101: 62–69.

[15] Xu J, Hyde WF. China's second round of forest reforms: Observations for China and implications globally [J]. Forest Policy and Economics, 2019, 98: 19–29.

[16] Zhu Z, Xu Z, Shen Y, et al. How off–farm work drives the intensity of rural households' investment in forest management: The case from Zhejiang, China [J]. Forest Policy and Economics, 2019, 98: 30–43.

[17] 陈勇，王登举，宿海颖，等. 中美贸易战对林产品贸易的影响及其对策建议 [J]. 林业经济问题，2019，39 (1): 1–7.

[18] 窦亚权，余红红，王雅男，等. 我国林业扶贫工作的研究进展及趋势分析 [J]. 林业经济，2018，40 (6): 9–15.

[19] 杜钰玮，万志芳．黑龙江省国有林区林业产业转型路径选择的研究［J］．林业经济问题，2019，39（3）：247–255.

[20] 郭会玲．论生态文明体制改革背景下林业生态环境保护制度创新——以法律制度创新为视角［J］．林业经济，2017，39（1）：8–12.

[21] 何文剑，张红霄，徐静文．森林采伐限额管理制度能否起到保护森林资源的作用：一个文献综述［J］．中国农村观察，2016，2：84–93，97.

[22] 柯水发，朱烈夫，袁航，等．“两山”理论的经济学阐释及政策启示——以全面停止天然林商业性采伐为例［J］．中国农村经济，2018，12：52–66.

[23] 孔凡斌，阮华，廖文梅．农户参与林权抵押贷款行为分析［J］．林业经济问题，2018，38（6）：1–8+98.

[24] 雷显凯，杨冬梅，张升，等．生态公益林补偿政策对林农林业生产绩效影响分析——以江西省为例［J］．林业经济，2017，39（11）：76–82.

[25] 李桦，姚顺波，刘璨，等．新一轮林权改革背景下南方林区不同商品林经营农户农业生产技术效率实证分析 – 以福建，江西为例［J］．农业技术经济，2015，3：108–120.

[26] 李周．林业经济学科建设的思考［J］．林业经济问题，2017，37（3）：88–96.

[27] 廖士义．林业经济学导论［M］．北京：中国林业出版社，1987.

[28] 刘璨，张永亮，赵楠，等．集体林权制度改革发展现状、问题及对策［J］．林业经济，2017，39（7）：3–14，22.

[29] 刘俊昌．林业经济学［M］．北京：中国农业出版社，2011.

[30] 罗攀柱．林业专业合作社异化：类型、形成要因及其机制—以 H 省为例［J］．农业经济问题，2015，36（2）：40–46，111.

[31] 马奔，丁慧敏，温亚利．生物多样性保护对多维贫困的影响研究——基于中国 7 省保护区周边社区数据［J］．农业技术经济，2017（4）：116–128.

[32] 秦涛，顾雪松，邓晶，等．林业企业的森林保险参与意愿与决策行为研究——基于福建省林业企业的调研［J］．农业经济问题，2014，35（10）：95–102+112.

[33] 沈月琴，张耀启．林业经济学［M］．北京：中国林业出版社，2011.

[34] 孙贵艳，王传胜．退耕还林（草）工程对农户生计的影响研究——以甘肃秦巴山区为例［J］．林业经济问题，2017，37（5）：54–58+106.

[35] 万志芳，朱洪革，马文学，等．林业经济学［M］．北京：中国林业出版社，2013.

[36] 王昌海．中国自然保护区给予周边社区了什么？——基于 1998–2014 年陕西，四川和甘肃三省农户调查数据［J］．管理世界，2017（3）：63–75.

[37] 王会，姜雪梅，陈建成，等．“绿水青山”与“金山银山”关系的经济理论解析［J］．中国农村经济，2017，4：2–12.

[38] 王培帆，贺超，杨桂红，等．林业科技服务供需匹配程度及需求影响因素研究——以辽宁集体林区 500 户农户为例［J］．林业经济，2019，41（4）：25–31，57.

[39] 王前进，王希群，陆诗雷，等．生态补偿的经济学理论基础及中国的实践［J］．林业经济，2019，41（1）：3–23.

[40] 温亚利，刘俊昌，谢屹．中国现代林业体系建设与林业经济学发展［J］．林业经济评论，2011，1（1）：4–11.

[41] 张大红．中国林业经济发展问题：基点·视角·途径［J］．绿色中国：理论版，2005，（1）：24–28.

[42] 张道卫，斯·皮尔森著．刘俊昌等译．林业经济学［M］．北京：中国林业出版社，2013.

[43] 张红，周黎安，徐晋涛，等．林权改革、基层民主与投资激励［J］．经济学（季刊），2016，15（3）：845–868.

[44] 张建国．论现代林业［J］．世界林业研究，1997，（4）：1–9.

[45] 张建国. 我国林业经济管理学科发展的探索 [J]. 林业经济问题，2004，24 (3)：129-131.
[46] 张莹，黄颖利. 森林碳汇项目有助于减贫吗？ [J]. 林业经济问题，2019，39 (1)：71-76.
[47] 朱烨，刘强，吴伟光. 林业劳动力女性化状况及其对林业生产效率的影响——以竹林生产为例 [J]. 农业技术经济，2018，5：104-111.

撰稿人：温亚利　刘伟平　高　岚　姜雪梅　米　锋　吴成亮　袁畅彦

林下经济

一、引言

（一）学科定义

林下经济是在可持续发展理念指导下，基于林地利用方式和林业产业模式而提出的一种生态经济形式，外延了传统农林复合经营，是对传统森林经营的创新和突破，实现了农林牧各业资源共享、优势互补、循环相生、协调发展。随着它的理论构架逐步完善，研究方向逐步明确，相关产业发展鉴定范围越来越清晰，林下经济逐步发展成为一门新型学科。2018 年国家自然科学基金把林下经济单独编码，列为一个学科分支领域，这是林下经济学科发展的重要里程碑。目前，林下经济的概念并不完全统一，中国林学会在 2018 年发布的《林下经济术语》标准将林下经济定义为：依托森林、林地及其生态环境，遵循可持续经营原则，以开展复合经营为主要特征的生态友好型经济。包括林下种植、林下养殖、相关产品采集加工、森林景观利用等。

（二）学科概述

从上述对林下经济的定义可以看出，林下经济的主要特点是利用林下土地资源和林荫优势从事林下种植、养殖等立体复合生产经营，是对传统经营模式的创新和突破，实现了农林牧各业资源共享、优势互补、循环相生、协调发展。林下经济的研究范畴非常广阔，包括利用植物（根、茎、叶、花、果实等）、动物（皮、毛、肉等）和微生物等其食用功能、药用功能、观赏功能等，以及由林上、林中、林下系统组成整体空间的景观资源利用。

林下经济囊括林下种植、养殖、野生林产品采集加工、森林旅游等多项内容，包含林药、林粮、林禽（畜）、林菌、林花、林游等多种模式，涉及生态安全、良种选育、种间关系、适地适种、森林景观等多个理论科学问题以及产、供、销等产业经济学问题，这些亟待研究的内容涉及不同领域不同学科，单一的林学学科无法满足林下经济发展的需求，这也正是林下经济理论水平研究受限的一个重要原因。近年来，林下经济产业快速发展，截至2018年年初，全国林下经济种植面积达4亿多亩，产值达7500亿元，组织化的程度也不断提高，形成了2万多个合作组织，龙头企业达到了2000多家，创造了丰富多彩的林下经济模式。林下经济实践经验极大地推动了理论研究水平，促进了林学与农学、经济学、中药学、营养与食品卫生学、管理学等多学科的交融与渗透，为相关学科的联合发展提供了强大动力。

二、本学科最新研究进展

（一）发展历程

中国数千年的农耕生产实践，深刻地认识到农林的紧密相关性，先民们在农业生产实践中开发了大量的农林复合经营生产模式，如形式多样的林粮间作、林牧结合、桑基鱼塘、庭院经营等，是我国丰富的传统农耕经验的重要组成部分，是今天我们发展林下经济的宝贵财富，也是林下经济产业形式的主体经营模式。2003年《中共中央国务院关于加快林业发展的决定》出台，开启了我国的集体林权改革之路。2008年《中共中央国务院关于全面推进集体林权制度改革的意见》，明确了集体林权制度改革是以明晰林地使用权和林木所有权、放活经营权、落实处置权、保障收益权为主要内容的综合性改革，集体林权制度改革为我国林下经济的发展消除了重大的制度性障碍。2012年国务院下发《国务院办公厅关于加快林下经济发展的意见》，明确提出“在保护生态环境的前提下，以市场为导向，科学合理利用森林资源”，这为发展林下经济提供了良好的契机。与此同时，2013年国务院下发的《循环经济发展战略及近期行动计划》中也提出要“重点培育推广畜（禽）-沼-果（菜、林、果）复合型模式、农林牧渔复合型模式等”“实现鱼、粮、果、菜协同发展”，明确了在新的历史时期下林下经济发展的新方向。2019年12月28日，十三届全国人大常委会第十五次会议表决通过的《森林法》，将“林下经济”写入法律条文。

近年来，在相关政策和产业发展的推动下，林下经济的研究水平无论是深度还是广度都有了极大的发展。通过全国中文期刊数据库检索，初步统计林下经济的文献数量从2010年后明显增多。大多数研究都是基于市域、县域，从农户、林区职工等微观主体的角度出发，结合计量经济学中有关二元回归的方法，探讨林下经济经营主体参与林下经济的影响因素及对政策满意度分析。陈幸良（2014）分析了林下经济国内外发展概况和中国发展林下经济的优势；韩锋（2015）基于368户农户调研所得数据，应用单因素方差分析方法、洛伦兹曲线、基尼系数及二元Logistic回归等方式，实证分析了农户参与林下经济的内在激励因素以及制约因素，分析了林下经济的发展对林农增收的影响以及农户参与林下经济的意愿及影响因素；徐玮等（2017）根据调研获得548份内蒙古国有林区职工家庭的相关数据，同样运用二元Logistic回归的计量方法探讨了职工家庭对于发展林下经济经营的意愿及影响因素。朱晓柯等（2017）基于相关数据实证分析了黑龙江省林区职工对于开展林下经济经营的意愿及潜在风险预期的影响因素。有学者从省域视角出发，探讨区域林下经济发展模式与林下经济发展现状、影响因素及战略分析等。国靖等（2017）对林下经济模式中的银杏林下经济模式进行了分类并对其综合效益进行了评价结果表明，综合效益较高的是银杏－杭白菊模式。此外，还有学者在不同方法的核算体系下，分析中国林下经济发展效率。马国勇等（2016）测算了职工家庭开展林下经济经营的投入回报率，分析了这一投入回报率对职工家庭收入满足度的影响。范婕妤（2014）在调研的基础上，对北京市的林菌模式发展情况进行了分析研究，运用计量方法实证分析了林菌模式的发展所带来的经济效益、社会效益以及环境效益。杨雨晴等（2017）基于对黑龙江省112户职工家庭的调研，进行了多元回归分析。研究显示，显著影响黑龙江省林下经济发展的因素主要包括：林地面积、林业劳动力、家庭总收入、政策与资金支持以及林业技术水平。部分学者多从中国林下经济发展整体概况出发，研究中国林下经济发展理论基础、发展现状与问题、产出效率、驱动机制、未来发展方向等。占金刚（2014）基于一系列的经济学理论来解释林下经济的发展，丰富了林下经济发展的相关理论基础；曹玉昆、雷礼纲等（2014）在总结归纳林下经济发展历程及发展现状的基础上，结合一定的经济学理论基础，分析了林下经济发展的价值。苗雨露等（2015）对中国林下经济的发展现状与现存问题进行了研究，研究发现，林药、林菌产业发展最为旺盛，但发展规模小，组织化、产业化程度低等因素制约了林下经济的进一步发展。谢奕新等（2018）提出林业经济向林下经济的转移将是林区社会经济持续发展的必由之路。严如贺等（2018）从资源错配理论的视角出发，以森林猪养殖合作社和家庭养殖场（企业）的案例为研究材料，采用归纳性案例分析方法比较其效率表现，研究发现林下经济的发展存在资源错配。张超群等（2017）研究了林下经济发展的驱动机制，认为我国林下经济发展的驱动机制为自身特性引领、市场推动、组织带动、自然环境支撑、基础设施配套和政府引导。

（二）基础研究进展

1. 林下经济的理论基础探讨

林下经济与农林复合经营既相关联又有本质区别。翟明普先生曾从二者研究主体、土地利用类型、发展目的、发展阶段以及研究范畴等方面进行了详细分析，论述了林下经济与农林复合经营的关联性和区别，同时也阐明了林下经济的内涵和格局更倾向于经济属性。李金海等研究认为林下经济能够提高单位面积生物量和光能利用效率，大大提高资源利用率；林下经济的研究和发展也可以增强森林生态系统稳定性复合生态系统中乔木层、灌木层、草本和动物以及地下微生物的复合结构，提高生态系统生物多样性和稳定性；林下经济促进资源循环利用，延伸了产业经济链条，形成了“资源—产品—再生资源—再生产品”互利共生的绿色循环经济模式。林下经济依托森林资源，保证林农、林药、林禽等复合生态系统的生态功能，利用其产出的多种木质与非木质林产品满足一定的社会和经济需求，林下经济还应包括利用森林的生态功能和社会文化功能，诸如生态旅游、休闲度假、观光采摘等活动。林下经济是建立在生态学、森林培育学、（产业）经济学、（药用）植物学、农学、畜牧学等学科基础上的一个研究领域。

2. 林下经济的运行机理

在林下经济研究中，生态系统的运行机理占据着绝对的主体地位。大量学者基于生态学原理和科学实验分析，对林下经济复合生态系统的种间互作、能量流动与物质循环、生态环境效应、生物多样性变化等进行了深入的研究。

林下经济复合生态系统中一种生物通过改造环境而直接或间接地影响相邻生物。赵英等对不同区域及不同模式下林农复合经营系统中地上部分物种相互间对光合作用的影响，孙辉等对林农复合系统中林木和农作物地下部分对水分及养分的竞争状况及其影响，万开元等对植物间化感作用等进行了大量而深入的研究；彭方仁等对不同模式内植物种群对光能的削弱和截获、旱坡地植物篱农作系统能流特征等进行了研究，取得一些有意义的成果；林下经济生态系统中物质的循环与平衡直接影响生产力的高低和系统的稳定与持续，是系统中各生物得以生存和发展的基础。张昌顺等学者通过研究林农复合系统的物质循环过程，揭示其循环的特点及其与各因素的相互关系，不仅可以丰富林农复合系统的理论，而且可以指导生产实践；林下经济生态系统的生态环境效应主要体现在防风效应、空气温湿度效应、土壤水分效应和改良效应、生物效应、热力效应以及水文效应等方面。林开敏等许多学者对林农复合经营在水土保持、土壤肥力、防风、固存 CO_2 及保护生物多样性等方面的生态环境效应进行了定量化的深入研究并取得了丰硕的研究成果。最近几年，越来越多的学者开始关注林下经济系统在固碳、生物多样性保持和污染防治方面的作用。

3. 价值评估研究

林下经济的价值评估可分为经济、社会与生态价值评估。

经济价值评估方面，林下经济生态系统可实现一地多用和一年多收的目标，提高了土地资源的利用效率，增加了单位面积土地的经济收益。高城雄等对陕北长城沿线风沙区林农复合经营、李蕊对北京典型沟域林下经济系统以及陈俊华等对川中丘陵区柏木林下养鸡的研究，都证明在科学经营与管理条件下其经济效益十分明显。

社会价值评估方面，林下经济的社会效益主要体现在：多种产品的输出可有效地满足社会需求、林下经济的经营具有劳动集约型特点使之有利于农村的剩余劳动力的就业、培养了大批的农林业科技人员、为国家增加了税源和带动了区域经济发展等方面，但是林下经济的社会价值定量化和货币化研究较为困难，所以到目前为止研究内容与范围有限。

林下经济生态系统的生态价值评估是运用生态系统服务价值评估的理论和方法，对不同的林下经济生态系统的生态环境效益进行定量化的价值评估研究。近年来林下经济的生态价值评估得到重视，而且生态系统服务价值评估在绿色 GDP 核算、环境损害赔偿、生态补偿政策制定等领域也得到了成功运用。但这方面的研究相对较少。

林下经济生态系统单一价值评估并不能满足林下经济的发展需求，对其综合效益的评估成为必然，彭鸿嘉等采用层次分析法（AHP）对甘肃中部黄土丘陵沟壑区典型流域林农模式从生态效益、经济效益、社会效益方面对其综合效益进行了分析评价；孟庆岩同样用此分析方法评估了胶 – 茶 – 鸡林下经济模式的综合效益。李金海等人的研究认为发展林下经济有助于增加农民收入，生态资源的循环利用，也增加了农民的环保意识。孙红召就河南内黄县的枣农间作模式进行了经济效益分析，间作明显比单一种植经济收入高，而且也能改善小环境。从这些效益分析上看，发展林下经济有巨大的经济、生态和社会效益。

4. 林下经济可持续性研究

林下经济可持续性不仅与相关科学技术发展有关，而且依赖于对其有效的保护与管理。李娅等（2014）和林文树等（2014）利用 AHP–SWOT 分析工具分别对云南省和黑龙江省的林下经济发展所面临的优势、劣势、机遇和威胁因素进行了分析，在此基础上提出相应的发展战略。李丹等（2013）针对我国林下产品的质量监管问题，保障林下经济产品生产、加工、流通过程中的公共安全，满足消费者的知情权，对基于条码的林下经济产品质量可追溯管理系统的建立进行了研究。耿玉德等通过建立林下经济发展的生态位态势测度指标体系，测度林下经济发展的相对态值和相对势值，分析黑龙江省国有林区林下经济发展的生态位演化趋势。彭斌等通过构建 DEA 模型，分析了广西壮族自治区不同区域的七个县的林下经济发展效率，认为其与林下经济的模式、林下经营的产品以及投入程度等因素关系较大，提出在发展林下种植、养殖等活动时要关注环境保护、选择适宜的发展模式和林下产品，同时要注重完善政策扶持体系，突出市场的引导作用。

林下经济可持续经营与农户的经营意愿与行为密切相关，相比国外研究而言，国内在农户采用林农复合经营的意愿和行为的影响因素研究方面较为薄弱。李彧挥等通过对湖南省安化县 108 户农户的调研数据，建立 Logistic 回归模型分析农户发展林下经济的意愿，分析认为，年龄、受教育程度、兼业情况、林地面积与坡度、资金来源等的影响较为显著，并在此基础上提出相应的政策建议。

此外，国内对林下经济可持续发展影响因素的研究较多，这类研究主要集中在三个方面：第一，通过构建统计模型进行定量化分析，如姜钰等（2014）通过构建林下经济可持续发展系统动力学（SD）模型分析了林下经济的经济、社会和生态子系统的相互作用，同时以黑龙江省为例进行了实证分析，研究认为林下经济发展的影响因素主要有收入水平、科技水平和投资水平等；韩杏容等运用关联树法分析了林下经济建设项目可持续性的影响因素后认为，财政投资、群众经济承受力等是关键性影响因素。第二，通过实地问卷调查，对调查数据进行统计分析林下经济发展的影响因素，如廖灵芝等对云南省大关县的调研、李娅等对云南省部分案例点的调研、张坤等对云南省永胜县的调研、集体林权制度改革监测项目组对全国70个县的调研、陈天仪对河南省内黄县的调研等，这些研究分析了当前林下经济发展存在的问题，认为制约其发展的因素主要集中在资金、技术、规模、抗风险能力、思想、林地流转政策、劳动力、林业科技服务、信息等方面。第三，通过对个别案例的定性分析，进行泛泛而谈，无论深度还是广度方面研究都不够深入。

林下经济的基础研究将进一步推动林下经济学科发展。尽管林下经济涉及多学科多领域，深入研究面临困难，但这些初期研究成果为林下经济学科的形成与发展奠定了理论基础。

（三）应用研究进展

林下经济有其地域特点，前期的应用型研究主要集中在不同区域林下经济模式的总结与归纳。20世纪末，林下经济的研究形式多以林农复合经营研究文献发表，学者们对我国宏观层面的林农复合经营系统（如平原区农田防护林体系）和微观层面的林农复合经营系统（如林粮间作、桑基鱼塘、庭院经营等）进行了大量的研究和实践经验总结，得到了有意义的结论，而且对林农复合经营系统进行了类型划分，其中我国以李文华等的分类体系较为典型，他们依据地理空间尺度的规模，从宏微观的角度将林农复合经营系统分为庭院经营系统、田间生态系统和区域景观系统三大系统，依据系统中组分的不同组合进一步细分为农－林、林－草、林－药等16个类型组、215个类型，这一分类体系在学术界得到了普遍的认可。目前国内外学术界对林农复合经营系统还没有建立起一套科学的分类标准体系，综合来看，其科学的分类标准将会是向多因素和多目标的综合分类体系方向发展。

21世纪初，在集体林权制度改革的持续推进和国务院一系列相关政策出台的背景下，林农复合经营进入新的发展阶段，其特征就是林下经济的全面深入发展。当前林下经济的可持续发展成为一个突出问题。为此，许多学者根据自己的研究条件和研究方向对不同区域、不同类型的林下经济成功案例进行了经验式的总结，如陈双林等研究毛竹林下栽培多花黄精，获得国家林业局认定成果1项（毛竹药用植物复合生态系统构建技术），浙江省林学会鉴定成果1项（毛竹材用林下多花黄精复合经营技术），制订林业行业标准一项（毛竹林下多花黄精复合经营技术规程）。李娅对云南林下经济的发展情况进行了综述，重点介绍了林药、林菌、林畜和林下游憩模式。曲伟忠等人通过对林菌、林药、林草等模式进行了研究分析，指出龙头企业对林下经济发展的带动与促进作用。杜晓鱼等对陕西林下经济的特色进行了分析，指出最适合当地的林下经济模式为林粮、林茶和林下旅游等。这些总结丰富了案例研究的内容，为区域林下经济发展模式的选择提供了理论依据。

经过多年的研究与应用实践，林下经济相关的科研项目取得了较大的成绩。2014—2018年以复合经营生态系统研究为主的项目多次获得梁希林业科学技术奖，如陈永忠等人完成的“油茶幼林立体高效复合经营技术”项目获得第六届梁希林业科学技术奖二等奖。汪贵斌等人完成的“银杏复合经营系统研究与推广”项目获得第六届梁希林业科学技术奖二等奖。陈双林等人完成的“毛竹材用林下多花黄精复合经营技术”项目获得第六届梁希林业科学技术奖三等奖。季永华等人完成的“江苏人工林高效复合经营关键技术集成创新与示范推广”项目获得第八届梁希林业科学技术奖三等奖。

在国家政策的引导下，一些具有林业优势的地区开始大力发展适宜本地区的林下经济，如东北地区、南方集体林区的有关省份，其林下经济产值及所占林业总产值的比重都领先于全国其他省份，具有发展林下经济的明显优势。据不完全统计，至 2015 年全国共有 26 个省、自治区、直辖市出台了加快发展林下经济的政策或规划。这些保障政策极大地刺激了社会力量发展林下经济的意愿，从而使林下经济的参与主体日渐广泛，发展模式不断创新，组织形式日益多样，经营机制更加灵活，林下经济逐渐向产业化、规模化方向发展。

我国各地区之间的自然地理条件差异巨大，这也形成了多种具有本地优势的林下种植和养殖模式的存在，随着其不断的快速发展，这已成为我国林业发展的一个新亮点。国家林业局华东林业调查规划设计院对南方集体林区林下经济发展进行了抽样调查，在所抽取的 72 个县中，开展林下种植和林下养殖的县（市）分别达到 64 个和 54 个，涉及林地面积、林下经济总产值和参与人口数分别达到 $27.03 \times 10^4 hm^2$、97.18×10^8 元、138.12 万人和 $9.00 \times 10^4 hm^2$、24.06×10^8 元、77.92 万人。

林下经济的发展对我国农业生态环境保护、农村经济结构调整和农民增收均具有重要的影响。2013 年国家林业局确定了首批国家林下经济示范基地，包括天津市静海区、辽宁省本溪市、安徽省黄山区、福建省武平县、江西省武宁县、山东省蒙阴县、河南省栾川县、湖南省靖州县、广西壮族自治区浦北县、海南省儋州市、贵州省毕节市等 20 个示范基地。这些基地发展林下经济，促进了造林育林护林、森林资源增长，带动了农民就业增收、脱贫致富、优化山区林区经济结构。国家林业局对国家林下经济示范基地实行动态管理，定期对示范基地建设情况进行评估监督。对合格的示范基地予以保留确认，对不合格的将取消“国家林下经济示范基地”称号。2015 年，国家林业局制定的《全国集体林地林下经济发展规划纲要（2014—2020 年）》提出，到 2020 年实现林下经济产值和农民林业综合收入稳定增长，全国发展林下种植面积约 1800 万 hm^2，实现林下经济总产值 1.5 万亿元。林下经济已构成了当前我国林农复合经营在新时期发展的主体。

（四）人才队伍和平台建设

中国林学会积极开展林下经济学术研究，组建创新团队，培养林下经济领域创新人才。在林下经济学科发展、学术研究及人才培养等方面做了大量工作，取得了明显成效。一是 2014 年 12 月成立中国林学会林下经济分会，分会成立近 5 年来，在学术交流、科学普及、决策咨询等方面开展了一系列活动，在推动林下经济学术研究方面作出了积极的努力。二是分会成立了林下经济学术研究团队。团队成员具体从事林下经济理论与战略、林下经济发展政策、林下经济发展模式、林下经济名词术语标准等相关研究。三是与东北林业大学等单位联合创建了教育部“林下经济协同创新中心”。中心致力于为研究团队搭建平台，提供技术支持。四是积极申报开展各类研究项目。承担的项目包括：①中国科协学科发展引领与资源整合集成工程项目“推动绿色经济发展和生态保护的林学学科群创新协作”，经费100万元，于2015—2017年完成；②国家林业局林下经济名词术语标准，经费20万元，2016—2017年完成，2018年4月正式发布，《林下经济术语》为中国林学会团体标准，编号为T/CSF 001—2018；③组织编撰《林下经济与农业复合生态系统管理》，这是规模较大、参与面较广的联合研究，目前已经完成了书稿，近期正式出版；④编辑出版了《华北平原林下经济》一书，于2016年11月正式出版。

三、本学科国内外研究进展比较

将生态系统理论引入到林学领域，森林资源的概念由木质资源扩展至非木质资源，从而将森林经营对象的范围扩大到了整个森林生态系统内的生物资源。目前国际上没有对林业资源综合利用提出一个统一的概念，只是对农林复合经营进行了广泛研究与应用。

国外农林复合经营的研究进展有两大特征，一是学术研究机构逐渐完善成熟。1978年，在加拿大国际发展研究中心（IDRC）的倡导下，国际农林复合生态系统委员会（the International Council for Research in Agroforestry，简称ICRAF）正式成立，总部位于肯尼亚首都内罗毕。1991年，ICRAF正式改名为国际农林复合生态系统中心（the International Center for Research in Agroforestry），同时加入了国际农业研究咨询小组（Consultative Group on International Agricultural Research，简称CGIAR），并扩大了在全球的研究范围。2002年，ICRAF又获得了“世界农林业中心”的称号。二是学科体系不断成熟，研究内容不断丰富。国外不同国家的学者对于农林复合经营的概念、内涵、分类体系以及所涉及的相关学科进行了深入广泛的探讨；对于农林复合经营的研究内容，如：病虫害，碳汇，生物多样性，大气、水、土环境改善，景观娱乐以及社会经济等不同方面进行了较全面的分析与研究；也有较多的研究集中在如何提高复合经营生态系统的生产力和非木质林产品等方面。

随着对农林复合经营生态系统认识的加深和研究方法的不断改进，人们逐渐意识到复合经营对生态系统的影响和可持续发展的重要性，近年来，不同学者从生态学、林学、经济学、植物学、土壤学、农学、生物学等不同学科的角度，对农林复合经营生态系统进行了综合性的研究，主要研究内容集中在以下几个方面。

1. 生物多样性

学者对农林复合经营在维持和提高植物、哺乳动物、鸟类、昆虫、土壤动物、土壤微生物多样性等方面进行了大量研究。如，研究认为防风墙通过边缘效应增加了昆虫的数量和多样性；对巴西本地原始森林、农林复合系统以及木薯单作 3 种土地利用方式下丝状真菌的多样性进行了比较；对墨西哥不同咖啡生产系统和本地云雾林下丛枝菌根真菌的多样性进行了比较；以农民为研究对象，对影响农民开展农林复合经营提高生物多样性的原因进行了研究；等等。

2. 病虫害防治

病虫害问题一直是农林复合经营研究的热点，特别是在热带地区。农林复合经营中病虫害综合治理的方法一般包括：鉴定和利用合适的寄主植物防治害虫和病菌；通过寄主植物和其他植物轮作，避免给害虫提供长期栖息地；采用生物防治方法；通过管理措施，调整适宜光照强度；采用对病虫害具有强抵抗力的物种；培训农民，通过农林复合经营管理，降低病虫害的强度；积极采用适宜的传统方法。一般认为，农林复合经营系统中植物物种多样性有利于减少害虫数量，轮作有利于减少病虫害，增加光照强度有利于降低林间湿度从而减少致病菌。由于不同地区不同农林复合经营类型下，面临的病虫害问题也各不相同，农林复合经营对病虫害的影响及其管理措施还需要更为深入的研究。

3. 土壤、大气、水环境的改善

在维持和提高土壤生产力和可持续性方面，在改善空气质量，特别是防风墙类型能够有效降低风速、限制风蚀、减少噪音和净化空气方面，在改善水质量，特别是河岸缓冲带类型能够有效净化径流水，促进农田流失养分沉淀、保留，过滤有害元素，有效应对农业非点源污染方面，农林复合经营发挥了积极的系统功能。

4. 碳汇功能

一般认为，农林复合经营中乔灌木通过固碳作用能够将大气中的碳固定在体内，从而相比于单一系统，单位面积上显著增加了碳储量，减少了大气中碳储量。农林复合系统碳汇潜力的影响因素主要有系统类型、物种组成、株龄、地理位置、环境因子和管理措施等。目前来看，对于农林复合经营碳汇功能的估算是不容易的，其估算的方法和假设条件往往也不相同。在对其进行测算的过程中，应准确描述其方法和测算步骤，以便进行横向对比分析研究。

5. 非木质林产品

非木质林产品作为农林复合经营系统重要的经济产出部分，其研究主要包括了森林内可被人们利用的花卉、药用植物、装饰品、食物、香料、纤维、树脂等，这些物质对于林农生计、文化和家庭传统的维持、精神和身体的完善、科学研究和收入等方面都具有重要作用。非木质林产品形成的产业链及其影响等方面的研究也较多。

6. 景观娱乐

随着景观生态学的发展和成熟，相关学者意识到农林复合经营的景观美学价值，并将视角从以往生态系统的尺度转移到景观尺度，积极应用景观生态学的理论和方法对农林复合经营展开了研究，如，Baran-Zgłobicka 等从景观尺度对波兰进入欧盟后传统的小农经营模式如何发展进行了探讨，认为传统农林经营模式应该保留。Höbinger 等应用景观生态学工具对哥斯达黎加集约化农田和油棕榈——作物搭配等不同情景对于植物多样性的影响进行了分析。此外，也有学者对农林复合经营恢复或改善景观的作用进行了研究。

7. 社会经济效益

国际上关于农林复合经营社会经济研究的问题主要包括经济效益、生计效益、性别、机构、宏观经济政策、市场、生态系统服务价值以及所有权方面。经济分析的方法主要包括分组单独分析、成本收益、计量经济、环境经济、经营预算以及最优化模型等方面。

四、本学科发展趋势及展望

（一）战略需求

随着人口、经济与资源、环境的不协调发展造成的全球性问题日益激化，从各自的学科角度和实践经验重新寻找种植业、林业、牧业的可持续发展途径，提出了农林复合经营、林下经济等多种概念。发展林下经济学科是可持续发展的需要、创新驱动发展的需要。近年来林业在基础科学研究、科技攻关、自主创新和科技推广与应用中取得了显著成就，推动了林业现代化建设。未来林学各学科将朝着联动协作、交叉融合的格局演变，不仅是林学各学科之间融合，而且要与农学、经济学、中药学、营养与食品卫生学、管理学等多学科相互交融与渗透，以满足林业可持续创新发展。林下蕴含着丰富的生物资源，尚未认知和开发的领域非常广阔。随着生物科技的重大突破，生物产业将成为继信息产业之后世界经济中又一个新的主导产业。开展农林复合系统经营，培育和利用林下资源，特别是特色、珍稀濒危林下资源，发展生物药业、绿色食品、木本油料、花卉、旅游休闲产业，实现全产业链发展既是保护自然生态、改善和恢复生态系统功能的需要，也是发展绿色经济、改善民生，发挥森林的生态、经济和社会功能，践行绿水青山就是金山银山发展理念的根本举措。

（二）发展趋势与重点研究方向

1. 研究领域拓展范围扩大

目前，林下经济的意义、理论基础、发展模式、效益分析及制约因素等方面的研究，大多数还是停留在定性分析的基础上，少数学者根据客观实际数据做定量分析，但研究的深度不足，因此在今后的研究中，应通过实地调查，取得客观、真实、有效的数据，采用一定的数学方法，提高林下经济的相关理论研究以及效益评价的科学性。我国目前的林下经济研究广度不足，例如，国外学者对林农复合经营的经营意愿的研究，从经济学、社会学等多角度和多学科出发，不仅研究了农户的年龄、受教育程度等个体特质以及资金等常规性因素的影响，还研究了自我效能、态度和意识方面等社会因素的影响，相较此而言，国内学者研究的广度要小得多。

当然，由于林下经济涉及的学科多、研究领域广、林下经济模式具有多样化等因素，在数据采集、提取方面有一定的难度也是客观事实，但是只有应用数据来证实研究成果，才能更好地为林下经济发展的科学性提供依据，更好地服务于生产实践。

2. 林下经济资源保护培育和可持续利用研究亟待加强

基于生物学原理和科学实验，选择林下动物资源、植物资源、微生物（主要以真菌类为主）资源的生物学规律和可持续利用开展研究，揭示林下动植物和微生物的生长习性。特别是对保护和开发利用价值较高的濒危珍稀动物、药食两用植物、木本和草本观赏花卉、昆虫资源、菌类资源的培育和利用研究亟待加强。

3. 林下经济优良品种选育

针对不同区域自然地理条件，发现和培育适宜的林下经济优良种植作物、药材、菌类、花卉、动物等。选育林下经济的优良品种，做好林下经济的良种申报，良种认定后可在适宜地区推广种植（养殖）。

4. 林下经济典型技术模式研究

受气候、地理差异、生态系统的多样性、市场需求、经营个体等因素的影响，林下经济发展模式呈现多样化。需要总结典型的区域林下经济模式，分析其存在的基础和条件，包括自然条件、人文因素、文化背景、发展历史、资源状况等各个方面，针对典型模式提出技术规程，在技术规程中定位好阈值范围，以便于更好地推广。

5. 林下经济的价值评估

近年来林下经济的价值评估越来越被重视，逐渐成为该领域的研究热点之一。我国有些专家对林下经济系统的社会、生态、经济效益分别进行了研究，但没有全面分析其价值，不能体现其系统性和综合性。当然，目前林下经济系统综合价值评估的研究方法尚不完善，这是导致不能全面地评价林下经济系统总体效益的根本原因。在林下经济系统的单一效益评价中，研究面也较窄，未做到单一价值的全面体现。如林下经济系统的经济评价较为单一，研究多局限在单一财务效益方面，而忽略了系统长期经营投资的时间价值，其评价结果有可能误导人们的投资决策，也即研究缺乏时间因素的评估；林下经济系统的生态价值评估中，对林下种养殖、森林景观的开发等对原有生态系统功能的影响、发展林下经济后形成新生态系统的结构和功能以及对周边环境的影响、林下经济产品的生态评价、林下经济的可持续发展性等方面的研究较少。而且，在研究中较少地将风险与不确定性因素引入，导致价值评估缺乏辅助决策的合理性。因此，建立客观的综合效益评价指标体系是较为迫切和重要的。

6. 林下经济产业模式的统筹与规划

尽管林下经济发展模式多样，但从环境保护、市场竞争机制与市场需求方面考虑，仍需要也有必要从全局对林下经济的发展进行统筹与规划。当前，应该加大对滩涂地、林间空地等土地资源的利用，要完善、修改、明确资产所有权，便于调动广大林农的积极性。林权制度改革明确了林业资产所有权，林农可以通过转让、拍卖、租赁等形式合法流转林权，促进林下经济产业集约化经营。结合我国公益林建设管理与国家重大林业相关基础设施建设等，可以有计划、有步骤地对林下经济产业进行投资与资助，给相关企业一定的财政支持。

（三）发展对策与建议

林下经济目前迎来了前所未有的发展机遇，在国家政策制度的保障下，顺应学科发展的要求，应该从下面几方面做好学科建设。

1. 扎扎实实做好学科基础研究

基础研究是一个学科发展的根基，林下经济是依据多学科融合建立起来的新学科、新研究领域，明确学科的研究范围与内容，对林下经济的发展具有重要学术意义。

2. 高度重视林下经济资源保护和培育利用

森林群落中蕴藏着极为丰富的自然资源，包括名目繁多的野生木本与草本植物、野生动物与微生物以及各种矿产资源。森林群落是绿色的宝库，源源不断地为人类提供木材、燃料、食物、药材以及其他工业原材料。森林景观亦成为人类回归自然的独特的旅游资源。这些宝贵的资源是发展新兴生物能源、生物制药、绿色食品等产业的基础，因此，要高度重视林下经济资源的保护和培育，特别是濒危、珍稀、特色资源的保护、培育和综合利用，注重应用技术研究。

3. 科学合理地指导林下经济的生产实践

对于不同地区的典型林下经济模式，从生态系统的结构、构成、功能以及效益等角度，科学严谨地做好归纳、总结，理论与实践相结合，更好更科学地指导林下经济发展。

4. 加强国际交流合作

虽然林下经济在我国有着悠久的发展历史，但是研究手段和方法的局限性导致我国的林下经济研究理论体系不完善。应该加强国际合作，吸取国外的一些研究经验，提升我们的研究方法，扩大研究范围，加强林下经济的理论体系建设。

5. 做好林下经济学科的人才培养

林下经济学科发展离不开人才队伍建设，加强培养相关研究方向的高素质人才，推动林下经济的发展，开创新的研究领域，完善林下经济学科的基础理论体系，更好地服务林下经济产业发展。

参考文献

[1] 李文华，赖世登. 中国农林复合经营［M］. 北京：科学出版社，2004.

[2] 陈幸良，段碧华，冯彩云. 华北平原林下经济［M］. 北京：中国农业科学技术出版社，2016.

[3] 翟明普. 关于林下经济若干问题的思考［J］. 林业产业，2011，38（3）：47-49，52.

[4] 张以山，曹建华. 林下经济概论［M］. 北京：中国农业科学技术出版社，2013.

[5] Vu TT，Nguyen TK，王来，等. 越南和平水电站库区不同农林复合模式的环境效益比较［J］. 农业工程学报，2015，31（1）：291-297.

[6] 曹玉昆，雷礼纲，张瑾瑾. 我国林下经济集约经营现状及建议［J］. 世界林业研究，2014，27（6）：60-64.

[7] Asare R，Afari-Sefa V，Osei-Owusu Y，et al. Cocoa agroforestry for increasing forest connectivity in a fragmented landscape in Ghana［J］. Agroforestry Systems，2014，88（6）：1143-1156.

[8] Atangana A，Khasa D，Chang S，et al. Tropical Agroforestry［M］. New York：Springer Dordrecht Heidelberg London，2014.

[9] Baran-Zgłobicka B，Zgłobicki W. Mosaic landscapes of SE Poland：should we preserve them［J］. Agroforestry Systems，2012，85（3）：351-365.

[10] Costa PMO，Motto CMS，Malosso E. Diversity of filamentous fungi in different systems of land use［J］. Agroforestry Systems，2012，85（1）：195-203.

[11] Jose S. Agroforestry for conserving and enhancing biodiversity［J］. Agroforestry Systems，2012，85（1），1-8.

[12] Leakey RRB，Weber JC，Page T，et al. Tree domestication in agroforestry：progress in the second decade［M］// Nair PKR，Garrity D（eds）Agroforestry：the future of global land use. Dordrecht：Springer，2012.

[13] Nair PKR. Carbon sequestration studies in agroforestry systems：a reality-check［J］. Agroforestry Systems，2012，86（2）：243-253.

[14] Pastur GM，Andrieu E，Iverson LR，et al. Agroforestry landscapes and global change：landscape ecology tools for management and conservation［J］. Agroforestry Systems，2012，85（3）：315-318.

[15] 集体林权制度改革监测项目组. 林下经济发展现状及问题研究——基于70个样本县的实地调研［J］. 林业经济，2014（2）：11-14，109.

[16] 姜钰，贺雪涛. 基于系统动力学的林下经济可持续发展战略仿真分析［J］. 中国软科学，2014（1）：105-114.

[17] 李文华. 生态农业——中国可持续农业的理论与实践［M］. 北京：化学工业出版社，2003：17.

[18] 李娅，陈波. 云南省林下经济典型案例研究［J］. 林业经济，2013（3）：67-71.

[19] 孟平，张劲松，樊巍. 中国复合农林业研究［M］. 北京：中国林业出版社，2003：40-41.

[20] 孟庆岩. 胶—茶—鸡农林复合模式综合效益评价［J］. 生态经济（学术版），2011（1）：150-155.

[21] 王意锟，方升佐，田野. 残落物添加对农林复合系统土壤有机碳矿化和土壤微生物量的影响［J］. 生态学报，2012，32：7239-7246.

[22] 林文树，周沫，吴金卓. 基于SWOT-AHP的黑龙江省林下经济发展战略分析［J］. 森林工程，2014（4）：172-177，181.

[23] 姜俊，王小平，南海龙，等. 基于多功能经营理念的我国森林疗养林经营对策研究［J］. 世界林业研究，2019（2）：97-101.

撰稿人：陈幸良　王　妍　曾祥谓　刘某承

森林防火

一、引言

（一）学科定义

森林防火学是研究森林火灾基本原理、林火预防和扑救以及营林用火技术与理论的科学。森林防火是一门高度复杂的综合性应用学科，涉及多个学科，包括自然科学和社会管理科学。高新技术的应用，如计算机技术、信息和遥感技术、现代新型灭火技术的进展也推动了森林防火学学科的发展。

森林防火是一种庞大的复杂系统，为了减少森林火灾的发生，必须对森林火灾发生、发展的规律和机制、森林火灾的预防预测和扑救控制能力等进行全方位的研究，这样才能将森林火灾的危害和损失降到最低限度。

（二）学科概述

20 世纪 60 年代，人类对林火的认识和实践，从单纯防火转向了林火管理。在林火生态研究的基础上，充分发挥低强度火烧的有益作用，减少高强度破坏性火灾的发生，从而降低了森林火灾的防治成本。近年来出现的综合林火管理概念，是将火生态、社会经济及技术问题放在一起综合考虑，在多个层次上把科学、社会与火管理技术结合，建立一整套涉及生物、环境、社会、经济及政治等各个方面的解决林火问题的一体化综合措施，以实现生态系统管理的可持续目标。随着科学界对气候变化的研究日益重视，火作为重要的干扰因子对全球碳循环有着重要的影响。全球气候变暖驱使部分地区的植被趋于旱生化，促进了大面积林火的发生。林火排放的温室气体又加剧了全球的气候变化过程。已经有大量相关研究对未来不同情景下的林火动态变化进行了预测。

随着科学技术的迅速发展，一些高科技和新技术也被应用到森林防火学科领域，为森林防火学科发展提供了基础和条件，下面主要从林火监测、林火预防、林火扑救及林火管理系统四个方面进行总结归纳。①林火监测。卫星遥感和航空红外遥感技术的发展，使林火探测水平不断提高，卫星遥感空间分辨率和时间分辨率的提高，降低了经济成本，提高了林火监测的精度。林火视频监控技术及无人机技术的应用，可以实现火灾的实时监测和自动报警。②林火预防。地理信息系统和图形处理技术的发展，使得林火行为预测模型的输入参数更加精确，实现对森林火险和火行为的预测结果二维或三维表达，比如，火蔓延动态模型（FlamMap）、火生长模型（FarSite）以及林火蔓延三维模拟仿真系统。③林火扑救。林火扑救技术与手段不断得到更新，如森林消防车、大型专用灭火飞机等扑火设备用于扑救森林火灾。新型环保的化学灭火剂正在用于阻隔林火化学灭火剂的发展，保护了环境，同时也提高了灭火效率。④林火管理系统。计算机技术的进步，使林火管理系统可以实现森林火险预报、林火行为预报、扑救指挥辅助决策、档案管理和扑火资源信息管理等功能，出现了大量与火管理相关的软件，如美国的初始攻击管理系统、火培训管理系统、火影响信息系统（FEIS）和火影响模型（FOFEM）等。

今后森林防火研究的重点主要集中在林火机理（尤其是火旋风、飞火、火爆等特殊火行为形成机理）、森林可燃物动态变化规律、火灾烟气扩散和传输、火灾预警系统、林火控制技术、火灾损失估价、红外探火等方面。

二、本学科最新研究进展

（一）发展历程

我国森林防火的科学研究工作开始于20世纪50年代。1955年，中国科学院林业土壤研究所成立林火预报研究室。王正非等人将苏联的“综合指标法”和日本的“实效湿度法”相继引入我国，并在此基础上创立了“双指标法”和“三指标法”。1962年，由郑焕能等编写的《森林防火学》是我国森林防火方面第一本教学参考书。1965年，成立林业部森林防火研究所，1969年，改为黑龙江省森林保护研究所，是我国唯一专门从事森林防火、灭火技术研究的机构。

20世纪70年代以前，森林防火属森林学的组成部分；1980年起，森林防火作为一门独立的课程进行讲授，作为林业院校的专业课、必修课，这标志着我国森林防火学科的诞生。1980年，东北林业大学首先创办森林防火专门化班，并开始招收以森林防火为研究方向的研究生，为我国森林防火学打下初步基础。

1989年，成立中国林学会森林防火专业委员会，每年召开学术年会，促进了森林防火的学术交流。1992年，森林防火学列入国家学科分类标准（GB/T 13745—1992），属于林学一级学科森林保护二级学科下的三级学科。

20世纪90年代以来，我国学者在森林火灾机理、森林火险预测预报、化学灭火剂、森林防火灭火机具与装备、红外线探火仪、计划烧除等方面进行了一系列的研究，取得了丰硕的成果，为我国减少森林火灾的发生、危害和损失作出了突出贡献。1987 年大兴安岭发生特大火灾后，我国成立了森林防火基金委员会，由国家计划委员会、林业局和黑龙江省共同拨专款，对大兴安岭的火灾进行了全面的研究，这些成果对我国各地森林防火工作具有良好的促进作用。

进入 21 世纪，我国森林防火将有一个飞跃，生物防火以及生物工程防火将得到迅速发展，我国森林防火将步入崭新的阶段。

（二）基础研究进展

1. 森林可燃物动态变化

对于森林可燃物的研究，我国目前侧重于可燃物的动态变化。研究发现森林特性直接影响着可燃物的理化性质，森林组成影响林下死地被物的数量和组成，郁闭度除影响可燃物的数量外，还影响其含水量。对樟子松、红松、落叶松等针叶林内可燃物发热量和林火强度进行测定后，划分了不同针叶林可燃物的危险性，提出影响可燃物数量和能量分布的主要因素是地形、年龄、林分、可燃物的含水量。

2. 林火阻隔系统

林火阻隔网络工程可阻止林火蔓延、预防控制森林大火发生，生物防火林带作为其主要组成部分正在被广泛推广应用。针对我国北方林区气候寒冷、树木生长缓慢、森林分布广、火灾频发且危害严重等实际情况首次提出了速效、立体、多功能改培型生物防火林带及其阻隔体系结构模式。在现有林地内进行规划设计，主要采用清林、抚育、间伐、除草等技术措施，清除林带内的枯立木、倒木、采伐剩余物和杂草、灌木、萌生枝条等易燃物，培育、补植耐火树种，从而形成生物防火林带，建成当年具有阻火功效的生物防火林带。

3. 林火通信

目前我国的地面通信基本成网，通过有线、无线、对讲机等方式，可以畅通无阻地互通信息，但地对空的通信尚薄弱，黑龙江省森林保护研究所和东北航空护林局共同研制成功机载通信台的装置，解决了长期以来地对空的通信问题，但还需要进一步完善。

4. 计划火烧技术

计划火烧又称计划烧除，主要用火来烧除采伐迹地的剩余物和林内积累的死地被物等，以降低森林的燃烧性，从而减少森林火灾的发生。黑龙江省森林保护研究所成功研制的飞机点燃装置在某些方面优于加拿大的飞机点烧装置，这种装置目前在东北林区点烧防火线中已应用，关于计划火烧尚需进一步研究与探讨才能广泛推广应用。

5. 林火管理

实行有效的林火管理技术是搞好森林防火工作的基础。全国各省（自治区、直辖市）都很重视此项工作，对本地区都开展了长期或短期的森林防火规划研究，并进行了质量管理，林业局规划设计院已研制全国火险等级规划，为全国搞好森林防火工作提供了先决条件。另外，全国著名旅游风景区和自然保护区，如安徽的黄山、陕西的黄帝陵、北京的西山和东北伊春五营的红松自然保护区等都进行了森林防火规划的研究，取得了很好的效果。

（三）应用研究进展

1. 林火阻隔技术

林火阻隔网络是减少林火损失的关键，也是防止林火蔓延扩展的最好途径。我国林火阻隔技术的研究主要围绕开设防火线、营造防火林带和耐火植物带以及林相改造这几个方面展开研究。

（1）开设防火线

火烧防火线是一项多快好省的措施，目前东北林区已广泛开展应用，这也是我国独创的经验。到目前为止我国已研究出不少点烧防火线的方法，如根据物候相，对火烧的间隔时间、秋烧还是春烧等进行了全面的研究，取得了较为行之有效且安全的点烧方法，另外还研制了火烧防火线的规程，在相关部门审批后实施。

（2）营造防火林带

长期以来我国的南北方林区都在开展针对防火林带的研究，主要涉及树种的选择、林带的结构、规格、配置、宽度、株行距、网格大小等。目前南方林区营造的防火林带主要以木荷防火林带为主，北方林区主要以落叶防火林带为主。研究中分析了南北林区各树种的抗火性，从树叶的理化性质、组成成分、各成分含量、燃点、热值等方面进行了测定和排序，并对营造的防火林带进行点烧试验，取得较好效果。

（3）营造耐火植物带

我国在这方面的研究刚起步，在云南省和黑龙江省曾做过试验研究，在林农交错的地带栽植含水率高的蔬菜等，既能防火又能解决林区蔬菜问题，具有广阔发展前景和一定的经济效益。为了使防火林带长时间发挥作用，也可将一些耐阴抗火性强的植物配置在防火林带内，使防火林带发挥更好的阻火作用。

（4）林相改造

近几年来，在东北大兴安岭林区的天然落叶松林内进行了林相改造的试验研究，将林内易燃的杂乱物和次要的、耐火性差的树种去掉，逐渐改造成以落叶松为主、阻火性较强的林相，这样可以大大增强森林的抗火性，起到阻火作用。

2. 林火监测

林火监测的准确性和时效性是减少森林火灾发生的关键，也是贯彻我国“打早、打小、打了”扑火原则的前提。以遥感（RS）、地理信息系统（GIS）和全球定位系统（GPS）为代表的高新技术，在森林防火工作中得到了广泛应用，在森林火灾预测预报、火灾监测、火灾预防和火灾扑救中取得了显著成效。国际海事卫星通信，由国际直拨线路和可搬移的野外陆用站组成，可迅速携带赶赴火场，进行电话、传真和图文传输。这些高新技术的开发应用是现代森林防火科技的重要标志之一。

到目前为止，我国对林火的监测进行了全方位的研究，进展较快的有瞭望台监测、飞机巡护监测和卫星监测。

（1）瞭望台监测

目前，我国部分林区都安装有瞭望塔视频监控和烟气火灾探测仪，可以实现对林区的实时监测和自动化报警，在瞭望台上就可确定火场位置、方位和距离，并自动显示数字。目前我国各林区研制、修建的瞭望台结构多种多样，有木质结构、砖石结构和钢铁结构等，大兴安岭还成功研制了钢铁结构的升降式瞭望台。与国外发达国家相比，我国的瞭望台监测的高新科技应用率、自动化和网络化程度还不高，有待发展。

（2）飞机巡护监测

20 世纪 70—80 年代，黑龙江省森林保护研究所曾研制机载双光谱红外扫描相机，能获得高质量的森林火灾红外图像。

近年来，西南航空护林中心应用卫星林火监测资料与航空护林结合，利用卫星林火监测信息合理安排飞行，通过航空飞机侦察核实卫星林火热点，利用卫星林火监测对飞机和地面发现的火情进行核对和跟踪监测，从而提高了航空效益。

（3）卫星监测

卫星探火有很多优点，如探测火情及时，探测面积大，及时监视火场发展的动态变化和准确确定火场的位置、面积等。一般卫星探测到热点就能报出经纬度。目前国家林业和草原局防火办公室已经在北京建立卫星林火监测站，在昆明和乌鲁木齐也分别建立了接收站。广东、福建等省也成功开发了卫星探测火情的技术，收到很好效果。

全国已形成基本覆盖全部国土 3 个卫星监测中心（北京、广州和乌鲁木齐市）、30 个省（自治区、直辖市）和重点市防火办公室及森林警察总队、航空护林中心（总站）的 157 个远程终端的全国卫星林火监测信息网，各远程终端可直接调用监测图像等林火信息。

3. 火灾扑救装备

扑救森林火灾方面的研究内容较多，我国从各种扑火机具的研制、地空喷洒阻火药剂的研制、人工催化降雨灭火等各个方面都进行了广泛而深入的研究。

（1）各种扑火机具的研制

①背负式灭火水枪：这是黑龙江省森林保护研究所首先研制的背负小囊，可盛水 10 多公斤，有效射程在 10 余米，靠人力推动喷水。目前型号很多，喷水口径不一，功能也不同，有推力喷水的、有往复都能喷水的、有可连续喷水或点射的，目前全国各地均在应用。这种背负式的水枪在某种程度上优于国外（加拿大、苏联等）产品。②灭火水泵：从 80 年代开始，有的林区已引进和试用国外的灭火水泵。我国也开始研制不同型号的灭火

水泵，以移动扑灭高强度的火。目前很多厂家如泰州林机厂等都已研制成功适合林区扑救大火的灭火水泵，全国各林区都在陆续推广应用。③喷射式灭火器：北京林业大学研制成功 6MY-2·6 型灭火器，既能喷水又能喷灭火药剂。随后很多单位也相继研制成功 SM-B 型化学灭火器（储压式灭火器）和 SM-B 型自压式灭火器。④点火器：黑龙江省森林保护研究所为主研制的点火器类型很多，如 PH-1 型滴油式点火器、76 型自调压手提式点火器、BD 型点火器、17 型点火器和 SDH-4 型点火器等，在生产实践中很受欢迎，目前东北林区已广泛应用。这些是国外尚无的产品。

（2）森林消防车的研制

我国由于林区道路网较差，对森林消防车的研制起步较晚。目前在我国东北林区应用的森林消防车，部分车型是在 T50 拖拉机、531 苏式坦克车、在芬兰全道路运兵车等的基础上改造研制的，在森林中可以来去自由。另外，北京林业大学研制成功 CGL25-5 型森林消防车，在某些林区已进行试用。北京林业大学、国家林业和草原局林业机械研究所等单位还在研制新型多功能的森林消防车，在不久的将来都能投入生产，为我国地面扑救大火创造有利条件。

（3）灭火弹和索状炸药的研制

目前全国各林区应用的灭火弹类型较多，如灭火手雷、干粉灭火弹、液体灭火弹等，四川省还曾研制飞弹。另外，黑龙江省森林保护研究所还研制成功索状炸药，用于开设阻隔带。

（4）化学灭火剂的研制

我国从 20 世纪 70 年代开始研制化学灭火剂，主要用于航空喷洒灭火。如东北林业大学研制的 75 型森林灭火剂、黑龙江省森林保护研究所研制的 704 化学灭火剂以及卤化物灭火剂等。东北林业大学研制的 75 型森林灭火剂曾获得国家科技成果奖二等奖。上述这些化学灭火剂在东北林区和西南林区都曾进行试用、效果较好，目前东北林业大学又研制成功高效化学灭火剂，为航空喷洒扑灭大火火灾提供了条件。

（5）航空灭火设备的研制

近几年来我国对航空灭火的设备进行多方面的研制，如空降扑火人员的装置、飞机悬挂吊囊或吊桶、扩音器的装置和飞机点烧防火线和阻隔带装置等，都取得了很好效果，有些已投入应用或试用。另外成功研制了直升飞机喷洒化学灭火剂的装置，为飞机灭火开辟了新的途径。

（6）清理火场机具和仪器的研制

火灾被扑灭后复燃的现象常有发生，因此清理火场是扑救森林火灾成败的重要部分。黑龙江省森林保护研究所研制成功 TCY-2 型手持灭火探测仪、大兴安岭地区林业研究所成功研制清理余火机，为快速清理火场和缩短扑火人员监视火场创造了条件。

在以上研究的基础上，我国森林防火也取得了一些成果，在森林火灾预警技术研究方面，“县级森林火灾扑救应急指挥系统研发与应用”获梁希林业科学技术奖一等奖；“森林火灾发生、蔓延和扑救危险性预警技术研究与应用”获梁希林业科学技术奖二等奖。在森林火灾防控技术研究方面，“防火林带阻火机理和营造技术研究”获梁希林业科学技术奖二等奖；“改培型防火林带阻隔系统应用技术及生态效应”获2018梁希林业科学技术奖二等奖；“森林火灾致灾机理与综合防控技术”获梁希林业科学技术奖二等奖。

（四）人才队伍和平台建设

人才队伍方面，享受国务院政府特殊津贴1人、国家杰出青年基金获得者1人。平台方面，国家级和省部级森林防火重点实验室：火灾科学国家重点实验室1个、森林防火国家林业和草原局重点实验室1个。国家级和省部级森林防火工程中心：国家林业和草原局森林防火研究中心1个、国家林业和草原局森林防火工程技术研究中心1个。森林防火创新联盟：森林防火及装备国家创新联盟1个、森林草原火灾防控技术国家创新联盟1个。

三、本学科国内外研究进展比较

（一）国际研究前沿与热点

1. 林火控制技术

火源、火环境和可燃物组成了燃烧环境。森林防火首先要控制火源，目前各国采取的措施主要是：在游憩地采用生物防火技术，如营造防火林带和适当的森林计划火烧技术，可以有效防止人为火源引发火灾。同时，加强对天然火源的监测，及时控制森林火灾。其次是通过生物技术改善火环境，利用混交林或防火林带降低森林火险。人们对林火行为进行了深入的研究，针对不同的可燃物类型建立了火烧模型，采取营林措施或计划火烧来控制森林可燃物的量，把森林火险降低到最低程度。

2. 基于卫星遥感的林火监测技术

美国、加拿大等国家先后开展了利用卫星探测和研究森林火灾。波兰将遥感和地理信息系统技术相结合监测森林火灾，并和比利时根特大学合作建立森林档案图、土地利用图、地形图等，把这些信息和由航空、卫星图像和地形数字高程（DTM）模型所得到的各层信息加到林火数据库（FFD）后，将得到包含林分管理、附加信息、特性矫正和环境变化监测的结果。基于空间信息（包括森林植被图和遥感数据）和其他数据库信息，森林防火系统将得到进一步的发展。

3. 林火扑救技术

人工促进降雨已取得成功，飞机广泛用于巡护、探测、空降、机降灭火、空中喷洒灭火等。计算机技术在这一方面得到广泛应用，主要用于建立火灾管理系统、扑灭火灾系统等。实行林火管理模型化。化学灭火剂将向高效、低价方向发展，而灭火机具将向越野性强、多用途、综合性方向发展。

4. 火烧迹地恢复

森林火灾会在一定程度上消耗森林资源，影响到立木、植被、森林的动物、土壤和微生物的活动，靠近居民区的森林火灾还会影响到当地居民的生命和财产安全。对于森林火灾的损失评估包括木材损失、扑火费用和火烧对生态系统的影响。

低强度的森林火灾有类似计划火烧的作用，在一定程度上促进了森林天然更新，增加生物多样性。火灾也对生态系统产生不利影响，甚至破坏生态平衡，导致森林群落的退化。对于火灾的评估，要从经济损失和生态影响各方面考虑，客观评价森林火灾的后果。

5. 林火探测新技术应用

在林火探测方面，美国、加拿大等国家普遍采用了遥感技术，如在瞭望台、飞机或卫星上安装传感器，进行定点探测和定期探测。引进电视系统，直接在飞机上传出图像；扩大红外显示功能，尤其对高强度的大火直接计算出火的蔓延速度、火线强度、火线长及形状、火场面积及周边长，把这些数据传送到地面以便于制订扑火方案；红外探测将增加有目的的飞行，同自动闪电探测系统和遥感自动天气系统经由通信卫星发射的天气特征（包括雷击区、接地闪电位置等）采取联合作战或出动装有手控式红外前视设备，同时搭乘机降灭火人员，补充机载红外探测，低空寻找小范围的地面火点或对火头采取迎面灭火行动，对初起的雷击火以及大火将起到很大作用。

（二）国内外研究进展比较

1. 林火基础研究比较薄弱

与国外相比，我国森林防火研究起步较晚，基础研究比较薄弱，比如关于可燃物类型划分，我国目前还未有一个统一的可燃物类型划分体系和标准。我国目前也没有形成一个统一系统的火险预测预报系统，仅有的国家统一的火险天气预测预报，精度较低，无法满足现实需求。关于一些重大火灾的形成和蔓延机理，目前还不清楚，因此，我国今后要重视和加强森林防火的基础性理论研究。

2. 对特大森林火灾研究滞后

我国时有特大森林火灾发生，我们对特大森林火灾的发生机制还没有完全搞清楚。林火属于木质纤维化学反应，它的基础理论包括燃烧理论、长链式连锁反应、能量平衡、化学动力等。林火机理涉及的学科种类很多，理论较深，探测技术复杂。以燃烧理论为例，从热化学、化学热力学、反应动力学、链式反应动力学、传热传质到反应流体力学就研究了 2—3 个世纪。应加强大火的理论和扑救技术的研究。

3. 森林防火的机构和研究人员不足

在美国和加拿大，设有专门的森林防火专业培训机构和专业课程。与国外相比，我国从事森林防火研究的机构较少，研究人员力量单薄，急需进一步加强。

四、本学科发展趋势及展望

（一）战略需求

1. 保护森林资源的需要

我国森林火灾形势严重，每年有大量的森林资源受到火灾的破坏。1989—2011 年均发生森林火灾 7415 次，其中森林火警、一般火灾、重大火灾和特大火灾分别为 4197 次、3198 次、18 次和 3 次，年均过火面积 260580 公顷，其中受害森林面积 85674 公顷。由于我国连年的荒山造林，同时加强了对天然林保护，森林面积增加，易燃林分比例加大，加之气候变暖使主要林区火险期延长，火险等级提高。特别是 2001 年以来，我国东北林区火险期明显延长，夏季火增加。森林防火学科的发展将跟踪国际热点和我国实际需求，研究新技术，培养专业人才，提高我国控制森林火灾的有效性，保护我国有限的森林资源。

2. 不断提高林火管理水平的需要

目前，我国对森林火险和火行为的预报水平较低，森林防火主要手段是加强火源管理和监测，争取做到早发现、早扑救。我国南方防火林带建设取得了一定的成绩，但由于我国森林防火和森林经营脱节，我国可燃物管理水平还比较落后，加之几十年的针叶林的大面积营造，使森林火灾的形势严峻，每年都有森林大火发生。一个国家林火管理水平的提高，表现在林火预报、火灾监测、林火阻隔、林火扑救等重要环节的完善、有效和协调，这就需要森林防火学科的发展、森林防火科技水平的不断提高。

3. 不断提高扑火安全水平，减少人员伤亡的需要

我国对林火的扑救以地面力量扑救为主，扑火人员的伤亡事故时有发生。1997—2006 年我国年均因森林火灾伤亡 158 人。发生伤亡事故的主要原因是林区地形复杂、火行为多变、扑火人员的安全防护技能较差。森林火灾现场的当地农民没有受过相关的扑救林火培训，对火行为不了解，盲目扑救林火容易导致安全事故的发生。另一原因是我国缺乏扑救高强度火的手段，空中扑火力量不足，常常要求扑火队员扑救较高强度的火灾，容易造成扑火人员的伤亡事故。

（二）发展趋势与重点方向

1. 森林火险与火行为预报模型

根据我国可燃物特性与分布特点，建立可燃物分类体系与动态模型；结合气候类型与天气因素建立森林火险预报模型；根据可燃物类型、地形和天气条件，建立主要可燃物类型的火增长模型，比较准确地预测林火蔓延方向、速度、火强度等火行为指标。森林火险和火行为预报必须建立在大量的室内外试验和实际火场观测的基础上，及时、准确的林火行为预报可为森林火灾扑救决策提供重要参考。

2. 森林可燃物管理

森林可燃物管理是森林火灾预防工作的重要内容。可燃物管理必须与森林经营措施相结合，可燃物控制目标是降低可燃物的空间连续性。根据现有森林状况，掌握未来动态变化趋势，建立可燃物分类图，是可燃物管理的基础工作，也是森林防火各环节的基础工作。积极开展林火生态学研究，探索科学的森林经营措施，通过建立科学的营林规程，科学管理森林，在保证森林健康的同时，降低森林火险等级。计划烧除是清理地表可燃物和预防森林大火的主要手段之一，在研究计划火烧技术及其对环境的影响的前提下，探索在不同森林生态系统中用火的可能性和用火技术。研究利用机械清理、营林技术等处理可燃物技术，建立适合我国国情的可燃物综合管理技术。

3. 森林火灾评估

森林火灾评估是对火灾损失的评估，也是对林火生态效益的评价。林火具有两重性，既对森林生态系统造成损失，也会产生一定的效益。森林火灾评估的目的，就是如何对林火进行干预和调节，降低损失，增大效益。科学地评价林火是森林防火工作的重要环节，是科学扑火决策及林火管理工作评价的重要基础。通过开展林火生态学的专题研究，结合环境生态价值的计算方法，建立科学规范的、标准通用的、具有可操作性的林火评价体系。

4. 林火与气候变化

全球气候变化将引起植被动态和森林火灾状况的加剧。林火排放的温室气体又促进了气候变化，植被和林火动态变化对气候变化有正反馈作用。重点研究领域有：针对全球气候变化，对未来的林火动态变化进行预测；在不同尺度上估计不同区域或全球森林火灾情况，评估林火对气候变化的影响；采用卫星遥感数据，在大尺度上研究气候变化对林火的影响，把林火模型与气候模式和全球植被动力学模型耦合，构建更为复杂的林火排放模型，深入揭示林火与气候变化的关系；预测气候变化情境下中国主要林区林火动态变化，评估中国森林火灾排放的温室气体对我国控制温室气体排放目标和森林碳沉降能力的影响，为制定合理的长期林火管理战略提供科学依据。

5. 扑火安全

扑火安全水平的提高是我国林火管理水平提高的标志。重点研究领域有：研究林火行为变化对扑火队员安全的影响，发展安全扑救森林火灾的技术与方法；研究特殊火行为环境下的扑火队员应急反应、逃生和解围技术。

6. 林火生态

火是大多数森林生态系统中重要的生态因子和干扰因子，研究火在森林生态系统中的作用，对森林的经营和管理具有重要的指导意义。重点研究领域有：火在不同森林生态系统中的作用和火干扰规律；火对重要生物种群的影响；火后森林生态系统恢复技术；森林生态系统对火的抗性与适应；森林对火的抵御能力等。

（三）发展对策与建议

1. 加强森林防火人才队伍建设

采取培养和引进相结合、重点培养提高的方式，加强学术梯队建设。依托重大科研项目及国际学术交流与合作项目，积极推进创新团队建设。瞄准国际森林防火学的发展趋势和学科前沿，结合我国实际与优势条件，在先进科学技术手段的支撑下，重视资源、平台、信息的整合、挖掘和提高；加强学科的综合研究，逐步形成一支一流水平的中国森林防火科学研究队伍。

2. 加强基地和平台建设

加强森林防火国家及省部级重点实验室等平台建设；加强森林防火长期野外观测和试验基地的建设；加强和推进林区气象观测站和可燃物的观测设施的布局和建设。

3. 提高研究经费的投入

我国是森林火灾多发国家，2001—2015 年，我国共发生各类森林火灾 11.62 万起，受害森林面积达 142.95 万公顷，累计经济损失达 23.25 亿元。而我国每年森林防火的研究经费只有几百万元，研究经费投入与国家对森林防火的重视不相符。为减少森林火灾损失，国家应该加大对森林防火的科研和科技投入。

参考文献

[1] Tian XR，Zhao FJ，Shu LF，et al．Changes in Forest Fire Danger for Southwestern China in the 21st Century［J］．International Journal of Wildland Fire，2014，23：185-195.

[2] Tian XR，Zhao FJ，Shu LF，et al．Distribution characteristics and the influence factors of forest fires in China［J］．Forest Ecology and Management，2013，310：460-467.

[3] Varela E，Giergiczny M，Riera P，et al．Social Preferences for Fuel Break Management Programs in Spain：A Choice Modelling Application to Prevention of Forest Fires［J］．International Journal of Wildland Fire，2013，23（2）：281-289.

[4] Wang YH，Anderson KR．An Evaluation of Spatial and temporal patterns of lightning and human-caused forest fires in Alberta，Canada［J］．International Journal of Wildland Fire，2010，19（8）：1059-1072.

[5] Wotton BM，Nock CA，Flannigan M D．Forest Fire Occurrence and Climate Change in Canada［J］．International Journal of Wildland Fire，2010，19（3）：253-271.

[6] Marlon JR，Bartlein PJ，Gavin DG，et al．Long-term perspective on wildfires in the western USA［J］．Proceedings of the National Academy of Sciences of the United States of America，2012，109（9）：535-543.

[7] Filippi JB，Mallet V，Nader B．Representation and Evaluation of Wildfire Propagation Simulations［J］．International Journal of Wildland Fire，2013，23（10）：46-57.

[8] Flannigan MD，Cantin AS，et al．Global wildland fire season severity in the 21st century［J］．Forest Ecology and Management，2013，294：54-61.

[9] Wotton BM，Nock CA，Flannigan MD．Forest Fire Occurrence and Climate Change in Canada［J］．International

Journal of Wildland Fire，2010，19（3）：253–271.

［10］Rochna R．High Expansion Foam as a Firebreak［J］．Wildfire，1999，8（3）：27–30.

［11］Daskalakou EN，Thanos CA．Aleppo pine（*Pinus halepensis*）post fire regeneration：the role of canopy and soil seed banks［J］．International Journal of Wildland Fire，1996，6（2）：59–66.

［12］Richards GD．The properties of elliptical wildfire growth for time dependent fuel and meteorological conditions［J］．Combustion Science and Technology，1994（95）：357–387.

［13］贺红士，常禹，胡远菊，等．森林可燃物及其管理的研究进展与展望［J］．植物生态学报，2010，34（6）：741–752.

［14］胡海清．林火生态与管理［M］．北京：中国林业出版社，2005.

［15］舒立福，田晓瑞，李红．世界森林火灾状况综述［J］．世界林业研究，1998，11（6）：41–48.

［16］舒立福．森林火灾的预防与控制技术［J］．国外科技动态，2000（6）：21–25.

［17］田晓瑞，舒立福，赵凤君，等．中国主要生态地理区的林火动态特征分析［J］．林业科学，2015，51（9）：71–77.

［18］赵凤君，舒立福，田晓瑞，等．气候变化与林火研究综述［J］．森林防火，2005（4）：19–21.

［19］赵凤君，舒立福．林火气象与预测预警［M］．北京：林业出版社．2014.

［20］郑焕能．林火生态［M］．哈尔滨：东北林业大学出版社，1992.

撰稿人：舒立福　刘晓东　田晓瑞　赵凤君　王明玉　陈　锋

森林公园与森林旅游

一、引言

（一）学科定义

“森林公园与森林旅游”目前尚不是教育部官方认定的学科，“森林游憩与公园管理”与“森林资源保护与游憩”分别是与之相关的二级学科与本科专业。森林公园与森林旅游是当前博硕士研究的热点，主要研究方向包括森林游憩与生态旅游、户外游憩与公园管理、生态伦理与森林文化。森林公园与森林旅游具有多学科渗透性的特点，相关的研究涉及地理学、林学、风景园林学、建筑学、应用经济学、农业经济管理和生物学。森林旅游相关的研究还涉及法学、社会学。

（1）森林游憩与公园管理学科

2008 年，中南林业科技大学旅游学院经国务院学位办批准在林学一级学科下自主设立了我国首个“森林游憩与公园管理”二级学科。2009 年开始面向国内外招收博硕士研究生。“森林游憩与公园管理”二级学科的设立为拓宽生态旅游的人才培养渠道建构了良好的学科平台。

（2）森林资源保护与游憩学科

森林资源保护与游憩专业是 1998 年在大学本科设置的新专业。1998 年，教育部调整《高等学校本科专业目录》，将森林旅游专业与野生植物资源开发与利用专业（部分）合并，设立了森林资源保护与游憩（以下简称森林游憩）专业。该专业是在森林资源保护的前提下，为了满足旅游业对生态旅游人才的需求设立的。东北林业大学、西南林业大学（原西南林学院）、浙江林学院、北京农学院等 9 所高校于 1999 年招收了第一批本科生。此后，北京林业大学、沈阳农业大学、华南农业大学、福建农林大学等 18 所高校陆续开设了该专业［注：部分只在该专业保护方向招生，森林旅游方向已彻底变为旅游管理专业招生，例如：东北林业大学野生动物资源学院已不再招收该专业学生，只招收旅游管理（生态旅游方向）专业的学生，森林资源保护与游憩专业设在林学院招生］。森林资源保护与游憩是涉及旅游、林业等交叉学科的新兴专业，其人才培养的目的是满足生态旅游人才需求增加以及森林资源可持续发展的需要，培养具备生态学、地理学、旅游管理学、森林游憩资源开发利用与保护等方面的知识，能在林业、旅游、城建等部门从事森林资源保护、森林旅游开发、森林公园及森林游憩资源规划设计的高级科学技术人才。

（二）学科概述

森林公园与森林旅游学科兴起于 1982 年张家界国家森林公园的建立。经历了四个发展阶段：形成阶段（1982—1990 年）、成长阶段（2001—2010 年）、快速发展阶段（2001—2010 年）和理论创新发展阶段（2011 年至今）。近年来，森林公园与森林旅游学科发展较快。理论研究方面，在旅游效率、解说系统、森林康养等方面开展了较多的研究，对推动全国森林公园与森林旅游行业进步起到理论支撑作用。实践研究方面，城郊森林公园成为森林公园发展的新方向，森林旅游业的发展与对外影响力不断扩大，森林公园和森林旅游新产品业态发展的行业标准不断完善。

森林公园与森林旅游学科的发展与国家发展战略紧密相连。党的十八大以来，我国学科建设工作全面贯彻党的教育方针，深入学习贯彻习近平总书记系列重要讲话精神，以“五位一体”总体布局和“四个全面”战略布局为指导，各学科领域高层次人才培养水平大幅提升，服务国家经济发展和现代化建设能力显著增强。全国已建成了国家林业与草原局森林公园工程技术研究中心、国家林业与草原局森林旅游研究中心 2 个部级科技创新平台。中南林业科技大学、福建农林大学、南京林业大学、西南林业大学、浙江农林大学、四川农业大学等高校都设立了森林公园与森林旅游人才培养专业或学科方向，每年为国家培养大量的森林公园与森林旅游行业人才。在生态文明建设与自然保护地体系改革背景下，如何理顺森林公园在自然保护地体系的定位、理顺森林公园管理体制？在乡村振兴战略下，如何升级森林公园与森林旅游的产业模式与产品设计？如何实现森林人家、森林小镇建设、森林步道的可持续发展？都是未来的重点发展方向。

二、本学科最新研究进展

（一）发展历程

1. 形成阶段（1982—1990 年）

十一届三中全会以后，伴随着我国旅游业的恢复和兴起，自发到林区旅游的人逐渐增多，我国林区丰富的森林风景资源的旅游开发价值及发展前景初步得到认识。1980 年 8 月，原林业部发出《关于风景名胜地区国营林场保护山林和开展旅游事业的通知》，开始组建森林公园和开展森林旅游工作。1981 年原林业部召开森林旅游试点座谈会，选定北京松山、云蒙山林场，广东流溪河、南昆山、大岭山林场，山东泰山林场，湖南张家界、南岳林场等作为首批试点。1982 年 9 月 25 日，在万众期盼中，原国家计委发出《关于同意建立大庸张家界国家森林公园的复函》，宣告中国第一个国家森林公园在湖南张家界诞生。张家界国家森林公园的建立，开创了在国有林场基础上建设森林公园的先河，结束了中国没有森林公园的历史，吹响了中国森林旅游发展的第一声号角，成为国家级森林公园和中国现代旅游发展史上的一座里程碑，从此森林旅游正式纳入旅游建设和林业综合开发的正常轨道。之后，林业部又采取部省联建的方式先后建立了浙江天童山、千岛湖，陕西楼观台、安徽黄山、琅琊山以及福州国家森林公园等，截至 1990 年年底，全国的国家森林公园增加到 16 处 。该阶段国家又批准建立长白山、扎龙和雾灵山等 53 个国家级自然保护区。长白山自然保护区、鼎湖山自然保护区和武夷山自然保护区等有条件的自然保护区也专门设置旅游小区发展森林旅游事业，1985 年 7 月，林业部所公布实施的《森林和野生动物类型自然保护区管理办法》还专门指出:“有条件的自然保护区，经林业部或省、自治区、直辖市林业主管部门批准，可以在指定的范围内开展旅游活动”。由此在全国掀起了森林旅游发展的热潮。为了更好满足森林旅游发展的需求，教育界和学术界开始对森林公园开展科学研究，但仍处于起步阶段。该阶段森林旅游研究速度缓慢，研究文献少，主要集中在森林公园效益评价、风景质量评价和公园规划等方面，研究对象主要是湖南张家界国家森林公园和浙江天童山国家森林公园。如，中南林学院吴楚材教授等人承担的“张家界国家森林公园风景资源开发及效益研究”科研项目，经过对张家界国家森林公园 7 年（1984—1990 年）的跟踪调查研究，出版了《张家界国家森林公园研究》论文集，这是中国以森林旅游为特定研究对象的第一本出版物。此外，林业院校也开始了森林旅游专门人才的培养，基本满足了中国森林旅游初期发展的需要。

2. 成长阶段（1991—2000 年）

这个阶段的宏观环境对森林旅游业发展十分有利。一是 1992 年邓小平同志南巡讲话后，党中央和国务院出台了《关于加快发展第三产业的决定》，明确提出旅游业是第三产业中的重点产业。二是随着林业“两危”（资源危机和经济危机）现象的日趋严重，林区长期以来单一木材生产的产业结构急需得到调整。三是 1995 年开始实施的每周 40 小时工作双休制，以及 1999 年开始实行的“黄金周”制度，使中国公民每年享受的法定休息日达到 114 天，大幅增加了居民的闲暇时间，为公民旅游消费在时间上充分提供了方便。四是 1998 年 12 月中央经济工作会议做出“将旅游业作为国民经济新的增长点”的战略决策。学术界和教育界越来越关注森林旅游，森林旅游研究逐渐成为社会经济研究的热点，并取得一批重要的森林旅游研究成果。兰思仁提出“森林景观价值是最重要的森林价值”的理念，拓宽了对森林价值的认识，当时普遍认为森林价值仅包括木材价值、生态价值和生物多样性价值，为森林旅游发展提供了一定的理论依据。1992 年，原林业部在大连召开森林公园建设暨森林旅游工作会议，并下发《关于加快森林公园建设的决定》的通知，要求凡是森林环境优美、生物资源丰富、自然景观和人文景观比较集中的国营林场都应当建立森林公园，发展森林旅游。1993年，在北京召开了第一届东亚地区国家公园与保护区会议，森林旅游是其中重要议题；同年，中国林学会森林公园与森林旅游分会成立并召开了第一届年会，研讨森林公园建设和森林生态旅游业的发展问题。1992 年，原林业部批准成立中南林学院（现中南林业科技大学）森林旅游研究中心，该研究中心为推动中国森林旅游和森林公园发展做出了许多开创性的贡献。1993 年，国家教委和林业部批准设置了森林旅游专业，并在原中南林学院成立了森林旅游系，招收了第一届森林旅游专业本科生，随后北京林业大学、福建农林大学等多所林业院校也相继设置了森林旅游专业或开设了相关课程，为中国森林旅游业的发展培养了大批后备专业人才。1998 年，中国工程院马建章院士主编的《森林旅游学》教材出版，这是中国第一本比较系统、全面阐述森林旅游基础理论与实践相结合的书籍。这些研究成果对中国森林旅游业发展起到积极的指导作用。

3. 快速发展阶段（2001—2010 年）

2001—2010 年是中国森林公园和森林旅游发展的黄金十年，具有良好的外部宏观环境条件。从 2001 年 11 月全国森林公园工作会议在四川瓦屋山召开至 2010 年。这个阶段的特点是全社会对森林旅游的重视达到前所未有的高度，各种投入不断增加，森林公园数量快速增长；森林旅游市场逐渐成熟，森林旅游协同发展体系基本形成，森林旅游业成为所在地区经济发展和农民增收的重要途径。

随着森林旅游实践在中国的蓬勃发展，国内有关森林旅游的理论研究日益增多，研究的数量逐年增加，研究的内容也逐步扩展和深化，为中国森林旅游发展提供重要的理论支持和科学指导。2004 年 11 月，兰思仁结合多年管理实践经验和理论研究，出版了《国家森林公园理论与实践》，首次系统地总结了国家森林公园的基础理论与方法体系，为国家森林公园建设和森林旅游发展提供了重要的科学指导、理论支持与经验借鉴。2009 年，中南林业科技大学森林旅游中心完成了对生态旅游的系统研究，提出了生态旅游的定义、目标、10 项本底条件和生态旅游区的 7 种类型和 18 条纲要，是生态旅游发展的技术指导。2009 年 12 月，但新球和吴后建合著《湿地公园建设的理论与实践》，初步总结了中国湿地公园建设和规划设计的理论体系，对现阶段中国湿地公园的科学规划和建设具有指导和借鉴意义。

4. 理论创新发展阶段（2011 年至今）

2011 年以后，中国森林公园和森林旅游发展进入全面提升阶段。这一阶段的特点是，中国森林公园和森林旅游事业已由单一部门（林业部门）管理逐步走向多部门管理，由局部（区域）热点成为全社会共同关注焦点。同时，随着国家改革开放的力度不断加大，社会经济的发展，中国森林公园和森林旅游事业也进入不断加强改革、提质升级的历史阶段。

这个时期，森林公园与森林旅游学科建设有了质的提升：从人才培养方面，中南林业科技大学、福建农林大学、北京林业大学、南京林业大学、西南大学、浙江农林大学等高校都开展了森林公园和森林旅游人才的培养工作；从科技创新方面，2013—2014年，国家林业局依托福建农林大学组建了“森林公园工程技术研究中心”，依托中南林业科技大学组建了“森林旅游工程技术研究中心”，这两个森林旅游和森林公园领域的部级科研平台的成立，为推动森林公园和森林旅游科技创新，实现森林旅游业的健康持续发展，促进森林公园的提质升级发挥了重要作用。在平台的引领下，学者们对森林公园和森林旅游业的相关研究也日益加深，研究呈现如下特点：在方法上综合了旅游学、经济学、管理学、地理学、规划学等相关理论和方法；在内容上重点集中在森林公园概念、分类性质及其与自然保护区、风景名胜区、国家公园的关系等基本理论问题，森林公园旅游资源评价、开发、规划与生态环境保护，森林公园经营管理问题的研究以及森林公园旅游者行为等方面。这阶段的研究成果颇多，代表性的成果有：2013年福建农林大学董建文教授出版的《中南亚热带风景游憩林构建理论与技术》；2014年开始陆续出版的由中国林学会森林公园分会、福建农林大学等单位联合主编的《中国森林公园与森林旅游研究进展》系列丛书；2015年出版的《吴楚材文选》《国家公园体制比较研究》《森林旅游低碳化研究》等著作；2016年9月，国家林业局森林公园管理办公室与福建农林大学联合编撰的《城郊森林公园理论与实践》，以及国家林业局森林公园管理办公室与北京诺兰特生态设计研究院编著的《国家森林步道》等。

（二）基础研究进展

森林旅游研究往往是以森林公园为主体，早期的学术研究热点集中于产业发展与旅游资源开发、生态旅游可持续发展与环境容量控制。近十年，旅游效率、解说系统、森林康养等成为主要研究热点。

1. 旅游效率

在宏观经济领域，效率是指资源配置使社会所有成员得到总剩余最大化的性质，能有效表征资源利用能力及效果。随着旅游产业地位的不断提高，效率问题逐渐成为我国旅游研究的热点之一。国内关于旅游效率的研究主要通过数据包络分析（Data Envelopment Analysis，DEA）、随机前沿函数（Stochastic Frontier Analysis，SFA）、曼奎斯特指数（Malmquist Productivity Index，MPI）等方法，对酒店、旅行社、旅游上市企业、旅游目的地、整体旅游业等方面的效率进行测度。近几年森林公园旅游效率评价以及影响机制探究是研究重点，对旅游效率的研究可以为有效提高我国森林公园旅游资源的优化配置和运行效率提供理论支撑。陆琳等选取全国国家森林公园较为集中的17个省份作为研究单元，运用DEA的CCR模型对其旅游运营效率进行了评估；黄秀娟等借助DEA方法对中国31个省区的森林公园技术效率、纯技术效率和规模效率等进行了分析；修新田等研究运用DEA模型分析法对全国305家国家级森林公园2014年的发展效率及其影响因素进行分析；方琰等采用DEA方法，通过对2003—2012年中国森林公园及31个省、自治区及直辖市的技术效率、规模效率、全要素生产率进行实证研究，从整体到局部的空间特征上评价我国森林公园的旅游发展效率；丁振民等探讨资本投入对森林公园旅游效率的影响。研究成果揭示了森林公园旅游效率的地区差异和特征，地区人口密度、城镇化比率、旅游资源水平、森林公园密度、交通发展水平对森林公园的效率起着正向的影响作用，而资金投入密度对森林公园的效率起着显著的负向影响。

2. 旅游解说

在生态文明建设背景下，以森林公园为载体的解说系统规划成为研究热点，如何建构和提升旅游解说系统是研究的关键问题。赵明基于 SMRM 模式的环境解说系统规划，从信息的发送者、信息传递技术、信息接收者三个要素入手，对森林公园环境解说系统进行深入研究，提出应从游客的偏好考虑，使用多样化的解说手段来满足游客的不同需求。杨根财等探讨了森林公园旅游解说与生态文明的关系，基于旅游规划，构建了旅游解说系统，并提出解说系统构建的目标。张莉欣等通过配合解说内容营造景观叙事场景，并针对主题设计口头解说，再探讨整合式的环境教育教模式对受测者其对于解说内容记忆效果的影响，结果显示在解说内容与叙事景观场景有效的对应下，可显著提高受测者的学习效果，满足游客对植物知识的需求。王屏等选取加拿大班夫国家公园（Banff National Park）和张家界国家森林公园为问卷调研地，运用 SPSS、Excel 等统计分析技术对森林公园旅游解说系统文本表述进行研究。

3. 森林康养

“森林康养”一词从“森林浴”发展而来。19 世纪 40 年代，德国创立了世界上第一个森林浴基地，形成了最初的“森林康养”概念。国内有关森林康养的科学研究处于起步阶段，主要集中在森林环境对森林疗养效果的影响，如光照、温度、相对湿度、辐射热、风速、声压、植物精气、空气负离子对森林康养功效的影响。关于医学实证研究的国内报道较少，主要是浙江省老年医学研究所开展的一系列关于森林浴的人体实证研究。研究表明，森林浴能在一定程度上改善老年人的高血压症状，对老年慢性阻塞性肺疾病（COPD）患者的健康有良好的促进作用。王茜等结合竹林中的挥发物进行了动物测试试验，研究表明，毛竹林森林浴能使小白鼠精神状态得到改善，身体质量、探索、记忆以及认知能力均有所提高。此外，李博和聂欣进行了疗养期间森林浴对飞行员睡眠质量影响的调查分析，结果表明，森林浴对飞行员睡眠质量提高效果确切，优于常规疗养。

（三）应用研究进展

1. 城郊森林公园成为森林公园发展的新方向

近年来，随着我国城镇化建设的不断推进，城郊森林公园得到快速发展，已成为我国森林公园发展的新方向。城郊森林公园是指地处城镇或城镇周边，以森林景观为主体，生态环境良好，休憩健身设施完善，开展公众游览、休憩、健身、科普、文化等活动的户外特定区域。为加快城郊森林公园的建设与发展，国家林业局于2016年1月21日印发《全国城郊森林公园发展规划（2016—2025年）》，提出建立完善的城郊森林公园发展格局的目标，使城郊森林公园成为林业服务新型城镇化建设的主要抓手、生态修复治理的重点内容、城市森林建设的重要载体、城乡一体化生态系统修复的重要组成部分。2016年9月，国家林业局森林公园管理办公室与福建农林大学联合编撰的《城郊森林公园理论与实践》，对城郊森林公园运用的基础理论知识进行了梳理和提炼，对各地在城郊森林公园建设发展中的实践经验、具体做法、发展模式进行了研究和总结。2017年6月9日，国家林业局印发了《关于加快推进城郊森林公园发展的指导意见》，北京、广东、浙江、湖南、成都、重庆等省市大力推进城郊森林公园建设，据2018年年初的初步统计，全国城郊森林公园数量超过1200处，免费享受森林公园绿色生态产品的城镇居民超过3亿人次，实现了森林惠民、绿色惠民。

2. 森林旅游业的发展与对外影响力不断扩大

2016年9月18日，国家林业局成立森林旅游工作领导小组，进一步加强对森林旅游工作的组织领导，大力推进森林旅游发展。同年国务院印发《"十三五"旅游业发展规划》明确，国家林业局牵头森林旅游工作，主要任务是要拓展森林旅游发展空间，要以森林公园、湿地公园、沙漠公园、国有林场等为重点，完善森林旅游产品和设施，推出一批具备森林游憩、疗养、教育等功能的森林体验基地和森林养生基地。鼓励发展"森林人家""森林小镇"，助推精准扶贫。加强森林旅游公益宣传，鼓励举办具有特色的森林旅游宣传推介活动。

森林公园和森林旅游业的对外影响力也不断扩大，2017年9月，国家林业局、上海市政府在上海共同举办2017中国森林旅游节。2017年10月，第四届亚太经合组织（APEC）林业部长级会议首次将森林旅游作为重要议题之一。2017年9月，国家林业局森林旅游管理办公室、中国绿色时报社共同举办2017全国森林旅游产品推介会，向社会隆重推介一批重点森林旅游地、特色森林旅游线路和国家森林步道，启动了中国森林旅游美景推广计划等。2017年10月，国家旅游局、国务院扶贫办、国家林业局联合开展旅游精准扶贫示范项目建设工作；在北京举办全国旅游扶贫培训班，就申报项目召开了专家评审会。森林旅游依托天然的地缘优势和强劲的带动功能，成为助推精准扶贫、精准脱贫的重要力量。

3. 森林公园和森林旅游新产品业态发展的行业标准不断完善

森林公园和森林旅游新产品业态发展的行业标准不断完善，为森林公园和森林旅游业提质发展奠定基础。2017年，国家林业局发布《国家森林步道建设规范》林业行业标准，公布了第一批5条国家森林步道名单，分别是秦岭国家森林步道、太行山国家森林步道、大兴安岭国家森林步道、罗霄山国家森林步道、武夷山国家森林步道。之后陆续发布的《森林体验基地质量评定》《森林养生基地质量评定》等林业行业标准与《全国森林体验基地和全国森林养生基地试点建设工作指导意见》促进了森林体验与森林养生的规范性发展。国内森林康养基地建设尚处于起步阶段。2016年5月6日，国家林业局正式印发《林业发展"十三五"规划》，提出要大力推进森林体验和康养，发展集旅游、医疗、康养、教育、文化、扶贫于一体的林业综合服务业，强调重点发展森林旅游休闲康养产业，并公布了率先开展全国森林体验基地和全国森林养生基地试点建设的单位名单，共18个基地，覆盖13个省（自治区、直辖市）。近年，我国一些省市地区如北京、甘肃、黑龙江、福建和湖南等就森林康养相关建设进行了有益的探索，先后建立了北京八达岭森林体验中心、甘肃秦州森林体验教育中心等，湖南省提出到2025年要建百个森林康养基地。

（四）人才队伍和平台建设

中南林业科技大学、福建农林大学、北京林业大学、南京林业大学、西南林业大学、浙江农林大学、四川农业大学等高校都举办了森林公园与森林旅游人才培养专业或学科方向，每年为国家培养了大量的森林公园与森林旅游行业人才。目前，全国已建成了国家林业与草原局森林公园工程技术研究中心、国家林业与草原局森林旅游研究中心2个部级科技创新平台。其中，国家林业局森林公园工程技术研究中心于2014年12月获得国家林业局正式批准建设，依托于福建农林大学园林学院。国家林业局森林旅游工程技术研究中心的前身是由原国家林业部批准成立的中南林学院森林旅游研究中心，是原国家林业部批准成立的中国第一个森林旅游专门研究机构，中心于1982年开始筹建，1992年由林业部正式批准成立，2014年经国家林业局批准成立森林旅游工程技术研究中心，是目前我国森林旅游领域唯一的部级科研平台。

三、本学科国内外研究进展比较

（一）国际研究前沿与热点

筛选近五年来（2014—2018年）Web of Science核心集合、CNKI收录的相关核心论文，运用可视化软件CitespaceV分别以关键词"forest park""forest tourism"以及"森林公园""森林旅游"对数据库进行计量分析，分析我国森林公园与森林旅游研究热点与前沿。森林公园研究方面，国外近五年关于森林公园的研究主要是对森林公园的基地调查：森林公园生物多样性、森林公园与气候变化的关系、自然灾害对于森林公园影响、人类活动对森林公园影响。森林公园生物多样性保护是森林公园重要的职责之一，森林栖息地的丧失和破碎化威胁着全球的野生动物和生态系统，特别是在核心保护区以外的其他可进行活动的区域中，研究者们大多对这些区域中人类活动，如森林砍伐、斑块破碎等如何影响不同动物栖息地群落的分布和组成进行了研究。气候变化是全球共同面临的问题，其对森林公园生态系统的影响深远。气候变化对森林公园影响的研究也是其中热点之一，森林能表现出应对气候变化的策略，但森林变化的速度可能比环境条件的实际变化慢。针对气候敏感性的物种特有模式的研究成为重点。自然灾害对森林公园的影响研究方面，国外为应对森林干旱、森林大火和飓风等自然灾害做了一系列相关研究。主要研究了灾前管理对树木成活的重要作用以及灾后恢复森林生态系统的有效措施。人类活动对森林保护的影响：道路和其他大型基础设施项目的建设及其带来的次级影响，道路扩张可能导致不受控制的人口流动、森林砍伐、木材和其他自然资源的非法开采，以及资源开采者和在地社区之间的社会冲突加剧。森林旅游研究方面，国外一般是以森林公园为目的地，研究样地有很多研究热点与森林公园有重叠。其中森林旅游支付意愿研究是研究的热点，即研究游客对于森林旅游支付的估价或愿付出的代价。

（二）国内研究热点及趋势

（1）关于森林公园定位研究

随着国家公园试点的建立，处理与我国现有自然保护地制度的关系是实施该项战略必须应对的重要问题。建立以国家公园为主体的自然保护地体系，是弥补我国自然保护短板的重要行动，是推动我国生态文明建设的重大举措。我国众多学者分别从维护国家生态安全、建设生态文明和美丽中国的战略高度统筹谋划，从功能定位、空间布局、体系建设等不同角度系统研究。以自然生态系统原真性、完整性保护为基础，以实现国家所有、全民共享、世代传承为目标，探讨了以国家公园为主体的自然保护地分类及森林公园在未来国家公园体制下的定位。

（2）关于森林公园与森林旅游产品开发研究

森林公园与森林旅游体验产品的打造是当下森林公园与森林旅游的研究热点，如：森林康养、自然教育、森林人家等。①森林康养：森林中洁净的空气、较高的负离子含量、舒适的森林小气候、益身的植物精气等丰富的保健效益因子对人体具有调养、减压等康体健身作用，是人们游憩、休闲、保健、疗养的优良场所。将优质的森林资源与现代医学和传统医学有机结合，开展森林养生、疗养、康复和休闲等一系列有益人类身心健康的活动是森林康养的核心内涵。目前，我国对森林康养仍处于探索阶段，主要围绕森林康养产业发展、基地建设、森林康养项目等问题展开研究。②自然教育：自然教育是通过引导建立人与自然相互连接的重要手段，森林公园拥有丰富的生态资源和文化资源，基础设施完善，为自然教育提供了适宜的场所。2019 年 4 月，国家林业和草原局印发林科发〔2019〕34 号《关于充分发挥各类自然保护地社会功能　大力开展自然教育工作的通知》，提出要大力提高对自然教育工作的认识、建立面向公众开放的自然教育区域、做好自然教育统筹规划、提升自然教育服务能力、加强自然保护地基础建设、打造富有特色的自然教育品牌等要求。目前，我国森林公园自然教育的研究尚处于初级阶段，主要针对自然教育的国内外实践研究，探索发展的模式，尚未形成完整的研究体系。

四、本学科发展趋势及展望

（一）战略需求

1. 生态文明和美丽中国

2012 年，党的十八大首次提出大力推进生态文明建设，努力建设美丽中国的方针策略。将生态文明建设提升至与经济、文化、社会、政治建设相同的地位，融入国家的发展规划，成为基本国策。2015 年《加快推进生态文明建设的意见》出台，2018 年 5 月，在全国生态环境保护大会提出两个阶段性目标："到 2035 年，美丽中国目标基本实现；到 21 世纪中叶，建成美丽中国"，以构建生态文化、生态经济、生态文明制度、生态安全、目标责任健全的生态文明体系，保障生态建设更有效的实施。习近平总书记曾指出"良好的生态环境是最公平的公共产品，是最普惠的民生福祉"。生态文明建设与每个人息息相关，美丽中国是生态建设的最终目标。

2. 乡村振兴和扶贫攻坚战略

党的十九大首次将"乡村振兴战略"列为全面建设小康社会的七大战略之一。2018 年中央一号文件《中共中央国务院关于实施乡村振兴战略的意见》全面部署了乡村振兴工作，《乡村振兴战略规划（2018—2022 年）》提出了农业现代化、产业融合升级、空间优化、精准脱贫等工作重点摆脱贫困是乡村振兴的前提，提高脱贫质量应放在首位。《生态扶贫工作方案》指出要充分发挥生态保护在精准扶贫、精准脱贫中的作用，在乡村建设中践行"绿水青山就是金山银山"、保护自然融合的发展理念。鼓励贫困地区民众通过参与生态工程、生态产业、生态保护获得劳动收入或补偿，实现生态文明建设、乡村振兴和脱贫的多方共赢。

3. 森林公园与森林旅游转型升级（全域旅游）

改革开放以来，我国从旅游极度贫乏的国家快速跃居为旅游大国。民众逐渐开始追求高品质、多样化的旅游。2013 年国家旅游局编制《旅游质量发展纲要（2013—2020 年）》督促旅游业的质量提升，创建旅游品牌，其中要重点培育和打造具有竞争力的森林旅游示范区。2016年《"十三五"旅游业发展规划》指出，"拓展森林旅游发展空间，以森林公园、湿地公园、沙漠公园、国有林场等为重点，完善森林旅游产品和设施，推出一批具备森林游憩、疗养、教育等功能的森林体验基地和森林养生基地。"2018 年，国务院办公厅印发《关于促进全域旅游发展的指导意见》，为森林旅游带来新的契机，促进整合跨区域的森林和林业资源，将林业、农业、文化、体育、科技与旅游深度融合，统筹发展，提高品质与竞争力。与此同时，全域旅游视角的森林旅游也成为林业现代化发展的重要方向。

（二）发展趋势与重点方向

1. 森林资源与生态产业发展

党的十九大报告强调要自觉贯彻绿色发展理念，形成绿色的发展方式和生活方式。以生态环境友好和资源永续利用为导向，将森林作为发展的“绿色银行”，将生态资源优势转化为发展优势。2017 年中央一号文件指出，“推进农业、林业与旅游、教育、文化、康养等产业深度融合”，2019 年中央一号文件更强调了森林与健康养生、养老服务产业间的重要关系。

作为森林生态产业发展的基础，我们需要摸清森林资源，未来要开展森林生态产业资源的普查工作，统筹森林资源，发挥其生态、自然、经济效益。依托森林资源，发展林下经济与森林旅游。循环养殖、林下产品采集，加工延长产业链，增加产品附加值；合理利用和开发森林景观，形成以森林公园、自然保护区、国家公园、湿地公园为主体，各类动植物园和国有林场为辅助的森林旅游体系。对于背靠国有林场和国有林区老旧场区的森林特色小镇建设，要保持小镇发展的宜居性、原真性和独特性，在保护生态环境与历史文化底蕴同时，融入生态旅游和森林康养，形成一二三产业协同发展的森林生态产业。森林公园与森林旅游学科需要成为在生产、生态、生活三方面与生态产业发展联系的纽带。

2. 森林公园与美丽乡村建设

美丽乡村建设是十三五规划的重要内容，是美丽中国建设的重要组成部分。从让农村成为美丽家园（2015 年）、绿色发展的乡村振兴（2018 年）到补齐乡村人居环境和公共服务短板（2019 年），中央一号文件对美丽乡村建设要求逐步提升。《乡村振兴战略规划（2018—2022 年）》指出，生态是乡村最大的发展优势，统筹山水林田湖草系统治理。2019 年 2 月，中共中央办公厅、国务院办公厅、住建部相继印发了《农村人居环境整治三年行动方案》《美好环境与幸福生活共同缔造活动指导意见》，加快城乡人居环境的推进步伐。

森林与人类聚落之间关系复杂，互为斑块—基质，期间进行着复杂的能量流动和物质交换。随着城市化的进一步加深，城市功能部分向农村转移以及农村城镇化，生态空间被生活空间、生产空间挤压，趋于破碎和消失，生态环境和聚落传统格局受到威胁。以生态环境保护为基础的森林公园建设，能有效控制人类群落对森林的侵蚀，增加森林斑块间的连通性，提高生态系统的稳定性。如何利用森林公园的生态服务功能，优化农村生产生活空间布局，构建乡村生态空间；利用森林公园的游憩功能改善乡村基础设施，提升乡村生活品质；利用森林公园营建乡村人居林系统，保持乡村聚落及文化特征。这是需要我们着重关注的问题。

3. 森林公园与自然教育

2016 年，国家林业和草原局设立 25 个国家森林公园为自然教育的示范基地，开始探索自然教育工作。2017 年 11 月，中国林学会自然教育分会成立，2019 年，中国林学会自然教育工作会议在杭州召开，依托中国林学会成立自然教育委员会，即自然教育总校。总校将通过开展活动、推介经验、设计课程、制订标准、选取基地、招募人才等各项工作，全面推动自然教育事业更好更快发展。

在森林公园中展开自然教育，不仅是获得关于动物、植物、地理知识，更好地了解人与自然关系的途径，更是关乎提升公民生态意识、树立可持续发展观的重要工作。中国自然教育工作开展较晚，尽管发展势头迅猛，但存在着地域发展不均衡、人才不充足、课程单一、市场拓展不够等问题。注重保护地、社会机构与学校、社区、家庭教育的合作，明确自然教育的重要性，为自然教育提供制度上的保障。有效利用自然资源，统筹规划，建立面向不同年龄段、不同需求访客的涵盖内容丰富、形式多样的自然教育内容体系。动植物学、生态学、地质学等专家学者为解说系统提供支持，编制全方位的优质解说材料，使用科技手段，提供自导式与向导式结合的解说体系。同时，高等教育应开设相应的课程，同步培养自然教育及解说相关专业的人才。这些值得我们投入更多精力。

4. 森林康养

2016 年林业局发布《大力推进森林体验和森林养生发展的通知》，积极从德国、日本、韩国引入森林疗养的成功经验与先进理念，推动国内康养产业的高质量发展。2017 年国家林业局森林旅游管理办公室发布《全国森林体验基地和全国森林养生基地试点建设工作指导意见》，推广试点工作的成效，鼓励突破现有模式，创新发展，打造完备的森林体验和森林养生产品。2019 年《关于促进森林康养产业发展的意见》提出，到 2022 年建设国家森林康养基地 300 处，向社会提供多层次、多种类、高质量的森林康养服务。

在森林康养的实践中，森林康养是森林旅游新的业态，森林养生基地和体验基地是未来几年内建设的重点。如何把握康养过程的科学性和有效性，如何发挥地方生态、文化优势、突出地方特色，如何发掘多样的体验与养身产品，是基地建设所面临的重要问题。通过森林养生基地试点、森林旅游示范市县的实践，规范行业，发挥示范和引领作用。在森林康养的进一步探究中，我们还需更深入了解森林改善生理和心理状态的机制，何种程度的景观环境能收获最大效益，为实践提供强有力的理论支持。

5. 森林旅游与森林步道

森林步道依托于森林资源，穿越或连接不同的森林景观带、自然风景区、保护区和历史文化区等，为人们提供以徒步为旅行方式的休闲生态廊道。我国森林步道建设远晚于欧美国家，直到《国家森林步道建设规范 2017》颁布，森林步道建设才有据可循。秦岭、太行山、大兴安岭、罗霄山、武夷山为首批发布的国家森林步道，是未来“国家步道”的基础路线和组成部分。

加大森林步道的宣传力度，让更多的人了解国家步道在国家形象、生态建设、文脉传承等方面起到的作用，提升对步道建设的重要性与紧迫性认知，减少步道建设在地方推行的阻力。对全国自然、文化资源统筹，合理布局森林步道，使公民能够公平使用，享受步道资源。在森林步道建设具体的实践中亦存在着诸多挑战：如何维持荒野氛围，平衡人为干扰和自然保护的关系；如何利用既有道路与遗存古道，串联构成具有突出地域景观特色的线路；如何控制线路长度和流量以满足不同人群对长距离徒步、露营、接触自然的新的旅行需求；如何通过节点选择连接城市、郊区和森林构成完整步道系统等，以上内容都亟待后续的研究与实践。

（三）发展对策与建议

在国家自然资源部统筹协调下，相关部门及各地方政府协同配合，科学规划实施各项工程。明确项目的组织和实施主体，避免多头管理的弊端，明确负责部门以及有关部门与各级政府之间的协同配合机制，减少部门之间在森林公园与森林旅游建设过程中的矛盾和不协调现象。

对森林公园和森林旅游地、康养基地的开发都应以森林保护和生态修复为原则，要严格遵守法律法规与土地利用的规划。在此前提下，鼓励保护地与学校、社会机构、企业、居民等团体和个人合作，吸纳社会资金，促进投资主体多元化。同时政府应加强旅游地的基础设计建设，对符合政策的森林产业纳入生态保护补偿、林业产业投资基金、林业贷款贴息的范畴。

目前缺少森林旅游相关的法律、行业标准，以及实施监管的机构，存在旅游产品单一、同质化现象严重、体验感不佳、达不到疗愈效果等问题。森林康养基地和体验基地的认证标准、森林康养与自然教育的行业标准、从业人员的资格认证都亟待建立。

森林旅游在中国发展时间较短，缺少专业人才和交流平台。高校、职业教育应将森林康养、自然教育等纳入相关学科的日常课程体系中，辅以专业人才培训，鼓励当地人员学习森林知识和管理方法，培养能够分担康养业务、自然教育、旅游向导、民宿业务、运营业务的专业从业者。森林公园和康养基地应加强与高校、科研机构、科技公司合作，打造“互联网 + 森林旅游”智慧平台，实现森林旅游数据共享。同时加强与德国、美国、日本、韩国等较早开发森林旅游的国家的交流，建立国际合作实践平台，借鉴和引进国际先进的发展模式、经营理念、设施设备、优秀人才等。

参考文献

[1] Easter T，Bouley P，Carter N. Opportunities for biodiversity conservation outside of Gorongosa National Park，Mozambique：A multispecies approach [J]. Biological conservation. 2019，232：217–227.
[2] Martnez CE，Longares LA，Serrono N，et al. Spatial patterns of climate–growth relationships across species distribution as a forest management tool in Moncayo Natural Park (Spain) [J]. European Journal of Forest Research. 2019，138 (2)：299–312.

[3] Gallice GR; Larrea-Gallegos G; Vzquez-Rowe I. The threat of road expansion in the Peruvian Amazon [J]. Oryx. 2019, 53 (2): 284-292.
[4] 余振国. 中国自然保护地体系构成研究 [J/OL]. 中国国土资源经济: 1-10 [2019-04-28]. https: //doi.org/10.19676/j.cnki.1672-6995.0000253

撰稿人：兰思仁　董建文　修新田　廖凌云　王敏华　池梦薇

自然保护区

一、引言

（一）学科定义

自然保护区学是专门研究自然保护区的体系构建、规划设计、保护管理和可持续利用等方面理论与技术的一门科学。自然保护区学隶属于林学一级学科下的二级学科，主要研究自然保护的生物学与生态学基本原理、保护区网络体系构建、保护区工程设计、自然保护区经营管理、自然资源保护与利用、保护经济与政策、自然保护信息理论与技术、国家公园建设与管理等。

为有效保护生物多样性，世界各国科学家采用了多种方法和途径，例如种质资源保存、发展人工林、生态恢复、建立自然保护区等。在众多保护途径中，自然保护区在生物多样性资源保护、研究和可持续利用示范方面发挥着极为重要的作用。自然保护区是指保护典型的自然生态系统、珍稀濒危野生动植物种的天然集中分布区、有特殊意义的自然遗迹的区域。建立自然保护区是生物多样性保护的根本途径，在我国生物多样性保护与国家生态安全等方面发挥了核心作用。自然保护区对于生物多样性的保护至关重要，它几乎是所有国家和国际社会实施保护策略的基础。

（二）学科概述

全世界 100 多年的自然保护区建设实践证明，建立自然保护区不仅是保护生物多样性的最佳手段，还是建设生态环境、维护区域生态安全的有效措施。我国自 1956 年在广东鼎湖山建立第一个自然保护区以来，已经建立了大量的自然保护区。截至 2017 年年底，全国共建立自然保护区 2740 个，总面积 147 万平方公里，约占陆地国土面积的 14.83%，高于世界平均水平。全国有超过 90% 的陆地自然生态系统类型，约 89% 的国家重点保护野生动植物种类，以及大多数重要自然遗迹在自然保护区内得到保护。自然保护区的建设还使国家重点保护的300余种珍稀濒危野生动物、130多种珍贵树木的主要栖息地、分布地得到了较好保护，对遏制生态恶化、维护生态平衡、优化生态环境以及保护生物多样性发挥了极为重要的作用。

随着自然保护区的建设和发展，自然保护区学科也得到长足的发展。1992年，由马建章院士主编的《自然保护区学》出版后，“自然保护区学”才在我国逐渐形成，逐步从野生动植物保护与利用、植物学、动物学等学科中独立出来。2002年12月，“自然保护区学科”得到国务院学位办的批准，自然保护区学正式成为一门独立的学科、成为博士学位授权学科。从此，自然保护区学在我国正式成为一门新兴的交叉学科。

我国自然保护区学科发展时间短，急需发展完善的理论体系和方法学。针对我国在自然保护区体系建立、管理技术、资金投入和法制建设等方面存在的问题，学科应优先开展如下行动：构建中国特色的保护区学科理论体系，发展基于生物多样性和生态系统服务的自然保护区系统保护规划，加强濒危物种和生态系统保护技术，发展基于物联网的自然保护区监测技术，综合吸收社会科学、经济科学等多学科成果服务于中国自然保护区的建设和管理，为生态文明建设服务。

二、本学科最新研究进展

（一）发展历程

自1956年第一个自然保护区建立之日起，经过60多年的发展，我国逐渐形成了独特的自然保护区管理体制。自然保护区为改善中国生态环境，提高社会生活质量作出了积极的贡献。但是我国的自然保护区管理体制的形成并不是一成不变的，其间经历了以下几个过程，主要分为：1956—1977年，曲折发展的自然保护区建立初期；1978—1993年，初具规模的自然保护区体系形成；1995—2016年，快速发展与多头治理的自然保护区建设时期；2016年以来，以国家公园为主体，以自然保护区为基础的自然保护体系时代。

自然保护区学在中国起步较晚，我国关于自然保护区的科学研究始于1980年以后。早期，只有李文华、马建章、金鉴明、赵献英和宋朝枢等少数科技工作者关注和研究自然保护区的有关问题。1987年，宋朝枢先生撰文《自然保护区学研究中的几个基本问题》，首次提出“自然保护区学”的概念，认为自然保护区学是将自然科学与社会科学当作一个整体来研究的新兴科学。1991年，自然保护区学的概念被《自然保护概念》引用和丰富，提出了自然保护区学的定义为“研究关于在保护自然，优化自然，不断满足人类社会发展需要过程中发生的各种自然保护问题，揭示存在于这些问题之中的客观运动规律及其机理的科学”，同时，给出了自然保护区学的内容纲要，提出了自然保护区学的科学原则和研究方法论。1992年，马建章院士主编的《自然保护区学》出版，认为自然保护区学是一门新兴的边缘学科，它是研究自然保护区性质、职能、规划设计、管理及物种恢复、保护的理论和实践的应用科学，标志着“自然保护区学”的雏形在我国开始形成。

自然保护区学科率先在中国林业科学研究院、东北林业大学和北京林业大学等高校和科研院所设立。自然保护区学科最早是1987年原林业部在中国首次批准设立的“自然保护区资源管理”专科专业，从1991年开始，东北林业大学等高校在野生动物保护与利用学科中招收自然保护区管理方向的硕士研究生，1995年招收自然保护区学方向的博士研究生，1998年，东北林业大学在全国率先招收本科生。2000年，北京林业大学成立自然保护区研究中心，2001年，国家林业局自然保护区研究中心在北京林业大学揭牌成立，2004年，北京林业大学成立自然保护区学院。

（二）基础研究进展

1. 以国家公园为主体的中国特色自然保护地体系理论

针对当前我国自然保护地存在的分类不科学、范围不合理以及保护存在空缺、交叉重叠、破碎化等问题，需要根据我国的国情和区域特征，理顺现有各类保护地之间的关系，做好分类，明确各类保护地的功能定位、保护对象、目标、等级和方式，特别是很多理论、机制、规划、保护和管理技术等迫切需要突破、整合。在习近平生态文明思想的指引下，研究提出了建立以国家公园为主体、自然保护区为基础和自然公园为补充的自然保护地体系理论。自然保护地体系将有利于推动山水林田湖草生命共同体的完整保护，为实现经济社会可持续发展奠定生态根基。

2. 自然保护区系统保护研究

随着单个保护区的发展，更多关注到保护区系统的建立。在理论方面，提出了空缺分析、热点地区分析、系统保护规划和生物多样性保护优先地区和关键区域。

（1）生物多样性热点地区分析

热点地区分析就是探讨怎样以最小的代价、最大限度地保护区域的生物多样性。20世纪80年代，Myers首次提出“生物多样性热点地区”的概念，提出了优先关注的25个热点地区，认为用于自然保护的经费重点应放在25个“生物多样性热点地区”上，可以降低全球物种灭绝率，是一个“银子弹”策略。一些地区特别关注其特有物种的问题，因为这些特有物种正在遭受栖息地被严重破坏的威胁。科学家们通过分析各地区维管植物和四大类脊椎动物（鸟类、哺乳类、爬行类和两栖类）的物种特殊性，最终确定出全球的“生物多样性热点地区”。可以说这些地区是物种比较丰富或者比较特有的地区，中国在这25个热点地区里占了2个，一个是横断山脉，另一个是中国的热带地区，包括海南和西双版纳、云南和广东广西最南部，也就是说中国的生物多样性是非常丰富的。我国科学家通过分析维管植物和动物分布特点，识别出了多个生物多样性热点地区。

（2）生物多样性保护空缺分析

生物多样性保护空缺分析是综合考虑区域植被、重要濒危物种适宜生境的分布、土地所有权和保护区等方面的空间信息，利用地理信息系统进行空间分析，找出不同植被类型、单个重要物种分布或物种富集区与保护区之间的间隙。该方法能快速评估一个地区的生物多样性组成、分布与保护状态概况，找出在生物多样性保护区网中植被型和濒危物种没有被保护的空白地区，通过土地利用规划或新建保护区来填补这些空白。在保护实践中力求达到既保护濒危物种，又保育一个地区的生物多样性的双重目标，从而保证有代表性的植被类型、重要物种、生物多样性高的生态系统都得到保护。

（3）生态区保护规划分析

生态区保护规划就是通过设计重点保护区域系统，采取保护行动来保证一个生态区内物种和生态群落的长期生存。生物多样性保护程序由四个相互联系的部分组成：生态区保护规划——选择和设计重点保护区域系统，以保护生态区内的物种、群落及生态系统的多样性；在生态区中，利用“5S”方法（系统、压迫、来源、对策和成功）确定重点保护区域的优先保护顺序，制定相应的保护对策，以及实施相应的保护行动；在重点保护区域内，采取相应的对策来消除威胁因素，从而达到保护生物多样性的目的；利用生物多样性的健康程度、受威胁程度、威胁减轻测度来评估生物多样性保护对策和保护行动的有效性。

（4）系统保护规划研究

系统保护规划是根据生物多样性属性特征，确定保护目标，利用多学科技术对一个地区生物多样性进行优先保护和保护区规划设计。这是侧重于保护区选址和设计的一种综合的保护规划途径。系统保护的目的是保护整个地区生物多样性特征，其中包括物种、生态系统和景观。系统保护规划最重要的是要选择出规划区域内具有指示作用的物种和生态系统。通常选择区域内具有代表性的珍稀濒危物种和具有重要生态功能且脆弱的生态系统作为指标，因为这些物种和生态系统是整个自然生态系统的重要组成部分，具有其他所不可替代的服务功能，也是生态系统健康的重要指标。

（5）自然保护区生态系统服务研究

自然保护区具有重要的生态系统服务价值和生态调节功能，对维持生态系统格局、功能和过程具有特殊意义。大量研究表明，自然保护区在保护生物多样性的同时，也维护着自然生态系统服务和经济社会服务，便于实现其生态辐射效应。研究者构建了自然保护区生态系统服务评估新体系。利用野外试验数据、遥感和地理信息系统（RS/GIS）技术，评估了自然保护区的生态系统服务，分析了自然保护区域效应。

（三）应用研究进展

1. 生物廊道设计技术

目前，我国已经初步形成了布局比较合理、类型齐全的自然保护区网络，但“生态孤岛”式的自然保护区建设模式无法避免区域的生境破碎化的影响，而生境的破碎化逐渐阻断了生物种群之间的有效交流。生物廊道逐渐成为自然保护区体系的重要建设内容。在生物廊道的理论、构建方法和应用实践等方面开展了大量的研究探索。欧美发达国家的学者在生物廊道规划设计方面十分活跃，并提出了许多不同的设计方法和区域生境廊道建设方案，这些研究普遍采用最新的地理信息系统技术和数学模型对地理空间数据进行量化分析。同时，按照目标物种的生物学、生态学和行为学特性以及栖息地特征等因素，通过野外调查和模拟实验等科学方法，确定生物廊道的位置和各项参数。生物廊道作为适用于区域间物质流、能量流和生物流的通道，将保护区之间、保护区与其他自然生境彼此相连，能够把被人类社会隔离的“生态孤岛”连接成自然保护网络，实现生物多样性保护的目标。

2. 生物多样性保护价值评估技术

针对如何评价自然保护区的生物多样性保护价值，人们最早提出了基于样方的物种多样性指数来评估群落生物多样性程度，一定程度上反映了其保护价值，但这些指数在较大尺度的研究中却难以应用。自然保护区内野生动植物及其生境在典型性、稀有性和濒危性等方面体现的保护价值受到越来越多的关注。有关研究提出了相应的定量评价指标和模型等，并对其进行了应用验证。通过对已有自然保护区保护价值和保护优先性的评价指标和评估方法的对比，研究者提出了从自然保护区的生态系统、物种多样性和遗传种质资源三方面量化评估自然保护区生物多样性保护价值的数学模型和方法。该方法选择了典型性、稀有性和自然性 3 项指标来量化评价植被斑块的保护重要值，依据自然保护区植被分布数据和完整性，评估自然保护区生态系统保护价值；选择濒危性、稀有性和保护等级 3 项指标量化评估野生动植物的保护重要值，再依据自然保护区物种名录、评估自然保护区物种多样性保护价值；选择分类独特性、近缘程度和濒危性 3 项指标量化评价野生动植物遗传种质资源的保护重要值，再依据自然保护区物种名录，评估自然保护区遗传种质资源保护价值。建立的统一定量评估模型使评估结果具有更好的重复性和可参考性，能够更加客观的反映生物多样性保护价值，具有较强的可比性。

3. 自然保护区适宜规模确定和功能区划技术

目前，还没有办法能够定量地、客观地衡量一个陆地自然保护区范围适宜性的方法，普遍认为自然保护区面积越大越好。面积越大的自然保护区能更好地保护物种及其生境，大型草食动物保护区面积一般需大于 100km^2 才能有效保护其种群，大型肉食动物对生存领域需求更大，但同时考虑局域种群所需的生境面积、种群生存力和桌布斑块的隔离程度等，能更好地解决自然保护区面积大小问题。研究认为，自然保护区面积大小的确定主要基于对主要保护对象种群的分析，如种群生存力分析和物种分布模型等。种群生存力分析的主要软件 GAPPS、INMAT 和 RMETA 等具有较高的准确性，广泛应用于濒危物种的管理。物种分布模型是基于生态位概念，通过物种分布与其对应环境变量之间的相关性，评估目标物种潜在分布区的方法。

合理的功能区划是实现自然保护区可持续发展的关键。目前，我国自然保护区功能区的划分主要参考了世界生物圈保护区的“三区模式”，即核心区、缓冲区和实验区，并对不同功能区实行针对性的管理策略，以实现生物多样性的有效保护和社区的可持续发展。研究人员逐渐将物种分布模型、景观适宜性分析、栖息地分布模型、最小费用距离模型和模型分类等量化计算方法和模型应用到自然保护区功能区划进行了理论探讨。

4. 自然保护区保护成效定量评估技术

我国自然保护区经过“抢救式”的建设和保护，迫切需要保护成效的评估。研究者从景观、植被和野生动植物等方面进行了自然保护区保护成效的量化评估研究。研究者从景观类型及其面积变化、保护性景观质量和人工景观干扰程度等方面确定了 14 个评估指标；从植被覆盖状况、保护性植被空间格局、保护性指标长势、保护性植被质量等角度提出了 17 项评估指标；从野生动植物多样性、珍稀濒危野生动植物生存状况和保护管理状况等方面提出了评估指标体系。随着遥感技术的日益发展，归一化植被指数是遥感领域植被监测最常用的参数，它能很好地反映植被覆盖、生物量等参数的变化情况，在自然保护区植被时空动态变化方面得到了广泛应用。野生动植物种群空间分布格局与范围的动态变化常常作为保护成效重要指标，此外，种群生存力分析、栖息地适宜性模型等也作为重要的研究手段应用于野生动植物保护成效评价。很多研究都集中在同一地区时间轴上的动态变化，近些年出现了在空间轴上进行转让保护区内外野生动植物种类差异比较，从而评价其保护成效的研究。

5. 自然保护区“天 – 空 – 地”一体化监测技术

随着信息化和物联网等技术的不断发展，结合卫星遥感、无人机和地面实地调查等技术，“天 – 空 – 地”一体化的技术逐渐在自然保护区生物多样性监测和研究中得到了应用，物联网也将成为“智慧自然保护地”建设中的关键性技术之一。在神农架自然保护区建立了基于物联网技术，集成多类型传感器技术、远距离低能耗通信技术和大规模数据分析技术的神农架金丝猴生境和行为研究平台。东北虎豹国家公园建立的自然资源监测系统，集成云存储、智能分析、互联等新技术手段，在吉林珲春 500km^2 虎豹密集活动区域，成功建立了东北虎豹国家公园自然资源监测小试基地，包括 100 余台野生动物、水文、气象、土壤等监测终端，从野外实时回传大量的水、土、气、生物等自然资源监测数据，包括东北虎、东北豹等珍稀濒危物种数据，实现了运用信息化手段对国有森林资源和生产经营活动的全面管理。

6. 自然保护区生物资源和标本共享平台

自然保护区是我国生物多样性最丰富、生态功能最重要、急需重点保护的自然资源和生态系统，是生物资源的集中分布区，也是我国绝大部分动植物资源的原生地和标本采集地。自然保护区生物资源和标本资源共享平台是国家科技基础条件平台建设项目“国家标本资源共享平台”下的六个子平台之一，始建于 2005 年，由国家林业和草原局作为牵头主管部门，中国林业科学研究院森林生态与保护研究所牵头，负责全国自然保护区内动植物标本的数字化、整理、整合与共享。经过多年积累，子平台制定完善了自然保护区生物标本采集、整理整合共享和资源调查等相关标准规范，整合各类自然保护区生物标本近100万份，通过门户网站“中国自然保护区标本资源共享平台”（网址：www.papc.cn）对外发布，实现了在线查阅功能。此外，该平台还建立了保护区野生动物红外相机照片数据库、保护区地理信息数据库、保护区物种名录数据库、保护区数字标本数据库、珍稀濒危动物多媒体数据库等。通过这些数据库的建设，建立了以自然保护区生物标本为核心，集保护区保护管理、科研巡护、社区发展、科普宣教等于一体的自然保护区“百科全书”共享平台。该平台于2018年获得第九届梁希林业科学技术奖。

（四）人才队伍和平台建设

自然保护区学科发展的时间不长，因而专门从事自然保护区学相关的人才队伍和平台仍然较为落后。

10多年来，自然保护区学科已经在多所高校成立，培养了一批专门从事自然保护区相关研究和管理的专业人才队伍。北京林业大学成立了自然保护区学院，是我国目前唯一一所培养自然保护区建设和管理专业人才的学院，也是唯一一所拥有自然保护区学院的高等院校。东北林业大学设立了野生动物和自然保护地学院，拥有自然保护区管理学科硕士点和博士点。西南林业大学、中南林业科技大学等高校都设立了自然保护区学科专业。中国林业科学研究院设立了自然保护地研究所，多个省级林科院也设立了保护地研究机构。

2019年，国家林业和草原局成立了自然保护地国家创新联盟，由东北林业大学牵头组建。联盟首批有40个理事单位，包括我国首个试点的东北虎豹国家公园，在东北、西北、西南、华南、华东、华中、华北地区的多类别的保护地，以及大学、科研单位、学术团体、保护机构和保护规划设计企业等。联盟将从理论研究到技术应用、保护理念到管理实践、人才培养到能力提升等全方位全链条地促进自然保护地的体系建设与管理。联盟将在自然保护的整体规划布局、自然保护地体系的法律体系建设、自然保护地社会管理等方面开展理论与实践应用研究。

三、本学科国内外研究进展比较

（一）国际研究前沿与热点

1. 保护区到底要占多大比例（N%理论）

N%（即自然比例）是生态学家提出的尽快量化人类基本生存与发展所需的最低自然区域占一国或全球面积比例，使之成为一种被普遍接受的基础保障“红线”。全球或各国一旦确立N%这个基本保护目标后，可以对国土进行更科学的规划和利用，优先选择那些能在相同面积比例下提供更大、更高效生态生产能力的区域，也就是生物多样性丰富、生态服务功能高的区域加以保护。在这样一种整体平衡关系下，整个社会的发展与自然生态环境保护才能形成动态、协调、可持续的运行机制。目前，各国都把建立自然保护地、国家公园等作为保护生物多样性的基石。但它们大部分都没有把“保障人类生存”设为直接目标。由于人类需求与不同类型的自然保护地之间的关系错综复杂，导致保护目标也多种多样，实现起来也十分困难。而如果单独研究和解决人类自身的生态安全与可持续发展，也将难以形成清晰有力的远景目标与国际联合行动。

2. 生物多样性关键区与区域系统保护规划

生物多样性关键区（KBA）全球标准（2016）是IUCN继物种红色名录标准、生态系统红色名录标准之后制订发布的又一全球性标准，该标准的正式发布能够为政府或民间社会组织制定保护区网络提供强有力的战略支持。制定该标准旨在：①将现有的方式方法与生物多样性重要区域识别的方法进行协调；②对当前未能考虑到生物多样性要素的科学标准进行补充和完善；③供不同用户和机构在时间和空间尺度上运用此标准对全球生物多样性贡献显著的重要区域进行识别；④通过定量化阈值的科学标准，使生物多样性重要区域识别结果客观、透明和严谨；⑤促进政策制定者更好地了解生物多样性重要区域的重要性，为识别全球生物多样性重要区域作出贡献。2018年在埃及举行的联合国生物多样性大会上，对生物多样性关键区域进行了分析，发现大约80%的KBA由一个或多个潜在的保护地覆盖，一半以上完全覆盖。为制定2020年以后目标奠定良好基础，在这些目标中，保护和保护区域网络得到承认和支持，以实现跨景观和海景。

3. 保护区的生态系统服务与人类福祉

自然保护区对地球上的生命至关重要。它们保护生物和文化多样性，有助于生计改善，为许多土著和社区提供家园，并为整个社会带来无数效益。有关生态系统服务的研究始于20世纪70年代，联合国千年生态系统评估计划将生态服务划分为文化服务、调节服务、供给服务和支持服务。国际上通用的生态系统服务价值评价方法，按照生态服务的市场信息完备程度，将主要的评估方法划分为四大类：市场评价法、间接市场评价法、条件价值法、集体评价法，其中间接市场评价法包括影子工程法、机会成本法、旅行费用法、碳税法和造林成本法、享乐价格法等。

（二）国内外研究进展比较

1. 自然保护区建设理论

我国自然保护区学科建设提出比较晚，在自然保护区建设方面主要是抢救式的模式建立的，在20世纪80年代大规模的经济建设背景下，抢救式的建设自然保护区是我国自然保护区建设的现实需要。自然保护区学是一个在森林生态学、保护生物学、自然地理学和景观生态学、保护遗传学基础上发展起来的新学科，学科体系随着自然保护区面临的问题的出现而发展，随着相关技术、相关学科的发展而发展。自然保护区学的理论体系有待完善，如何形成有中国特色的保护区学理论体系，是中国自然保护区学科发展面临的主要问题之一。当前研究以自然保护地的空间分布特征、体系建设和功能分区为主要方向，基础理论研究导向性较浓，尚未与统筹建设我国自然保护地体系这一宏观目标相结合。

2. 自然保护区管理技术

自然保护区监测管理技术方面，近年来国内自然保护区数字化管理技术得到加强，自然保护区的森林防火、野生动植物资源监管、生态旅游管理、生态环境和生态服务的监测等自动化手段得到迅速发展。随着全球资源环境的高分卫星发射和服务的提供，天 – 空 – 地一体化的监测技术不断发展，并广泛应用于自然保护区环境和资源监测。自然保护区人为活动特别是建设项目的卫星监控成为生态环境和自然保护区主管部门监管的重要手段。无人机近年来也广泛应用于保护区野生动物调查、资源环境调查和人为活动监控工作。

构建生态系统服务功能提升及综合评估和技术评价体系，是实现多类型保护地区域经济建设与自然生态保护协调持续发展的基础。国内外自然保护地的生态资产评估以实证研究为主，尚未形成统一的理论技术体系。同时，由此建立的生态补偿机制，尽管在部分重点领域和区域取得积极进展，但仍存在补偿方式单一、补偿标准模糊等问题。基于我国自然保护地生态保护与可持续发展的特点，建立适合自然保护地经济建设与自然生态保护协调发展的技术创新方法是研究的重点，包括基于数学分析技术和实证研究经验，建立量化和模型化的生态资产指标体系；构建以生态功能协同提升和区内农牧民增收为目标导向的生态补偿模式；利用空间聚类方法，建立保护地分区差异化管理体系，最终实现生态保护地经济建设与自然生态保护协调持续发展。

3. 保护区管理成效评估

保护成效是衡量自然保护区功能是否得到充分发挥的重要指标，因此自然保护区野生动植物保护成效评估就成为自然保护区保护工作的评价手段之一。目前，对野生动植物保护成效的研究仍然较为缺乏，主要集中在对单一物种或者珍稀濒危物种长期定位监测后的数量对比方面。根据自然保护区以往的野生动植物资源调查数据分析珍稀濒危物种丰富度的变化、关键食物链片段的完整性以及伞护种（关键种）的生境适宜性等指标的变化情况，可以衡量自然保护区对珍稀濒危物种及其栖息地的保护成效。虽然现有的研究提出了定量评估自然保护区生物多样性保护价值的数学模型和方法，但受数据来源等影响，在珍稀濒危物种多样性保护价值指数计算过程中目前仍无法确定自然保护区内珍稀濒危物种的种群数量，而其种群数量的差异将直接影响自然保护区保护价值的高低，在未来条件允许情况下，评估时应考虑自然保护区内珍稀濒危物种种群数量的变化。

为了更好地对自然保护区价值进行评估，以解决目前自然保护区存在的诸多问题，国内研究者在综述国内外 40 年来有关生态系统服务功能价值评估成果的基础上，总结了国内森林、湿地、草地和农业生态系统服务功能价值评估的研究进展，并对不同类型自然保护区生态系统服务功能价值评估进行分析。分析表明，我们至今还没有对生态系统服务功能价值评估的统一方法，国内研究与国外研究差距依然存在，研究方法缺乏创新，对自然保护区生态功能价值评估的研究速度不及自然保护区数量的增长速度。今后还应加强对价值理论、研究方法和模型等方面的研究。

四、本学科发展趋势及展望

（一）战略需求

1. 建立以国家公园为主体的自然保护地体系建设国家需求

自然保护地是世界各国为有效保护生物多样性而划定并实施管理的区域。建立以国家公园为主体的自然保护地体系，是贯彻习近平生态文明思想的重大举措，是党的十九大提出的重大改革任务。2019 年，习近平总书记主持召开的中央全面深化改革委员会第六次会议通过《关于建立以国家公园为主体的自然保护地体系指导意见》，明确提出要按照山水林田湖草是一个生命共同体的理念，创新自然保护地管理体制机制，实施自然保护地统一设置、分级管理、分区管控，形成以国家公园为主体、自然保护区为基础、各类自然公园为补充的自然保护地管理体系。并要求组织对自然保护地管理进行科学评估，及时掌握各类自然保护地管理和保护成效情况。因此，迫切需要阐述相关科学理论和发展技术，支撑自然保护区的建设。

2. 保护生物多样性，树立生态文明大国形象的国家需求

党的十八大以来，以习近平同志为核心的党中央围绕生态文明建设提出了一系列新理念新思想新战略，开展了一系列根本性、开创性、长远性工作，生物多样性保护已经成为我国生态文明建设的重要内容。目前，我国共建立各级自然保护区 2750 个，约占陆地国土面积的 15%，这些保护区保护了超过 90% 的陆地自然生态系统类型，约 89% 的国家重点保护野生动植物种类，以及大多数重要自然遗迹在自然保护区内得到保护，并对遏制生态恶化、维护生态平衡、优化生态环境以及保护生物多样性发挥了极为重要作用。为积极履行《生物多样性公约》及其议定书提供了重要支撑，获得了国际社会的高度认可。生态环境部牵头制定了《中国生物多样性保护战略与行动计划》（2011—2030 年），明确了我国生物多样性保护的现状、成效、问题与挑战，并提出了我国未来 20 年生物多样性保护总体目标、战略任务和优先行动。为进一步做好生物多样性保护，彰显生态文明大国，迫切需要自然保护区学科相关理论和技术支撑。

（二）发展趋势与重点方向

1. 中国特色的自然保护地体系和空间布局规划研究

根据中共中央、国务院发布的《关于建立以国家公园为主体的自然保护地体系指导意见》，明确要求我国将建立以国家公园为主体、自然保护区为基础、各类自然公园为补

充的自然保护地管理体系；同时，应依据国土空间规划，编制自然保护地规划，明确自然保护地发展目标、规模和划定区域。因此，采用地理信息系统、空缺分析、保护优先性分析、生态系统结构与功能、区域社会经济等多种分析手段，摸清我国不同类型重要生态保护地管理体制与保护利用现状问题，基于我国重要自然保护地基础数据库建设，系统梳理自然生态系统结构和功能，结合区域社会经济发展环境，探讨我国国家公园、自然保护区和自然公园等重要保护地布局特点，分析国家自然保护区的空间布局特点，优化自然保护区的空间格局。结合我国生态文明制度改革目标，提出我国自然保护区空间优化布局方案，提出科学的规划技术体系。

2. 自然保护区保护与综合管理技术研究

立足我国自然保护区管理的现状与问题，充分借鉴国际生态保护地管理的先进经验，在自然保护区空间布局规划技术、生态资产评估与功能提升技术、生态补偿模式与协同保护技术研究的基础上，针对我国自然保护区类型多样、布局不尽合理、管理权属分散、保护与发展矛盾突出、人兽冲突日益加剧等问题，提出适应国家生态文明体制改革与国家公园建设新趋势的自然保护区优化综合管理技术，集成多类型保护地建设生态保护与管控的技术标准，为建立自然保护区生态保护和管控技术、标准、规范体系和规模化建设与管理提供技术支撑。

3. 生物多样性与生态服务的监测和管理技术研究

研究建立自然保护区生态环境监测制度，制定相关技术标准，研究和改进智能传感（如气象、土壤等生态环境信息，红外视频、照片信息收集）、无线传输、卫星导航等物联网相关技术和产品，建设“天空地一体化”监测网络体系。充分发挥地面生态系统、环境、气象、水文水资源、水土保持、海洋等监测站点和卫星遥感的作用，开展生态环境监测。研究生态系统功能监测技术、水土保持功能和森林碳汇监测技术；研究与开发基于GIS 的智能 PDA 巡护管理系统，构建综合信息收集、处理和应用平台，并进行数字化保护区技术研发和集成示范。运用云计算、物联网等信息化手段，加强自然保护地监测数据集成分析和综合应用，全面掌握自然保护地生态系统构成、分布与动态变化，及时评估和预警生态风险。

解决目前生物多样性与生态服务监测和管理中的关键技术问题，包括生物多样性和生态服务监测指标体系，数据采集技术、数据处理技术和基于监测的适应性管理技术，建立物种和生态系统功能监测体系；利用远程监控以及无线网络等技术，建立野外数据自动采集与传输系统；对有重要价值的特有物种和重要珍稀濒危物种的野外标本以及周围的环境信息实现全天候的监测；以信息技术手段实现科研人员对生物资源的实时观察、保护和公众对珍贵保护物种的了解，增强对生物资源特别是珍稀濒危物种的实时监管能力。

4. 珍稀濒危物种保护和管理技术研究

濒危物种是生态系统健康的指示，我国自然保护区的建设都是在抢救性理念下建立的，濒危物种的保护是自然保护区建立的主要目标之一。利用生态学、生物学、遗传学等原理和方法，研究珍稀濒危动植物的营养、生长、繁殖、种群动态等特征及其对环境变化的响应，研究珍稀濒危动植物的濒危机制和解濒技术。针对这些珍稀濒危物种开展系统研究，从遗传、物种、生态系统和景观水平进行濒危物种的管理，找出恢复和保护行动的关键区域，提高这些物种的种群生存力。

人兽冲突已成为保护地面临的严重问题，不仅影响牧民对于保护区和野生动物的态度，也直接影响着牧民的生产生活，是急需解决的重大现实问题。通过野外调查与社会访问相结合的方法，并利用红外相机、痕迹调查、毛发和粪便 DNA 等手段，系统了解自然保护区人类和野生动物活动的时空格局，确认二者发生冲突的季节性特点和高风险区域，在综合考虑野生动物种群密度、食物丰富度、人类可利用资源丰富度的基础上确认造成冲突的内在机制，开展缓解措施有效性评估，在此基础上提出有针对性的管理对策。

5. 生态资产评估与生态功能协同提升关键技术研究

主要保护对象生存面临威胁、生态系统退化和破碎化是自然保护区面临重要问题；自然保护区作为国有资产的管理者，如何保证自然保护区公有生态资产增值是管理的主要任务。开展自然保护区生态资产评估，找出亟待提升的关键区域，采取科学措施进行恢复、发展生态功能，提升关键技术。研究构建不同尺度生物多样性评估技术体系，评估生物多样性对人类福祉的贡献；研究生物多样性保护目标情景、生物多样性威胁（人类不同土地利用格局、气候变化模拟情景）情景和政策调控情景设计，构建生物多样性保护目标设计和评估决策支持系统。对开展生物多样性及其生态系统服务功能计算和评估，找出关键影响因素，发展关键生态功能恢复技术，提出生态补偿技术和方法。探索多类型保护地集中区生态与经济功能协同提升的机制与模式。

6. 自然保护区生物多样性和管理监管平台

为全面提高保护区管理成效，急需提高保护区管理水平，从理念、思路和最佳技术设备入手，改进手段、规范管理、完善机制，改变长期粗放管理的状况。积极引进新技术，提高巡护、监测效率及准确性，走保护实践与科技创新相结合之路，突破科技瓶颈，切实提高保护管理的科学性、有效性。提高保护区保护工作质量，研究构建“天地一体化”的自然保护区人类活动监测体系和监管技术，完善自然保护区管理技术标准规范，建立基于“互联网 +”的监管和能力建设平台，提高自然保护区建设管理水平。

（三）发展对策与建议

自然保护区是保护我国生物多样性和生态系统服务的关键场所，需要科学技术的支撑。我国自然保护区学科发展的对策和建议，主要包括以下方面。

1. 增强创新能力

加强自然保护区学科的理论体系建设，服务于国家自然保护区建设科技需求主战场，按照国家生态建设工程和自然保护区发展要求进行学科建设。按照国家生态建设的要求，国家公园建设是社会主义生态文明的重要载体，自然保护区是生态文明建设的主体，是国家林业生态工程天然林保护工程的重要区域，是国家野生动植物与自然保护区建设工程的核心区域。自然保护区学科要为关注自然保护区划建、管理和可持续发展提供科技支撑，为自然保护区生物多样性保护、生态功能维持和减少贫困、保护区和周边地区共同发展建立新的模式，为保护区自然资源管理、生态旅游管理和保护区建设项目管理提供立法、政策和技术、科学的支撑。

2. 加强学术队伍建设和机构建设

学术队伍建设是学科建设的核心，培养和造就一支具有一定数量，年龄结构、职称、学历、知识结构合理，具有强烈的创新思想和创新精神，充满活力、团结合作的学术梯队是学科建设的基础。造就和形成一批学术思想活跃，学术造诣较深，在国内和国际上具有一定影响的学术带头人和学术骨干是学科建设的关键。

加强自然保护区建设的技术研究，建立自然保护区监测信息技术国家工程中心，建立生物多样性保护国家林业和草原局重点实验室，服务于自然保护区国家重点工程。

3. 拓展自然保护区学的研究领域

加强对自然保护区的经济和政策研究，建立对自然保护区政策研究中心，开展在自然保护区生态补偿、社区共管、生态旅游等方面的研究，为多学科融合和创新提供空间。

参考文献

[1] 崔国发，郭子良，王清春，等. 自然保护区建设和管理关键技术 [M]. 北京：中国林业出版社，2018.
[2] 张希武，唐芳林. 中国国家公园的探索与实践 [M]. 北京：中国林业出版社，2014.
[3] 唐芳林，等. 国家公园理论与实践 [M]. 北京：中国林业出版社，2017.
[4] 蒋志刚，马克平. 保护生物学原理 [M]. 北京：科学出版社，2014.
[5] 生物多样性保护国家战略与行动计划编制组. 生物多样性保护国家战略与行动计划. 北京：中国科学出版社，2011.
[6] 中国林业科学研究院. 森林生态学学科发展报告. 北京：中国林业出版社，2018.
[7] 郭子良，崔国发. 中国自然保护综合地理区划. 生态学报，2014，34（5）：1284-1294.
[8] 李霄宇. 国家级森林类型自然保护区保护价值评估及合理布局研究 [D]. 北京：北京林业大学，2011.
[9] Rob H G，Gloria Pungetti，余青，等. 生态网络与绿道——概念、设计与实施 [M]. 北京：中国建筑工业出版社，2011.
[10] 国家林业局. 陆生野生动物廊道设计技术规程（LY/T 2016-2012），2012.
[11] 张荣祖，李炳元，张豪禧，等. 中国自然保护区区划系统研究 [M]. 北京：中国环境科学出版社，2012.
[12] 李迪强，宋延龄，欧阳志云. 全国林业系统自然保护区体系规划研究 [M]. 北京：中国大地出版社，2003.
[13] Fajardo J，Lessmann J，Bonaccorso E，et al. Munoz J Combined Use of Systematic Conservation Planning，

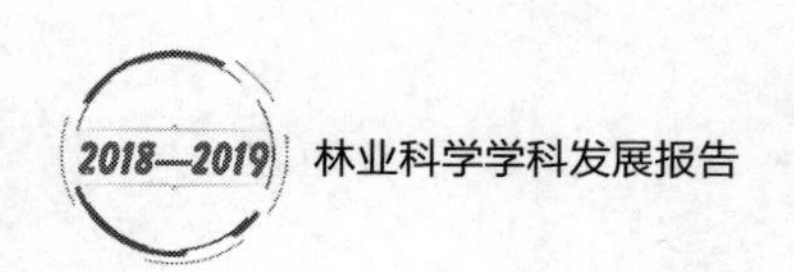

Species Distribution Modelling, and Connectivity Analysis Reveals Severe Conservation Gaps in a Megadiverse Country (Peru). PLoS ONE, 2014, 9 (12): e114367.

[14] Ibisch PL, Hoffmann MT, Kreft S, et al. A global map of roadless areas and their conservation status [J]. Science, 2016, 354 (6318): 1423-1427.

[15] Jenkins CN and Joppa L. Expansion of the global terrestrial protected area system [J]. Biological Conservation. 2009, 142: 2166-2174.

撰稿人：李迪强　张于光　刘　芳　王秀磊　薛亚东

风景园林

一、引言

（一）学科定义

风景园林学（Landscape Architecture）是综合运用科学与艺术的手段，规划、设计、保护、建设和管理户外自然和建成环境的应用型学科，是建立在广泛的自然科学和人文艺术学科基础上的关于土地和户外空间设计的科学和艺术。其核心内容是户外空间营造，根本使命是协调人和自然之间的关系。

风景园林学核心关注人居生态环境，旨在通过科学理性的分析、规划布局、设计改造、管理、保护和恢复的方法开展人居生态环境实践，协调人与自然的关系。在规划布局、设计改造领域，风景园林学与建筑学、城乡规划学相辅相成，而在技术、材料、维护等领域则与林学、生态学、园艺学等密不可分。因而风景园林学科相比建筑学、城乡规划学更具有生命力，相对林学、生态学等又更具有艺术人文特征。

风景园林学的主要研究方向包括：风景园林历史与理论、风景园林规划与设计、地景规划与生态修复、风景园林遗产保护、园林植物应用和风景园林技术科学等。研究内容主要围绕两个方面的问题：如何有效保护和恢复人类生存所需的户外自然环境？如何规划设计人类生活所需的户外建成环境？基于以上内容，学科涉及气候、地理、水文、环境等自然要素，同时也包含了人工构筑物、历史文化、传统风俗习惯、地方色彩等人文元素，因此，风景园林学是一个涉及多学科的、多知识的相对复杂的典型交叉学科。

（二）学科概述

风景园林学是一门古老而又年轻的学科，作为人类文明的重要载体已持续存在数千年，作为一门现代学科，在我国 2011 年才正式成为一级学科，而由于学科极强的交叉性，研究的内容也是百花齐放，海绵城市、屋顶花园、国家公园等都引领了一波研究热潮。从学科发展来看，作为人居环境科学之一的风景园林学，主要建立在人文艺术学科和自然学科之上，主要目的在于强调自然要素和人文要素的统一，以及如何处理人与自然的关系。现阶段，风景园林行业面临的主要问题在于自然生态问题、社会问题、环境问题等，随着时代的发展，风景园林行业需要不断地拓展自身的内涵以及外延。受生态保护理念的影响，无论是国内风景园林，还是国外风景园林都体现出生态化的特点，注重园林的生态价值和社会价值。从风景园林的技术发展来看，呈现战略化、多专业化、公众化的特点，对于规划设计人员的知识结构、设计水平、营销水平要求提升，对大数据的应用比较广泛。

风景园林学科发展与时代背景和国家命运息息相关。21 世纪，可持续发展已成为全人类的共识，构筑人类生命共同体将是未来人类的共同未来。科学发展、生态文明、和谐社会、美丽中国成为我国可持续发展的基本策略，经济稳定增长和快速城市化仍将持续很长时间。今天，社会发展需求下的风景园林学，以协调人与自然关系为根本使命，以保护和营造健康优美和谐生态的高品质人居生态环境为基本任务，学科的发展前景广阔，影响深远，意义重大。

二、本学科最新研究进展

（一）发展历程

1950 年，在汪菊渊院士和吴良镛院士的倡导下，由北京农业大学园艺系和清华大学建筑系联合创办的“造园组”，并于 1951 年在北京农业大学设立，成为我国风景园林学科教育的开端；1956 年 3 月，中央人民政府高教部决定将北京农业大学造园专业调整到北京林学院，同年 8 月造园专业正式归属于北京林学院，定名为“城市及居民区绿化专业”；1957 年 11 月，北京林学院成立城市及居民区绿化系；1964 年 1 月，城市及居民区绿化系改名为园林系，正式确立了园林专业的名称，明确了学科的研究方向；1965 年 7 月 1 日，园林系建制被撤销，并入林业系，成立园林教研组，保留了教师队伍；1974 年，北京林学院恢复园林系建制,1977 年 7 月，全国恢复统一高考招生制度，与其他学科一样，园林专业迎来了快速发展的春天；2011 年 3 月 8 日，国务院学位委员会、教育部公布《学位授予和人才培养学科目录》，风景园林学成为国家一级学科，可授工学和农学学位，这对于我国风景园林学科发展具有里程碑式意义。

截至 2019 年 5 月，全国共有风景园林学一级博士学位授权点 21 个，年招生规模预计达 150—300 人；风景园林学一级硕士学位授权点 62 个，年招生规模预计达 1200—2500 人；风景园林硕士专业学位授权点 80 个，年招生规模预计达 2500—4000 人；据不完全统计，截至 2019 年 1 月，全国共有北京林业大学、清华大学等 202 所高校开办风景园林专业，年招生规模预计 1000—6000 人，有 174 年高校开办园林专业，年招生规模预计 12000—14000 人，在校学生达到 4 万余人。

（二）基础研究进展

1. 风景园林历史理论与遗产保护

该研究方向解决风景园林学学科的认识、目标、价值观、审美等方向路线问题。主要领域：①以风景园林发展演变为主线的风景园林文化艺术理论；②以风景园林资源为主线的风景园林环境、生态、自然要素理论；③以风景园林美学为主线的人类生理心理感受、行为与伦理理论。这三大领域的综合构成了包括各类风景园林遗产保护在内的风景园林学科实践应用的理论知识基础，以“理论”“风景园林遗产”为“核心词”。

园林经久不得休整，就会荒废败落，若遭逢战乱天灾，更是极易毁于一旦。因为多方面的原因，我国明末清初以前的园林遗迹已是非常罕见。因此当前的风景园林历史理论研究中，对于现存园林的研究以观测、记录、分析为主，辅以典籍资料研究；对于仅存于历史中的名园则以历史书籍、绘画的记录整理和复原为主。前者的近期代表性成果如：北京林业大学教授、知名园林学家白日新编著的《圆明园盛世一百零八景图注》，书中包括他历时 17 年于 1979 年绘制完成的《圆明、长春、绮春三园图》，以及此后几十年陆续完成的圆明园一百零八景的盛世分景图、平面图以及匾额，该书考据完善、绘制精细，被学术界认为是目前圆明园研究最具前沿性的科研成果。后者的代表性成果如：中国园林博物馆与北京林业大学牵头开展的止园文化研究，通过对明代画家张宏的 20 幅《止园图》和园主及亲友的大量诗文的研究，再现了一座 17 世纪的中国园林。

2. 大地景观规划与生态修复

该研究方向要解决风景园林学科如何保护地球表层生态环境的基本问题。主要领域：①宏观尺度上，面对人类越来越大规模尺度的区域性开发建设，运用生态学原理对自然与人文景观资源进行保护性规划的理论与实践；②中观尺度上，在城镇化进程中，发挥生态环境保护的引领作用，进行绿色基础设施规划、城乡绿地系统规划的理论与实践；③微观尺度上，对各类污染破坏了的城镇环境进行生态修复的理论，诸如工矿废弃地改造、垃圾填埋场改造等。这是一个以“规划”“土地”“生态保护”为“核心词”的科学理性思维为主导的研究方向，时间上以数十年至数百年为尺度，空间变化从国土、区域、市域到社区、街道不等，需要具有高度的时间和空间上的前瞻性。

在宏观尺度的研究上，学科更加注重与城乡规划学、生态学、地理学等领域的交叉、融合，如：景观生态学作为一项涉及风景园林学、生态学、地理学三大要素的综合性的科目，基于对景观系统组成的考虑，相关研究普遍采用的是“斑块 – 廊道 – 基质”模式，它广泛覆盖到了大尺度风景园林系统中的任何一项内容，应用于各个领域。

在中观尺度的研究上，一方面，绿色基础设施规划、城乡绿地系统规划等原有的理论体系不断被丰富和扩充，一些西方城市的先进理论和方法被学者引入国内去糟取精，并结合中国的特色国情加以改良；另一方面，一些基于大数据、文本爬取、遥感影像技术的理论被研究学者更加广泛的采用，为风景园林学科领域的研究提供了极大的便利，注入了更多的科学性、严谨性。

国家、地区、城市在经济发展和城乡建设过程中，都必须建造若干个重大园林工程项目才能构成独立、完整的风景园林体系。所以在微观尺度的研究上，多结合具体项目进行，其具有规模庞大、结构复杂、技术先进、投资巨大、因素众多、时空深广、目标多元、地位重要等特点。生态修复的概念众多，风景园林比较常用的有水体修复、土壤修复和植被修复，例如：上海辰山植物园的水体修复、Walter-Disney 乐园的土壤修复和生态崇明建设的植被修复的理念、路径和技术对策。除了水体、土壤和植被功能的生态修复外，还有山体修复、棕地修复、大气修复等，这一领域我国起步较晚，相较于城镇化进程更快的西方国家掌握的技术与理念仍存在一定差距，因此有学者对加拿大的布查特花园（The Butchart Gardens）、英国的伊甸园（Eden Project）中对于山体修复的策略，北杜伊斯堡景观公园（Landschaftspark Duisburg Nord）棕地修复进行了专门研究。

3. 风景园林设计理论研究

该研究方向要解决风景园林如何直接为人类提供美好的户外空间环境的基本问题。主要领域：①传统园林设计理论研究；②城市公共空间设计理论研究，包括公园设计、居住区绿地、校园、企业园区等附属绿地设计、户外游憩空间设计、城市滨水区、广场、街道景观设计等；③城市环境艺术，包括城市照明、街道家具等。这是一个以“设计”“空间”“户外环境”为“核心词”的兼具艺术感性和科学理性的研究方向，需要丰富深入的生活体验和富有文化艺术修养的创造性。因为实践内容与日常人居环境息息相关，学科专业应用面广量大。

学科在园林设计理论研究领域中明显表现出以下特征：

（1）在学科融合上高度的包容性

风景园林学自诞生之日起就具备综合性和多科性的特质，可以说学科包容性是其与生俱来的品格。在园林设计理论的研究上，不拘泥于学科，而是以实用性、合理性作为评判标准。例如：有学者从空间句法视角切入对中国古典园林借景手法进行研究。空间句法是一种能够将空间的内在关系相对精确、客观地反映出来的理论工具。通过抽象化研究对象的空间，并计算视域、视距、连接度、整合度等相关参数，能够更准确地定位园中园与主园林景物之间的视觉关系，分析出园中园内部空间之间的相互关系，从而一窥设计者的取舍定夺，最终挖掘出借景手法在园中园营造中的应用与要点。

（2）对国家政策导向的敏锐性

风景园林规划设计不单单是一门艺术，更多是一项民生工程，其面向国家、面向人民群众，因此必须对社会需求和国家政策作出积极响应。习近平总书记在 2017 年提出要求，要把握好战略定位、空间格局、要素配置，坚持城乡统筹，落实“多规合一”形成一本规划、一张蓝图。有学者在此背景下，对上海郊野公园用地规划减量化运作机制、国家公园体制建设等内容进行了探讨。2017 年，住建部提出“城市双修”的概念，即“生态修复、城市修补”，是指用再生态的理念，修复城市中被破坏的自然环境和地形地貌，改善生态环境质量；用更新织补的理念，拆除违章建筑，修复城市设施、空间环境、景观风貌，提升城市特色和活力。许多学者相继开展相关研究，对在此的理念指导下的生态地区城市设计策略、历史名城文化修补策略、城市绿道规划方法更新等内容进行了深入研究。

（3）能够积极回应技术手段升级

在传统园林设计哲学方法论的影响下，城市设计途径往往是在优先解决视觉审美、功能布置、交通体系、民众需求、大众经验等这种单一的逻辑语境下展开的，这种设计方式在城市人口规模问题不太突出、城市节奏较慢的传统社会中直接有效。然而，面对新时代全球范围内急剧的城镇化进程，这种方式难以满足多元的变化需求和复杂的城市环境。今天的风景园林学科研究学者能够把计算机、统计等领域的新工具、新方法与数据结合起来，从而对公园设计中复杂的科学议题有着全新思路拓展和分析，借以推敲、寻找更有效的设计方法，以适应新时代发展趋势。《风景园林》杂志曾在 2019 年 5 月刊中，以“风景园林信息技术应用”作为专题对此进行探讨。建筑信息建模（BIM）、风景园林信息模型（LIM）、遥感技术、大数据、机器学习与智能化、数据库等技术正在被广泛地运用到风景园林规划设计研究中。

（4）注重科学评价体系的构建

明代画家郑元勋有云，“古人百艺，皆传之于书，独造园者何？曰园有异宜，无成法，不可得而传也。”因为学科的特殊性，关于风景园林的设计，中国自古以来缺少相关的论述，至于评价体系更是罕见。20 世纪下半叶西方国家景观资源评价研究的兴起，通过科学的方法确认景观资源的价值（特别是风景美学价值），以利于其保护。而在国内，风景园林更是亟须由基于经验的学科转向基于科学的学科。因此，近年来风景园林景观评价体系的构建成为一个热门话题。例如：有学者基于美国景观绩效系列（LPS）对中美雨水管理绩效评价进行比较研究，也有人基于景观绩效评价对城市绿地开放空间人体舒适度评价方法进行研究，还有针对社区花园绩效评价体系的研究。风景园林的可持续规划设计与建设对我国现阶段尤为重要，是解决快速城市化阶段生态、经济与社会协同发展的重要手段。从我国自身发展的角度，应学习美国景观绩效的理论基础和研究方法，建立研究制度和团队，积极研发适合我国的评价手段与计算工具，大力支持风景园林可持续发展途径的研究。

4. 园林植物

园林植物作为风景园林最重要的材料，主要研究领域集中在：①园林植物基础理论研究，其以园林植物为对象，研究园林植物资源与分类、生物学特性及生态习性、重要性状形成机理及遗传规律等问题；②园林植物规划与设计研究；③园林植物保护与养护研究。这是一个以“植物”为“核心词”的研究方向。与“规划”“设计”密不可分，并且在其中所占比重较大，无论是过去、现在还是未来，始终具有不可替代和缺之不可的地位。

（1）园林植物基因组学研究与重要性状遗传解析

近年来，我国科研人员领衔完成多种花卉的全基因组测序工作，包括梅花、小兰屿蝴蝶兰、银杏、菊花脑、一串红、睡莲、荷花、深圳拟兰、石斛兰、桂花、杜鹃花、大花红景天、醉蝶花等。最具代表性的成果是北京林业大学张启翔教授领衔的研究团队完成的世界首个梅花全基因组测序和重测序研究，构建了世界首张梅花全基因组图谱和全基因组变异图谱，相关论文在 Nature Communications 上发表，为梅花分子标记辅助育种的研究提供了重要的理论框架，也为其花色、花型、株型等重要观赏性状基因的遗传选育及品种改良提供重要平台，对梅花重要观赏性状的遗传解析具有里程碑的作用。

（2）园林植物种质资源及利用

自 20 世纪 70 年代初期起，花卉种质资源工作受到重视，21 世纪初，对我国的野生花卉资源进行了广泛的调查研究，包括对辽宁、浙江、山西、河北、内蒙古、新疆等 20 个省区的野生花卉资源调查及一些专类或专科、专属植物资源调查，确定我国观赏植物 7000 余种，对 6000 余种观赏植物进行了编目，提出观赏植物资源的保护和可持续策略措施，为我国观赏植物资源的保护、开发提供依据。引种筛选出一大批有前景的园林绿化植物种类、花卉育种材料和新型的花卉作物，如绿绒蒿、大花杓兰、杜鹃花、报春花、荷叶铁钱蕨等。

（3）园林植物新品种培育

国内研发工作集中于研究适用、高效的种质创新技术、多性状同步改良技术，利用常规育种技术与现代生物技术相结合，快速聚合多种优良性状，提高育种效率，研究建立高效的杂种鉴定技术体系。主要商品花卉和传统名花种质创新和新品种培育获得重要进展，培育具有我国自主知识产权的花卉新品种 382 个，获得新品种权（国际登录）60 余个，获得一批花卉育种技术发明。分子育种技术已成为花卉育种研发的热点，集中在重要性状相关的分子机制及关键基因的发掘等方面，梅花、牡丹、月季、菊花、紫薇、百合等部分研究基础较好的花卉种类已经开展育种群体的构建，采用分子标记技术进行遗传连锁分析，在梅花、牡丹、紫薇、月季等花卉中构建了高密度遗传连锁图谱。在菊花、百合等花卉的安全转基因研究方面也开展了广泛研究，获得多个菊花转基因释放安全性中间试验许可。

（4）园林植物栽培及生理

国内花卉繁殖与栽培生产方面的研究集中于标准化、集约化生产技术的开发。信息技术、图像处理技术的使用推动花卉生产实现了机械化和智能化。在系统了解花卉生物学特性和生态习性的基础上建立标准化生产技术体系，推动了花卉种苗生产的发展，包括容器（穴盘）育苗、新型光源（LED 光源）的应用、容器大苗栽培技术。在花卉微繁殖方面，大多数花卉已实现了工厂化脱毒苗生产。开发出盆花株高控制的新技术，研制出能够替代泥炭的环保型新基质，研发出一批精准调控水肥管理的技术和设备，开发出一系列实用的生产环境控制软件，研发出许多花卉生产的决策支持系统。新技术的使用，极大地提高了商品花卉的生产水平。

（5）园林植物采后生理

研究重点为重要切花和重要盆花的产后处理技术和采后生理，研究种类涉及芍药、牡丹等中国传统花卉和月季、百合等商品花卉。在切花衰老机理研究方面也有深入的研究，如月季花朵开放和衰老机制、月季失水胁迫响应机制、芍药切花衰老机制等。

（6）园林植物应用与园林生态

近年来，园林植物生态和园林植物应用方面的研究重点为：定量研究园林植物个体和园林植物群落对城市空气污染（粉尘、烟尘、PM2.5 等）的改善和修复功能，综合评价园林植物适应城市逆境（土层薄、土质差、空气污染、干旱、融雪剂）的能力，筛选适应城市逆境的功能型园林绿化树种；研究植物抗污染生理和遗传机制，园林植物生态效益评价和园林植物对人体生理和心理影响评价等，为了提高园林设计和绿化建设的科学性，创建宜居的人居环境，建立了量化的观赏植物生态效益、康体效益和景观效益评价技术。目前已评价筛选出 200 余种适用于宜居环境建设的观赏植物，景观优美、有益人体健康、综合生态效益高的观赏植物配置组合 75 个，研发出一批抗污染和高生态效益的物种，为低维护园林绿地建设提供了植物材料。

（三）应用研究进展

1. 风景园林规划设计

（1）规划设计的质量不断提升

2014 年在杭州举办了孙筱祥先生造园艺术论坛暨花港观鱼公园建园 60 周年庆典，这是具有历史意义的时刻。花港观鱼公园是中华人民共和国成立后杭州西湖风景名胜区规划设计和兴建的第一座大型现代公园，在建成一甲子之后风采依旧并深受人民喜爱。自花港观鱼公园之后，全国各地大量兴建城市公园，为提升城市人居环境质量作出了重要贡献。在近年来，园林规划设计发生着由量变到质变的过程。2018 年国际风景园林师联合会亚非中东地区奖（IFLA AAPME）评选中，中国共有 18 个落地实践项目获奖，占评奖总数 15.65%，获奖数量与质量均居世界首位。作为景观行业的最高荣誉之一的 2018 英国 BALI 国家景观奖，北京林业大学的王向荣教授团队已经连续六年斩获。越来越多的中国规划设计被放在国际赛场中竞争，并且得到日益广泛的认可，这是行业良性发展的重要佐证，说明在应用研究上我们同国外的差距正在不断缩小。

（2）园林规划设计的学科内涵进一步丰富

中国历史上古代名园的缔造者多是文人或画家，园林的设计多是基于美学与哲学的角度来进行。风景园林世界最高奖的获得者、学界泰斗孙筱祥教授曾提出著名的“五腿理论”，即风景园林师同时需要是一名诗人、画家、园艺学家、生态学家和建筑师。在今天，园林规划设计的学科内涵更是被进一步拓展，国土安全、自然环境保护和污染治理、人居环境建设、生态服务功能、历史文化保护等诸多内容被打包到项目中，在实践过程中用地红线、绿线（绿地范围的控制线）、蓝线（城市各级河、渠道用地规划控制线）、紫线（历史文化街区的保护范围界线）和黑线（城市电力的用地规划控制线）需要统筹考虑。例如由北京林业大学的王向荣团队参与的西湖西进项目（该项目获得 2010 年美国风景园林师协会规划类荣誉奖），基于大量水文、水质分析，将“西湖西进”区域按高程、坡度、植被、地表水、建筑密度、文物、道路等多个要素进行分级，对于水体、生态、景观、社会与经济等方面统筹考虑，最后对水源补充、污染处理、景区规划提出策略。

（3）新的园林形态逐渐产生

随着园林规划设计实践的不断发展，一些历史上城市建设过程中不曾出现过的园林形态逐渐进入大众视野，例如：事件式园林。广义的事件性园林是以大型城市事件的发生地为范围，使暂时性事件与恒久性环境建立紧密联系的一种景观类型，今多指代为各类园林博览会所建造的园林。园林类博览会作为具有广泛影响力的城市事件，在中国近年的城市发展中扮演了重要角色。2019 年中国北京世界园艺博览会是经国际园艺生产者协会批准，由中国政府主办、北京市承办的最高级别的世界园艺博览会。2019 年 4 月 28 日，在世园会开幕式上，习近平总书记发表了《共谋绿色生活，共建美丽家园》的讲话。伴随中国不断变化的城市更新状态，设计者也从对大规模城市更新和历史街区更新中的问题讨论，转向那些更为日常的建筑更新上：这些更新以适应新的日常生活与工作的需求为导向，是对一系列片段化的城市建成环境和既有建筑的调整型微更新，逐渐也成为园林规划设计应用研究的新热点。

2. 园林工程技术

海绵城市是党中央、国务院大力倡导的城市建设新模式，可以有效防止城市内涝，缓解水资源短缺，并有利于城市雨洪管理工作的开展，“十三五”期间也将海绵城市建设列为我国城镇化建设的重点任务。海绵城市建设在我国刚刚起步，虽然尚存在一定问题和建设困难，但是同时也取得了一定进展。建成项目中“迁安市滨湖东路集雨型绿地示范项目”获 2018 年国际风景园林师联合会亚非中东地区奖（IFLA AAPME）雨洪管理类（建成）杰出奖。该项目是一个充满活力的弹性基础设施，通过蓝色集雨带、红色活力线以及绿色游憩面三色体系交织，形成多样带景观和富有弹性带功能，不仅解决了场地周围城区的雨洪问题，还解决了市政路慢行体系缺失问题以及场地活力丧失问题，整合居民游憩和城市雨洪消减功能的同时，平衡了城市快速发展中绿色空间、人、城市雨洪灾害的关系。

示范项目是我国当前城市建设的一个典例和缩影，为了解决雨洪问题，我国大部分城市都在建设这种具有净化、储蓄及释放水资源功能的城市“海绵体”，以增加城市净化水源、涵养水源、疏导城市洪涝的能力，使得城市在面对暴雨、久旱、水污染灾害时，具有自我调节的韧性，避免造成大规模的自然灾害损失。除此之外，海绵城市与智慧化融为一体是下一步应用研究的重要趋势，二者将共同为城市的规划建设提供新的指导理念。“海绵”与“智慧”相结合就是利用大数据、云计算及物联网等新型信息技术对城市内分布的绿化设施进行协同管理，使海绵城市的建设更加高效，也有利于推进我国海绵城市建设进程，在城市整体规划管理中发挥不可替代的作用，从而更好地展现海绵城市对于城市水资源的控制作用，使得海绵城市的建设水平不断提高。

除此之外，将信息技术应用于园林工程施工中也是下一阶段技术和理念更新的主流。BIM 技术是其中的典型代表。BIM（Building Information Modeling）是“建筑信息建模”的简称。BIM 既是模型结果，也是建模过程。按照美国国家建造信息模型标准（NBIMS）项目委员会的定义，BIM 是一个设施或设备的物理和功能特征的数字化表现。一个完整的信息模型就是一个信息库，提供该设施所有可靠的信息，用于支撑从最开始的设计概念到拆除整个建筑全生命周期的各种决策。国内将 BIM 技术列为支撑产业升级的核心技术，大力推动基于 BIM 技术的协同设计系统建设与应用，以改进传统的生产与管理模式。就目前来说，BIM 技术在国内处于一个从建筑工程到园林工程过渡的阶段。

基于 BIM 的数字信息技术的综合运用，设计团队不仅将生态过程、基础设施和社区的社会文化需求相结合，构建了一种更有机、更具流动性的都市景观形态；同时，设计控制方法和加工建造技术的突破，使得设计团队实现了高精度的复杂曲线和曲面造型。

3. 园林生态修复

中国三十多年来的快速城镇化发展和城市扩张建设取得了举世瞩目的成就，但因对长远规划的认识和考虑不足，在生态环境、基础设施、公共服务、城市文化、城市品质方面留下了大量的历史欠账。近几年，中国各大城市相继出现“城市病”，如今对人居环境的思考不仅是专家学者的课题，亦成了国民茶余饭后的话题，政府急需解决的城市问题。风景园林与生态修复成为当前风景园林学、生态学和环境科学领域研究的热点问题之一。

继 2014 年开始的“海绵城市”建设后，2015 年，住建部将三亚列为“城市修补、生态修复（双修）”首个试点城市，开启了全国范围内的城市“双修”活动，希望能以此来解决“城市病”，保障并改善民生问题。“城市双修”工作是指“生态修复和城市修补”，其中生态修复是建设健康、美丽城市的基础，旨在保护自然资源、修复生态环境、推进海绵城市建设，其主要内容是河岸线、海岸线和山体的修复。简单说，就是用再生态的理念，修复城市中被破坏的自然环境和地形地貌，改善生态环境质量；用更新织补的理念，拆除违章建筑，修复城市设施、空间环境、景观风貌，提升城市特色和活力。城市“双修”是走向品质的营造修补，是城市发展由量的扩展转入质的提升。

对植被景观实施生态修复。风景园林与生态系统的植被景观覆盖不够充分、不够均衡，没有形成以树木为主的林带体系，采取生物多样性最大的手段，按照连点成线—连线成网—扩面成片的科学性顺序修复并优化植被景观，达到风景园林与生态修复的可持续性和生态性。

对水体景观实施生态修复。水体景观的生态修复与优化主要通过对淡水资源，特别是对风景园林与生态的水资源和水系统，采取一系列措施来实现，包括：控制污染，改善水质；退田还湖，扩大面积；增加水生生物，恢复湿地系统。

对山体景观实施生态修复。山体景观的生态修复与优化风景园林与生态的修复，山体景观的生态修复与优化是非常重要的。目前，山体景观的植被以及物种的多样性存在很大的问题，主要为水土流失、植被覆盖率较低、岩石风化严重等问题。针对山体景观的生态修复中可以采取以下的方式：第一，禁止出现任何开山采石破坏山体地貌的活动；第二，实施人工退林，减缓山体景观的破坏，保证山体景观的完整性、原真性和生态性。

其他风景园林和生态的修复。风景园林的修复要保证生态的可持续发展，在利用和保护风景园林和生态系统时，要保证生态系统的物种多样性，保证风景园林的原真文化性，保证风景园林与生态的良好可持续发展。针对风景园林与生态的修复，要突出风景园林与生态的文化性、自然性、经济性、人文性以及风俗习惯等重要的地方特色，稳定植物群落结构，实现生态系统动态平衡的前提下，使用新技术、新理念、新方法。

4. 园林植物应用

园林行业在园林植物应用与园林生态方面未来的发展趋势主要包括：①多学科交叉发展研究：园林植物应用与园林生态涉及植物学、设计学、生态学等多个学科的知识，融科学与艺术于一体。②研究植物景观规划与应用设计创新理念和方法：在较大尺度的植物景观规划和较小尺度的园林植物应用设计的理念和方法需要不断更新，创造各种富有生机、舒适而美观的人居环境。③研究植物景观的地域性特色：中国园林植物文化底蕴深厚，也是中国独有的区别于国际的一项重要特点，应深度挖掘中国园林植物的传统文化。为了避免景观雷同、千城一面现象，应对植物景观的地域性特色进行深入研究。④系统研究景观生态规划与植被修复的理论与实践技术：植物景观及园林生态承担着应对全球气候变化、修复被损坏和污染的土地以及退化的生态系统、构筑生物栖息地等重任。应充分重视园林植物及其群落的生态效益基础研究，形成系统的景观生态规划与植被修复的理论与实践技术，营造良好生态环境。⑤注重城市园林绿地的生物多样性规划，建立稳定的生态系统：继续深入研究园林绿地的生物多样性原理和规划方法，注重用整体性的原则来构建一个植物种类繁多、结构稳定、功能强大的相对稳定生态系统。

（四）平台建设

1. 国家花卉工程技术研究中心

国家花卉工程技术研究中心（以下简称“中心”）是科技部于 2005 年 1 月批准组建的国家级科技创新平台，依托单位为北京林业大学。经过多年的建设，“中心”已成为国内一流、国际知名、特色鲜明、优势明显的国家工程技术研发推广中心和高级专门人才培养中心，为推动我国花卉行业进步，提升行业竞争力，实现行业的可持续发展作出了贡献。2018 年，国家花卉工程技术研究中心在科技部第五轮运行评估中成绩优秀，入选科技部拟建设国家技术创新中心名单。组织申报“国家创新人才培养示范基地”，成功入选科技部 2018 年创新人才推进计划。

2. 国家林业和草原局美丽乡村与乡村振兴研究国家创新联盟

2019 年 3 月 22 日上午，国家林业和草原局“美丽乡村与乡村振兴研究创新联盟”成立大会在北京召开。美丽乡村与乡村振兴研究创新联盟由致力于美丽乡村建设与乡村振兴的风景园林专业高等院校、科研院所、企业组成，依托北京林业大学园林学院成立，将立足推进产学研一体化，实现学术资源、产业信息的共享化交流，以优势互补、持续提升科研创新实践能力为基础，推动我国美丽乡村和乡村振兴事业高效发展。

联盟将打造国内第一个以美丽乡村建设为目标的综合性乡村人居环境建设的创新交流平台；以乡村林、草、田、水等绿色空间统筹规划设计、保护和修复为抓手，从风景园林专业的视角出发，重点以乡村景观为主要手段促进和推动乡村振兴；以创新、服务为己任，以建设优良的乡村生态环境为目标，推动美丽乡村宜居建设；在合作研究、资源共享等方面促进美丽乡村相关研究的整合和发展，致力于为决策部分和实践机构提供专业技术服务，为乡村景观研究及应用相关的产学研等专业机构和政府提供综合服务，从而实现风景园林的行业价值。

3. 国家林业和草原花卉产业国家创新联盟

2019 年 5 月 27—28 日，国家林业和草原局花卉产业国家创新联盟成立大会在西南林业大学举行。国家林业和草原局花卉产业国家创新联盟，汇聚了从事花卉产业发展与研究的高等院校、科研院所及相关企业，形成了产学研一体的联盟，将为我国花卉产业的技术研发、推广应用作出巨大贡献。

国家林业和草原局花卉产业国家创新联盟以促进花卉产业整体升级发展为宗旨，是以企业、高校、科研院所共同的发展需求为基础，以国家花卉产业重大技术创新为目标，以具有法律约束力的契约为保障，形成联合研发、优势互补、利益共享、风险共担的技术创新合作组织。联盟将以产业技术发展需求为导向，以提升我国花卉产业自主创新能力并形成产业核心竞争力为目标，以企业为主体，围绕花卉产业技术创新链，应用市场机制，集聚创新资源，实现“产学研”在战略层面的有机结合，共同突破花卉产业发展的技术瓶颈，促进技术集成创新和科研成果转化，推动产业结构优化升级，实现我国花卉产业健康发展。国家林业和草原局花卉产业国家创新联盟将与国家花卉产业技术创新战略联盟和北京国佳花卉产业技术创新战略联盟，实行三块牌子、一班人马、一支队伍、一套机制、统一管理、一体化运行。

4. 城乡生态环境北京实验室

2014 年 9 月，城乡生态环境实验室被北京市教委批准为北京实验室。该实验室由北京林业大学牵头，北京农学院、北京市园林绿化局、海淀区园林绿化局、北京市园林科学研究院、北京植物园、北京林大林业科技股份有限公司、北林地景规划设计院股份有限公司等为协同创新的合作单位。

该实验室主要致力于北京城市人居环境和城乡核心区人居生态环境领域的基础理论、

植物材料和核心技术的研究。实验室依托风景园林学、林学、生态学、林业工程学，实施多学科的相互渗透、综合交叉，从植物材料选育、繁殖、营造技术到宏观生态网络格局构建的整个环节为北京城乡生态环境建设提供强有力的技术支撑。主要包括城乡绿地生态网络安全与构建、生态功能性植物材料选育、高效繁殖与栽培、城乡环境营造四个研究方向。经过协同单位的共同努力，实验室目前在学科建设、科学研究、平台建设、团队建设方面取得了非常显著的成绩。

三、本学科国内外研究进展比较

（一）国际研究前沿与热点

1. 景观生态学与可持续发展

20 世纪 90 年代中期以来，景观生态学迅速发展，虽然其学科特性和理论体系尚未完善，但因原理和方法的普适性强而得到推广。遥感数据以其覆盖范围广、普及度高和覆盖生态光谱波段范围广的特点在景观生态学中得到愈发广泛的应用，利用 GIS 处理遥感数据是描述景观格局和生态过程最常见的方法之一。利用 GIS 进行景观生态模拟、量化分析景观斑块与景观格局，以及从规划设计入手进行生态保护与修复是其重要组成部分。GIS 可以结合定性和定量信息，跨越时间和空间尺度对对象进行模拟与分析，并按照研究内容与侧重对象，对生态系统进行简化。但许多社会和经济数据只适用于一定尺度的行政级别，影响了空间数据的应用以及景观分析、监测变化和评估景观等功能。

Haines 基于自然资本概念提出可持续景观新范式，将人口纳入景观要素，重视景观可持续的产品性和服务性。Forman 认为可持续景观的概念继往开来，“空间解决方案是一种生态系统或土地利用模式，它将保护生态系统大部分重要的属性，实现生物多样性”。集成各类信息（测量、样本数据、区域数据）的区域化数据可以辅助可持续景观规划，实现生物多样性。

数据不确定性可以总结为分类方案、空间尺度定义和分类误差 3 个方面。其中空间尺度可进一步细分为：像素大小、最小制图单元、边界平滑度、分辨率及程度。Lechner 等对 Landscape Ecology 上的相关文章进行统计后发现多数研究在分类精度及像素大小等设置上沿用软件默认参数，只有约 23% 的研究进行了参数修正，因此景观生态学家在解决遥感数据不确定性中发挥的作用时受到质疑。兼顾分层组织综合、多样性空间尺度、个别现象及个体差异，加强与软件开发者的合作是未来 GIS 在该领域应用的更高要求。

2. 城市绿地变化及城市化

过去半个世纪的城市化进程使城市物理环境发生了巨大改变，景观改造和人群活动影响甚至改变了城市气象与环境，在区域和空间两个层面直接影响居民身体舒适度和城市环境卫生，甚至制约着城市发展。

遥感（Remote Sensing，RS）和 GIS 的进步为监控城市地区用地变化提供了潜在支持。目前已经有一系列整合 RS 和 GIS 的空间度量指标，用以量化城市空间破碎、复杂、非均质等不同特征，辅助监测城市扩张，并被广泛应用于发达国家。

早期研究主要集中于纵向研究某一重要城市用地变化与扩张驱动力等。研究方法主要有多元线性回归（Multiple Linear Regression，MLR）、结构方程建模（Structural Equation Modeling，SEM）、层次分析法（Analytic Hierarchy Process，AHP）、系统动力学（System Dynamics，SD）、逻辑回归（Logistic Regression，LR）和自回归模型（Auto-logistic Regression models，ALR）等。其中，MLR 和 SEM 主要用于研究城市用地扩张；AHP 是一种主观方法，难以反映城市用地扩张的空间信息；SD 模型可以耦合元胞自动机（Cellular Automata，CA）表现空间动态；ALR 不需要依赖和独立变量之间的线性关系，可直接处理因变量的回归问题，但对不同要素及其影响的识别存在困难，当与 GIS 结合时，能有效反映变量的空间特征，用于纵向时间对比和大城市圈土地利用变化驱动力的分析与预测。刘婷等借助 AHP 和 SD 分析美国亚特兰大地区土地变化，发现尽管城市扩张得到了控制，但郊区绿地转换为城市用地仍是该地区用地变化的主要原因。Hossein 等建立 LR 和 ALR 模型分析 1973—2010 年孟买城市空间变化特点及驱动力，为可持续规划提供决策依据。Lucia 等综合土地利用变化模型、LR 和 CA 校准 1975—2010 年圣地亚哥地区城市发展数据，预测 2030 年和 2045 年的城市扩张，为规划和行政决策提供支持。

近年来，城市间横向对比研究及小城镇演变研究逐渐增多。舒帮荣等从自然生态环境、土地控制策略、可访问性和社区环境 4 个方面选取生态适应性、基本农田等 8 个要素，横向对比中国长三角地区太仓三镇 1989—2008 年城市化扩张方式和速度的异同。Liu 用人均耕地面积、建成区绿地覆盖率等 12 个代表性指标评估长三角地区的 16 个城市水、交通和环境承载能力。发现除上海外其余城市均呈良性发展，土地和水资源的承载能力成为限制经济和社会发展的两个关键因素。

总体而言，在该领域的研究对象囊括纵向时间对比与城际横向对比，大城市圈与卫星城、小城镇等多种类型，并自成一套参数设置体系。但在大区域规划以及优化策略中进行大城市自身发展的纵向研究，是未来学者需要努力的方向。

3. 生态系统服务

ES 是适用于生态景观规划与管理的有效手段。人类活动与自然循环共同作用于 ES，成为系统的一部分。ES 被分为供应、管理、文化和支持作用 4 个系统，发挥着连接不同价值群体的作用，结合 GIS 技术进行 ES 评价对景观规划和管理具有重要意义。

Cibele 等结合 GIS 数据和量化公开可用信息以及映射的分配服务对瑞典 62 个城市中的 16 个生态服务系统的分布和服务质量进行了集成分析与低成本评估。分析录入的所有数据，并绘制每个类别的平均值，确定了 5 种不同类型的 ES 空间凝聚景观，对区域社会和生态梯度作出了解释，同时为人为干预景观提供了多种思路。

弹性空间的概念涵盖时间和空间，社会—生态弹性服务系统（Resilient Socio-ecological Systems，SESs）可以看作是运行在时间和空间尺度上的不同系统。近年来这一理论被应用到城市空间，Hattam 等将基于 GIS 的生态系统交互评价模式引用到公众调查中，探讨应用这一理论解决现实挑战的可能性。SESs 可以缓解环境的消极变化，由于快速城市化，中国的生态可持续发展受到严重威胁，湿地生态系统受到的影响尤为显著。李扬帆等基于多准则评价方法和空间可视化 GIS 创建分区，以中国太湖流域的城市湿地 SESs 为实验对象，评估 4 个不同空间的弹性。

虽然 ES 系统在近 10 年来应用逐渐广泛，但要素评估仍存在瓶颈，迄今为止的相关研究都需要进行大量的数据采集与录入工作，由于缺乏 ES 的交互信息，很多变化过程始终依赖于虚拟数据。除供应服务系统外，大多数 ES 难以实现完全量化，现有复杂而模糊的 ES 评估系统具有较大优化空间。

4. 景观评价工具空间

可达性被视为衡量生活质量的标准之一，公共服务用地与交通可选择范围、到达时间、安全性、费用和方便程度呈现一定的函数关系，成为城市结构与空间规划的依据之一。Saleem 等基于 GIS 的可达性分析模型，进行英国爱丁堡公共交通空间网络可达性（Spatial Network Analysis of Public Transport Accessibility，SNAPTA）分析模型的构建。利用事前评估法进行有轨电车系统和爱丁堡南部轻轨与 6 个公共服务区间的可访问性评估。这一模型解决了目前规划实践中可访问模型的局限性，为规划决策者提供了用地规划与交通设计一体化的途径。

欧洲关于城市绿色空间（Urban Green Spaces，UGS）的研究前期主要集中于其适宜、可达性及社会效益方面，基于 GIS 的空间可达性和适宜性，研究表明 UGS 具备减少噪声、增加碳储存、促进水净化，以及改善城镇居民心身健康的作用，这一方法还被运用到 UGS 与犯罪率关系的讨论中，但对社会环境公平性与城市绿地空间分布之间关系的研究则较少。绿地公平性包括公园和娱乐设施分配、素质教育（包括体育教育）、体育锻炼和健康饮食、交通公平性以及气候等问题。

Nadja 等对德国柏林市滕珀尔霍夫机场公园开展绿地公平性研究，在 2011 年 6 月 18 日—9 月 30 日分别在 3 个出入口进行周期性访谈取样，将 1314 名访问者的取样结果录入 GIS 系统。结合 SPSS 聚类分析方法，从社会环境分配、程序和互动 3 个维度讨论绿地公平性及居民身份认同感。结果表明，柏林 UGS 总值及人均值（约为 $6m^2$/ 人）都可以满足居民需求，但城市公园游客占比不均，移民缺乏文化认同感且老年人的试用感受差。这为移民国家和多民族、多种族及不同年龄需求的城市绿地公平性提供了实验参考，为景观评价提供了更多维度的发展。

5. 乡村规划与农业规划

经过几十年的发展，许多欧洲国家城市和经济增长的动力已经与人口数量的增长没有直接作用关系。当代欧美城市发展更多受到城市总体环境质量降低的威胁和城市边界破碎化的困扰，这一现象在地中海地区尤为明显。边界破碎化使大多数分布于城市边缘地带、植被覆盖率较高的荒废农田和绿地等非城市用地大幅下降。它们作为农业和绿色基础设施的一部分，承担着净化城市空气和水体、缓解旱涝灾害的作用，是自然环境在城市地带的残余力量。同时对经济、社会生态学、居民心理、文化等都有一定积极影响。在不同层次和不同部门协调欧盟农业政策和社会经济过程，明确空间规划对景观服务点的影响十分重要。

这些边缘地带的农业景观和城市发展之间的关系成为城市规划新的切入点，为降低城市扩张的影响，干预农业景观和乡村规划来阻止城市用地对农林用地的蚕食成为新的规划思路。Daniele 等利用对非城市化地区（Non-urbanized Areas，NUAs）转变为都市农业形式（New Forms of Urban Agriculture，NFUA）的可能性进行研究，提出了增加粮食产量、保护现有农业用地免受城市化扩张影响的规划设计策略，使城市更为宜居。

随着 GIS 空间分析技术的发展以及学者研究重心的转移，这种逆向规划思维得到实证与发展。Alfonso 等基于 GIS 的多瞬时分析方法，对意大利南部 160 多年间的历史地图与现有用地进行比较，评估农林间作形态和植被变化，比较农业和林业土地置换情况，确定重点规划区域。Marinoni 等利用这一技术将农业用地与盈利能力及土地自然承受力相结合录入 GIS，制作农业用地利润地图，用以显示土地更新状态，有助于在时间和空间层面理解土地更新，识别区域经济地位较低的地区，有助于更好地进行农业用地分配，以取得更大的经济效益。

（二）国内外研究进展比较

随着生活水平的提升，人们更加关注生存环境。政府积极推进园林绿化，城市基础设施建设、城市质量提升、基础设施更新换代等多重需求逐步释放，从而共同作用于风景园林市场的扩大。党的十九大报告中指出，“坚持人与自然和谐共生。”“园林城市、宜居城市”“海绵城市”等绿色生态城市理念开始受到关注，以打造园林城市为契机，促进了现代风景园林设计的发展。风景园林行业迎来了暖春，行业逐步得到重视，也获得不错的市场发展前景。

5 年来，以水土治理和空气治理为代表的生态治理和修复工作在积极地开展，对于风景园林行业而言，生态修复成为一项新兴的领域，可以加以拓展。具体来说，生态修复工程主要指通过人为构建植被，对遭到破坏的生态系统，如污染的水体（河流湖泊等）、被开采殆尽的矿场、铁路或者公路的边坡等，都可以利用风景园林加以修复，促进其不断朝着一个良性的方向发展。生态修复是风景园林的延伸和拓展，如果对项目实施地周边环境进行一定的统筹协调和深入研究，将生态学、景观学等理念进行实际应用，就会带来修复生态的效果。

国外风景园林发展与国内风景园林有着相似性，环境问题已经成为全球性的问题，西方国家同样开始认识到生态环境保护的必要性，从以往的征服自然，开始追求人与自然的和谐发展。风景园林设计方面，追求自然而然地形成，减少其中的人为参与。

走向自然，减少景观设计中的人为干扰，首要任务是保护自然生态，恢复自然生态。

走向生态，风景园林设计师开始更多地关注自然要素，在景观设计中，保护和尊重自然，推动景观设计的生态化发展，遵循自然的规律，保证风景园林与自然生态的和谐。

走向地域化，地域性是风景园林的一大特点，也可以被称为本体化。风景园林的设计应该是自然环境与人文环境的统一，反映出当地的自然生态环境，也反映出当地的历史变迁、经济发展等人文要素，体现出景观设计的时代性。

走向新材料和新技术，随着风景园林行业的发展，许多的新型景观材料开始被应用，也推动了风景园林行业的变革。从景观的设计创造、景观的施工工艺方面，一些新型的材料开始与科技融合，风景园林更具有表现力和观赏性。

综上，无论是国内的风景园林发展，还是国外的风景园林发展，其涉及的范围在不断地拓展，从以往的城市风景园林，拓展到乡镇、原野等与人类息息相关的地域。现代风景园林的范畴不断地扩展，也带动着风景园林设计理念以及手法的变迁。随着环境问题日益突出，风景园林设计的生态化发展趋势最为明显，国内外风景园林设计者都将保护自然生态作为风景园林设计的首个要求，逐步实现生态价值和经济价值的统一。

四、本学科发展趋势及展望

（一）战略需求

1. 多学科多专业的协同发展

相对社会、经济、文化发展的要求，风景园林行业发展缓慢。尤其是风景园林行业在建设和保护实践活动中，并未形成与之对应的理论和技术，也没有将中国传统园林的精髓进行有效的继承和发扬。行业的特点和优势没有充分发挥，多学科之间缺少交流和整合，尚未形成合力解决具体问题。

2. 生态化表达的研究支撑

城市建设用地不断蚕食自然环境，开山采石破坏原生植被、水体驳岸硬质化严重、建筑挤压城市景观用地，导致城市与自然的关系相割裂，场地原有的生态平衡被打破，风景园林设计在城市建设的夹缝中艰难生存。为了实现绿水青山、景城合一的目标，风景园林设计越来越聚焦于生态环境的改善。然而由于致力于生态理论和生态技术的研究还处于起步阶段，生态设计难以因地制宜、生态理念缺乏创新、生态技术不成体系等，风景园林设计的生态化表达还有很长的路要走。

3. 景观的地域性和文化性探索

风景园林设计的理论、观念、技术和法规，特别是设计思想的发展较为滞后，难以跟上我国城市化进程的急速发展。风景园林设计被简单理解为一种环境整治的手段，这不仅严重低估了风景园林设计的创新性、科学性和艺术性，而且也使城市建设陷入了“千城一面”的困境。城市格局模糊、特色湮灭，城市面貌日渐趋同，城市文脉得不到继承和发展，“城－水－绿－景－人”相对分离。风景园林设计作为改善城市生态环境的重要手段之一，亟须植根地域文化，挖掘场地特点，打造具标志性的新景观。

4. 行业标准化体系建设

一个行业的制度是否标准、健全关乎行业未来的健康发展，20年来，虽然风景园林行业标准化程度得到了很大的提升，但与其他领域相比仍处于较低水平。行业标准体系结构不合理、系统性不完善、标准体系总体发展不平衡、标龄过长、技术含量低等一系列问题困扰着行业的健康发展。随着行业的发展壮大，风景园林行业的作用也越来越被市场重视，行业标准的落后已经成为行业的短板，制约了行业的规范发展，建立切实可行的标准评价体系成为风景园林行业的当务之急。

（二）发展趋势与重点方向

1. 风景园林设计反映城市发展战略

风景园林设计需要做到战略层面，也就是不仅要同业主进行风景园林设计技术方面的讨论，还要与业主针对风景园林设计的具体项目以及发展战略进行详细的探讨，给出战略层面的设计，保证风景园林设计有着良好的整体性。

2. 多专业的设计综合体成为技术发展的必然

从风景园林设计的内容来看，风景园林设计包含策划、规划、建筑、景观、生态、艺术等多个方面，趋向于材料供应以及施工的全产业链承包建设，城市区域将成为风景园林设计的主要工作对象。

3. 市场细分格局逐步形成，要求设计技术日益精湛

模式较为先进的产业型（EPC）公司市场占有率逐步提高，这些私人的公司在风景园林设计方面更多地追求高精尖的设计，也就是对于技术的要求越来越高。那些缺乏特长的中间型设计公司会在激烈的风景园林设计市场中惨遭市场淘汰。

4. 风景园林设计团体知识结构多元化

风景园林设计单位必须具备多元化的知识结构，主要体现在横向和纵向两方面，横向方面实现跨界拓展，纵向方面实现与上下游产业链的匹配。对于风景园林设计公司而言，既要具备风景园林设计的专业性，也要具备多元化地知识结构，也就是说风景园林设计需要站在土地开发、项目运营以及更加广阔的社会、政治、经济层面进行景观产品的设计。

5. 风景园林行业的设计理论出现新突破

一些优秀的风景园林设计团队，开始构建风景园林设计的理论体系，大胆地进行风景园林设计的创新，让风景园林设计呈现出新的标准和方向。

6. 技术手段的升级

随着互联网以及科学技术的发展，景观行业也势必开始依靠技术手段进行行业革新。

从风景园林设计的产业链来看，出现苗木类的电商，让风景园林设计更具有标准化和专业化。从设计技术来看，云端的设计将会被广泛运用。逐渐出现所见即所得的模拟技术，将成为风景园林设计的现代手段。

7. 基于云端的大数据设计体系诞生

互联网时代下，风景园林设计也进入大数据时代，借助大数据为风景园林设计提供云端服务，例如，大数据时代下有着海量的素材和案例，可以借助网络分享。BIM 工作方式的应用，将促进风景园林设计和建筑行业的协同发展。与此同时，大数据时代下，风景园林设计公司加强大数据的应用，完善风景园林设计作品，使其更具时代特色。

8. 管理和营销水平的升级

对于风景园林设计公司而言，设计和服务是最大的竞争力，这需要通过管理工作，推动设计企业的持续发展。一般而言，如果设计公司有着充足的设计项目，但是如果管理比较薄弱，则难以发挥这些项目的优势，而且将会成为限制公司发展的重要瓶颈。此外，互联网时代下，风景园林设计行业的营销活动也呈现出新的特点，告别以往的落后影响模式，途径变得更加多样化。

9. 风景园林设计的公众参与

互联网时代下，公众对于活动的参与度比较高。景观设计也呈现出公众参与的情况，一些民间的设计师也可以设计出专业化的作品。此外，风景园林设计师在设计方面，更多地关注社会生活，多种途径收集公众关于风景园林设计的诉求和建议，通过风景园林设计解决城市问题。

（三）发展对策与建议

1. 要面向国家战略和社会需求

风景园林学科作为以应用和实践为导向的学科，国家战略的导向和社会需求的引领是行业发展的指路灯。

2. 要面向新技术和多学科

科学技术永远是第一生产力，数据驱动的风景园林环境与社会关系解译、人机交互背景下新型的环境感知以及智能化建造的发展，都在很大程度上增强了风景园林行业的科学性、创造性及高效性。

3. 要回归学科本源

无论如何借助其他领域纵深发展，风景园林学科的内核仍是协调人与自然的关系，需要在继承和创新中发展。前人在中国园林艺术的研究中积累了宝贵财富，但对于博大精深的中国古典园林来说，在系统、深入、全面的研究方面还存在些许空白。当前，对于中国园林史不同历史阶段的研究从分类、分级、分期甚至定义术语等方面还存在诸多意见，我们学科的研究内容与方向缺乏战略研究，继承中缺乏传统，碰撞中缺乏包容，发展中缺乏引导，创新中缺乏理解，导致行业内耗太大，不能做大做强，行业地位不能稳定发展，职业制度至今尚未建立，人才不能引领学界，学科发展一波三折，其结果是我们的人居环境日趋恶化。时至今日，我们必须反思、必须警醒、必须团结，在尊重园林传统学科的前提下，开拓进取、包容创新、紧随时代社会发展潮流，在未来宜居环境建设中不辱使命。

参考文献

[1] Hao W，Qi PS，Bo-sin T. An integrated approach to supporting land-use decisions in site redevelopment for urban renewal in Hong Kong [J]. Habitat International，2013，38：70-80.

[2] Wei H，Min S，Song N L. A 3D GIS-based interactive registration mechanism for outdoor augmented reality system [J]. Environment Development Sustain，2016，18：697-716.

[3] Ran W. Coverage Location Models：Alternatives，Approximation，and Uncertainty [J]. International Regional Science Review，2016，39 (1)：48-76.

[4] Drummond W J，French S P. The Future of GIS in Planning：Converging Technologies and Diverging Interests [J]. Journal of the American Planning Association，2008，74 (2)：161-174.

[5] 董大年. 现代汉语分类大词典 [M]. 上海：上海辞书出版社，2007.23-28.

[6] 李上，刘波林. 标准化学科知识体系构建研究 [J]. 中国标准化，2013 (8)：42-43.

[7] 魏合义. 浅析 L.A. 的内涵和翻译及风景园林学科建设 [J]. 武汉生物工程学院学报，2011 (4)：238-240.

[8] 朱建宁. 建设部科学技术委员会委员朱建宁发言 [J]. 中国现代风景园林设计发展力向一体化与本土化，2005 (6)：22.

[9] 李炜民. 中国风景园林学科发展相关问题的思考 [J]. 中国园林，2012，28 (10)：50-52.

[10] 中国风景园林学会. 风景园林学科发展报告 [M]. 北京：中国科学技术出版社，2010.

[11] 中国风景园林学会. 中国风景园林名家 [M]. 北京：中国建筑工业出版社，2010.

[12] 林广思. 中国风景园林学科的教育发展概述与阶段划分 [J]. 风景园林，2005 (2)：92-93.

[13] 吴良镛，汪菊渊. 中国大百科全书·建筑－园林－城市规划卷 [M]. 北京：中国大百科全书出版社，1988：9-20.

[14] 鲍世行，顾孟潮. 城市学与山水城市 [M]. 北京：中国建筑工业出版社，1994.

[15] 张启翔. 关于风景园林一级学科建设的思考 [J]. 中国园林，2011 (5)：16-17.

[16] 应君，张青萍. 基于风景园林学科发展趋势的课程体系改革思考 [J]. 中国园林，2011 (增刊)：37-39.

撰稿人：李　雄　刘志成　周春光　严亚瓴

树木学

一、引言

（一）学科定义

1. 树木学的定义

树木学（Dendrology）是研究木本植物的形态特征、系统演化、生物学与生态学特征、地理分布及利用价值的一门学科。树木学是一门传统的学科。以植物学为基础，与土壤学、气候学、物候学等关系密切，是森林培育学、森林生态学、森林经营学、森林地理学、林木遗传育种学、森林资源利用学等学科的基础理论之一。随着林业科学的不断发展又衍生出许多分支学科，如园林树木学、经济树木学、观赏树木学、森林地理学等。

2. 树木学的定位

（1）树木学与林业人才培养

树木识别不仅是林业大学生应掌握的重要知识与技能，也是其他课程的基础。如造林学中的适地适树与树种选择、森林昆虫学和林木病理学中的受害树木识别、林木遗传育种学中的种质材料收集、测树学中的观测对象、森林生态学中的群落组成等内容，都需要有扎实的树木学功底。

（2）树木学与林业科学研究

从林业科学研究过程和环节来看，树木属于研究材料和对象，认知研究对象是开展林业科学研究的前提和基础。

树木学与造林绿化树种选择及资源利用研究。树木学为造林绿化树种的选择提供了基础理论支撑，为开发丰富的乡土资源与引种驯化提供了保障。我国拥有 8000 种木本植物，只有小部分木本植物的生物学特性与生态学特性具有比较完整的研究。中国的水热资源分布不均，气候类型多样，不同气候类型适合不同树木生长。中国沙漠化、盐渍化、石漠化形势严峻，珍贵木材资源培育缺口极大。因此，树木的生物学特性和生态学特性研究与造林绿化树种的选择具有非常密切的联系。对大量具有潜在经济价值的木本植物尚未有系统的研究。树木学与林木遗传育种学既有联系又有分工，树木学注重发现和揭示树木的遗传与表型变异，为利用树木变异创制新种质提供基础。

树木学与森林资源调查。全国组织的森林资源清查、省级和大林区组织的规划设计调查、林业基层生产单位进行的作业设计调查等，都需要有熟练掌握树木学知识的林业工作者。

树木学与林业技术推广。按照现代的产业链理论，森林资源发掘、生产和供应属于上游产业。树木学知识主要应用于上游产业，它具有基础性、先导性、战略性特点，树木学工作者是重要的技术支撑。

树木学与生态文明建设。生态文明建设是林业的主要任务之一，树木学知识和技术是生态文明建设原理和技术的核心成分，树木学工作者是生态文明建设的核心“队员”。对于森林植物多样性监测与保护、珍稀濒危植物保护、古树名木保护、自然保护区建设、生物多样性保护等领域，树木学的研究和人才培养都发挥着积极的作用。

3. 树木学的研究方向与特色

经典树木学的研究方向包括：①森林植物区系研究；②木本植物系统分类与演化；③木本植物专科专属及种内变异研究；④木本植物资源开发利用。

2000 年以来，进入实验树木学时期，随着 DNA 序列分析、分子标记和流式细胞术等新方法新技术的广泛应用，实验在树木学研究中显得特别重要，树木学的研究方向进一步拓展，主要包括：①森林植物区系生态功能与遗传多样性分析；②木本植物分子系统发育研究；③木本植物分子生态与分子亲缘地理学；④木本植物基因组大小进化研究等。

（二）学科概述

1. 树木学发展面临的问题

首先，树木学研究内容面临快速更新和拓展。虽然经典树木学的知识体系并无太大变化，但网络、GIS、GPS 等新技术在树木学教学中得到广泛应用。在识别与分类方面，出现了电子教材、电子图书、电子名录、数码照片、数字标本馆等丰富的网络资源。我国的树木学的研究手段和技术需要充分利用现代生物学研究的手段与技术，才能跟上时代的快速发展。

同时，我国传统树木学普遍面临后继乏人的状况。以经典分类研究工作为核心的树木学不受重视，传统树木学的成果需要长时间的投入，学者和年轻的研究人员常由于政策导向等原因而无法坚持；另外，相比而言树木学学科地位不甚明确，缺少建设与发展平台，缺乏具有凝聚力的研究项目，制约了树木学的正常发展。

2. 新常态经济背景下树木学发展的机遇

（1）不可推卸的历史责任与时代任务

《中国树木志》是由中国科学院院士著名树木学家郑万钧教授主编，全国 60 余个科研院校数百位专家参加编写的，为一套掌握树木资源的主要本地资料，是我国树木界对我国林业最大的贡献。随着时代的发展、新植物分类研究成果的产生以及《中国树木志》本身存在的问题和缺陷等，亟待新的中国树木志修编或相关志书的编写。

（2）林业发展建设的需求

《中国林业发展十三五规划》中指出，我国生态资源稀缺，生态系统退化严重，林业发展方式较为粗放。形成这种局面的主要原因是可利用树木资源挖掘不足，对树种的特性了解不深等因素。我国树木资源丰富，可利用乡土树种资源的挖掘与创新是新的机遇。

（3）生物多样性保护的需求

为保护我国的生物多样性，国家制定了《中国生物多样性保护战略与行动计划（2011—2030年）》，树木学可开展的内容包括：①开展生物多样性保护优先区域的生物多样性本底综合调查；②针对重点地区和重点物种类型开展重点物种资源调查；③建立国家和地方物种本底资源编目数据库；④定期组织全国野生动植物资源调查，并建立资源档案和编目；⑤开展河流湿地水生生物资源本底及多样性调查；⑥建设国家生物多样性信息管理系统。

（4）树木资源本底资料不清，任务十分艰巨

我国地域广阔，树木资源十分丰富，各区域植被动态变化与物种的多样性、珍稀树种、珍贵树种的资料本底都不清楚，未来的基础调查和数据整理、评价及保护对策都需重建，任务十分艰巨，在资金和人力上都面临巨大的挑战。

二、本学科最新研究进展

（一）发展历程

根据中国实际，可将树木学的发展历程划分为以下三个阶段：①18世纪末至1920年，为古典树木学阶段。主要研究内容是树种识别、新种发现和树种资源发掘。②1920年至20世纪末，为经典树木学阶段。研究内容明显拓展，包含树种收集与识别、系统分类、生物学与生态学特性、地理分布和资源利用，在此阶段建立了大批植物园、树木园，成就了一大批树木学家。③21世纪以来，进入实验树木学阶段。树木学受到生物技术与信息技术的深刻影响，网络技术和分子技术广泛应用于树木学教学与科研，研究内容进一步深化，诞生了数字标本馆、树木分子系统学和树木分子亲缘地理学等新生事物。

20世纪初，一批留学欧美学者学成回国，先后在江苏、浙江、北京、安徽等地创办了江苏省立第一农校林科、浙江甲种农业学校林科、北京农业专业学校林科、安徽第一农校林科等，开设《树木学》课程，建立树木园。1952年7月全国农学院院长会议上拟定了高等农林学院院系调整方案，决定成立南京林学院、北京林学院、东北林学院三大林学院，并在全国13所农学院中保留和增设林学系，形成了新中国高等林业教育的基本格局。1978年前后南京林业大学、北京林业大学和东北林业大学相继恢复树木学硕士研究生招生，学科专业名称为森林植物学，研究方向树木分类学。成为我国林业科学研究中，基础

研究人才培养的重要组成和特色力量。

在树木学学科的发展中，离不开中国树木学的奠基者。其中，留学欧美后学成归国创办森林系的知名学者有李寅恭、陈嵘、钱崇澍、胡先骕、陈焕镛等。中华人民共和国成立以后创办三大林学院和农业大学林学系的杰出树木学家有：郑万钧、杨衔晋、蒋英、徐永椿、汪振儒、蒋纪如、牛春山、陈植、洪涛、孙岱阳、梁宝汉、林万涛、白埰等。中华人民共和国成立初期毕业，开创新中国树木学新局面的杰出代表有：朱政德、祁承经、张若蕙、傅立国、火树华、施兴华、李秉滔、任宪威、黄普华、董世林、黄鹏成、向其柏、赵奇僧、曲式曾、郑清芳、杨昌友、陈志远、冯自诚、姚庆渭、易国培等。这些杰出的树木学家在树木学学科建设和人才培养中发挥了巨大的作用。

（二）基础研究进展

2012—2018年，树木学学科利用学科优势，积极开展森林植物学基础、树木资源研究与利用、珍稀濒危及古树名木保护以及观赏树木新品种培育等研究项目，并取得丰硕成果。根据南京林业大学、北京林业大学、西南林业大学、西北农林科技大学、甘肃农业大学、山东农业大学、华南农业大学、江西农业大学、福建农林科技大学、山西农业大学、北华大学、广东大学和塔里木大学13所大学树木学学科提供的资料，期间，承担各类研究项目199项，总经费7569.963万元，其中纵向课题106项，经费4040.679万元，横向课题98项，经费3529.284万元；发表科学研究论文426篇，其中SCI 148篇；专著26册；专利10项；新品种12个；获得梁希林业科学技术奖、省级科学技术奖、省部级科技进步奖和国家及省级教学成果奖等各种奖项15项。

1. 森林植物的分类修订和系统演化研究

森林植物类群的分类研究和修订是树木学研究的重要任务。树木学研究者相继承担了国家科技部基础专项、自然科学基金和国际合作项目，承担了《泛喜马拉雅植物志》的编写任务、国家及各省植物志编写任务，利用现代分子生物学研究技术，结合经典分类方法，开展了壳斗科、木犀科、蔷薇科、野茉莉科、芸香科（九里香属）、广义杨柳科、卫矛科、杜英科、藤黄科、红厚壳科、毛茛科（铁线莲亚科）、谷精草科、金丝桃科、萝藦科（鹅绒藤属）、广义凤尾蕨科（铁线蕨属、凤丫蕨属、金粉蕨属）的分类修订；对重要的木本植物类群，如壳斗科麻栎属、木犀科木犀属、蔷薇科等类群进行了表型与分子相结合的分析方法，系统研究了不同类群的亲缘地理学和系统演化。

2. 树木形态、生殖等机理研究

针对木本植物开展了一系列形态、生殖机理研究。如针对春季杨树和柳树飞絮问题，利用传统和现代组织发生学理论和研究手段，开展了杨属和柳属种子及其附属物发生发育的比较研究，揭示了杨絮和柳絮形成的过程和机制。对卫矛科和木兰科不同类型假种皮与肉质种皮的形态发生、发育与演化进行了系统的研究，揭示了假种皮和肉质种皮的演化趋势；利用转录组学研究了卫矛科假种皮发育分子机制。如针对木犀科特有的雄全异株生殖系统展开了花粉萌发、传粉机制的关联研究，也对木犀属不同花期的生理机制进行了系统探讨。

3. 志书、教材等编写

完成了《泛喜马拉雅植物志》的编研、江苏省植物志木犀科、蔷薇科等大科的撰写和出版任务。主编完成了“十三五”国家重点出版物出版规划项目中的《中国生物目录第一卷 种子植物（VI）》《江苏植物志》《黑龙江植物志》《京津冀地区保护植物图谱》《北京野生资源植物》《北京保护植物图谱》等，树木学人主持并作为主要完成人参与了各地方志书的编撰工作，如《山东珍稀、特有植物志》《深圳古树志》《福建特有植物》《浙江地方志》《广东地方志》等专著，为我国树木资源的调查与整理作出了杰出贡献。主持编写《树木学（南方本）》《树木学（北方本）》《中国北方常见树木快速识别》《植物生物学》等教材和教学参考书为全国农林院校的教学发挥了主导作用。

（三）应用研究进展

1. 树木资源利用研究

树木学人在植物资源开发利用领域作出了杰出的贡献，在乡土树种资源挖掘和评价中，利用国家“十二五”农村领域国家科技支撑计划课题（2013—2017），开展了“山胡椒种质资源发掘与创新利用”基础性研究。以“杜松”为研究对象，采用林木分子生物学（SSR、SRAP 标记法，构建杜松 DNA 指纹图谱）、GC-MS 和 HPLC 法（分别构建杜松的精油成分指纹图谱、酚类成分指纹图谱）、地理信息系统（杜松的适宜性评价）等，建立了基于化学成分、生物活性、指纹图谱、遗传多样性及 GIS 分析的药用植物种质资源评价体系，对药用林木种质资源评价具有重要参考价值和借鉴意义。

在观赏种质资源创新领域成果显著。据不完全统计，5 年来，在国产特色植物资源领域，培养出了一批具有知识产权的新品种，获得了国家林业和草原局新品种保护办公室授权，如桂花就有 18 个新品种获得授权，乡土资源中一批重要种质资源如樱花、海棠、栀子花、杜鹃花等新品种培育和授权也取得了显著的进展。

同时，开展了珍贵树种的相关研究，如麻栎属、半枫荷、黑木相思、油茶、楠木、赤皮青冈优良种质选择研究，选育出新品种黑木相思福林 M5、芳香樟无性系 PC1、芳香樟无性系 NP187 三个无性系。

2. 珍稀濒危树种种质资源收集、保存与评价

对百花山葡萄、丁香叶忍冬、紫椴、泰山椴、脱皮榆、青檀、光叶榉、大叶朴、刺五加、刺楸、北五味子、山东枸子、政和杏、野生玫瑰、河北梨、腺齿越橘、大叶胡颓子、泰山柳、三桠乌药、崂山溲疏、山茶、玉玲花、粗榧、大果圆柏、西藏柏木、巨柏、西藏落叶松、大花黄牡丹、滇牡丹 29 种珍稀濒危树种开展了形态和分子水平的遗传评价、繁殖技术、生境和群落研究和珍稀濒危树种种质资源库建立及种质资源收集。利用 SRAP、

CDDP、AFLP、SSR等分子标记技术进行了遗传多样性、自然变异、表型变异研究。对部分珍稀植物种进行了全长转录组测序分析。

对百花山葡萄、丁香叶忍冬等进行的组织培养、硬枝扦插和嫩枝扦插技术及生根机理，大叶朴、玉玲花、粗榧种子贮藏过程中的生理变化进行了研究。制定了光叶榉育苗技术规程、枸子育苗技术规程、青檀播种育苗技术规程、玫瑰野生种质资源鉴定评价技术规范、野生玫瑰种质资源描述规范。

完成了百花山葡萄、丁香叶忍冬、野生玫瑰、山东枸子、青檀、刺楸、崂山溲疏、河北梨、三桠乌药、紫椴、泰山椴、泰山柳、山茶、政和杏、西藏落叶松、大花黄牡丹和滇牡丹等种类的群落学研究，掌握了资源现状、分布区域、分布特点、依存群落的结构和组成，为珍稀树木的保护研究奠定了基础。并对相关物种进行了繁育和保存，建立了种质资源库。

积极参加全国第二次野生保护植物资源调查和极小种群野生植物普查。利用科技部基础资源专项“中国西南地区极小种群野生植物资源调查与种质保存（2017YF100100）”。对四川和重庆地区梓叶槭、灌县槭、雷波槭、伯乐树、四川柿、平武水青冈、巴山水青冈、雅安琼楠、岩桂、华蓥润楠、四川润楠、白脉韭、古蔺黄连、峨眉黄连、距瓣尾囊草、四川牡丹、蜀枣、秃叶黄檗和平当树19种极小种群野生植物开展地理分布、种群大小与结构、生境特征、群落特征、植被和土壤类型等调查，采集保存相应的种质并建立资源信息库。调查结果将为西南地区“极小种群野生植物拯救保护工程”的实施提供基础资料和数据，服务于国家战略性生物种质资源的保护与利用的科技发展。主持了北京市和山东省全国第二次野生保护植物资源调查。

在秦岭植物志的基础上，通过大量的野外调查和相关的生境分析，完成生境局限性植物和珍稀濒危保护植物生存状况的评估，并建立了相关数据库。主要开展了生境局限性植物和珍稀濒危植物栖息地生态因子调查，为秦岭野生植物进一步迁地保护和就地保护提供依据。

通过黄河中游地区I级古树名木的野外调查，掌握了该区域古树名木的生存现状，完成了古树名木的健康评估。通过分子生物学方法和植物的营养生理学等方法，开展了古树衰老机理和古树复壮技术的研究，初步探明树木的衰老与其体内的蛋白代谢以及根毛区的营养吸收有密切关系。

3. 树木学研究的社会服务成果

（1）植物资源本底调查

全国林业、农林等大学的树木学学科利用科技优势积极参与社会服务，先后承担、参与了华东本土植物清查与保护、第二次全国重点保护野生植物资源县域调查、植物标本馆标本数字化与共享、野生植物极小种群调查、北京2022冬奥会延庆赛区建设本底调查、延庆赛区生态环境保护和珍稀濒危保护植物的保护实施规划。在北京冬奥会申报和建设中，树木学学科发挥了极大的作用，承担了北京冬奥会延庆赛区本地调查和松山国家级自然保护区科学考察，为北京冬奥会的申办成功和延庆赛区建设区内珍稀濒危植物的清查和保护、生态修复提供了技术支撑。2015年以来，相继建立了武夷山亚热带森林物种多样性10ha长期监测大样地、黄山北亚热带森林物种多样性10ha长期监测大样地等大尺度的物种监测基地。

（2）为自然保护区等保护地建设发挥重要作用

树木学学科教师和研究队伍长期从事森林植物学的教学和研究，对我国的森林树木资源较为了解，成为我国自然保护区等保护地建设中重要的技术和咨询力量，在保护区的晋升、保护成效评估、保护区总体规划、人与生物圈10年建设评估中发挥了巨大的作用。长期以来作为技术支撑，为武夷山自然保护区、牯牛降自然保护区、黄山国家森林公园、宝华山自然保护区、浙江南麂列岛自然保护区的建设和保护作出了积极的贡献。

（四）人才队伍和平台建设

1. 人才培养

据13所院校资料统计，2012—2018年，树木学学科共培养研究生366人，其中博士研究生43人、硕士研究生323人。为科研单位、大专院校和林业管理部门等输送了具有树木分类和识别技能的稀有人才。2名教师获得市级优秀教师和宝钢优秀教师称号，1名教师获得林业部门优秀教师称号。

2. 研究团队与平台建设

南京林业大学、北京林业大学、东北林业大学的树木学学科是教育部“双一流”学科建设的主要建设团队，也是林学一级学科建设的团队，拥有“亚热带森林生物多样性保护国家林业局重点实验室”“国际木犀属栽培品种登录中心”，“南方现代林业 - 江苏高校协同创新中心”平台。

3. 联盟

以南京林业大学为牵头单位，树木学人成为国家林业和草原局第一批（2018）重要的联盟之一。“南方木本花卉产业创新联盟”涵盖了我国重要的木本花卉资源，如桂花、樱花、海棠、栀子花、野茉莉、杜鹃花属资源，其创新团队必将为花卉产业作出自己的贡献。

三、本学科国内外研究进展比较

树木学既属于生物学范畴，又属于林学范畴。树木学是林学本科专业的主干课程。目前，培养树木学研究生的学科专业主要分散在两个一级学科：一是生物学—植物学—树木学方向；二是林学—野生动植物保护与利用—野生植物保护与利用方向。如果要列举能够代表树木学研究方向的研究机构和学术期刊，早期莫过于美国哈佛大学阿诺德树木园及其期刊 Journal of the Arnold Arboretum，现时只有波兰科学院树木学研究所及其期刊 Dendrobiology。因此，比较本学科国内外研究进展，集中体现在两个方面：其一，珍稀濒危木本植物保护生物学；其二，Dendrobiology 期刊发表的树木生物学研究学术论文。

1. 珍稀濒危木本植物保护生物学研究

珍稀濒危木本植物保护生物学研究领域，以世界广泛分布的针叶树代表松属和阔叶树代表木兰属为例，检索 Web of Science 近十年来有关濒危树种的文献：

（1）松属

10 年共有 19 篇论文。其中，中国 10 篇，内容涉及毛枝五针松叶绿体基因组、SSR 标记和 EST-SSR 标记开发，大别山五针松松针和树皮二萜化合物、群体遗传结构和松转录组测序与 EST-SSR 开发，华南五针松二萜化合物，巧家五针松 EST-SSR 标记开发，白皮松核苷酸多态性与谱系地理。日本 3 篇，主要研究 *Pinus amamiana* 外生菌根真菌群落，日本五针松传粉与繁育系统，华山松组培与种质资源保存。印度 2 篇，分别为 *P. gerardiana* 种子生物学和环境因子与天然更新。其他国家各检索到 1 篇，分别为墨西哥 *P. culminicola* 对火的响应，美国 *P. elliottii* var. *densa* 生境与生态，法国新种 *P. mugo*，以及波兰 *P. uliginosa* 群体遗传结构。

（2）木兰属

10 年共有 18 篇文章。中国的文献有 10 篇，包括华盖木叶绿体基因组和种群拯救，景宁玉兰 EST-SSR 标记开发及遗传分析和叶绿体基因组、天女木兰叶绿体基因组、黄山木兰种群生态与萌芽更新、基于 ISSR 的厚朴遗传多样性分析、凹叶厚朴群体结构与遗传多样性、宝华玉兰挥发油含量与组分、长蕊木兰遗传变异与保护评价。墨西哥 4 篇，涉及 *Magnolia schiedeana* 种群生态，*M. pugana* 种子生物学，*M. dealbata* 体外微繁殖法生产厚朴酚和木兰醇和种群生态。日本 2 篇，涉及星花木兰（*M. stellata*）种子萌发与存活率、遗传结构与保护对策。另外 2 篇分别是哥伦比亚 *M. sambuensis* 生境与保护状态和加拿大 *M. acuminata* 保护遗传。

以上检索可以归纳为以下几点：①从论文数量来看，中国已经走在世界前列。②遗传多样性、遗传结构、保护遗传是研究热点，37 篇论文中占 12 篇。种群生态、动态、群结构、生境是另一个热点领域，共有 8 篇论文。③叶绿体全基因组测序是最新的研究领域，均出现在 2018 年以后，均由中国学者发表。④其他涉及的领域还有树木化学、种子生物学和繁殖生物学等。

中国的珍稀濒危木本植物保护生物学研究之所以能跻身世界前列，得益于多个方面。在项目支撑方面，1993 年，国家自然科学基金委就立项了重大项目“中国主要濒危植物保护生物学研究”，研究中国鹅掌楸等 10 种珍稀濒危植物。近年来，原国家林业和草原局制定的《全国极小种群野生植物拯救保护实施方案》，支持了各地开展珍稀濒危木本植物保护的研究与实践。“十三五”期间，科技部启动了重点研发项目“典型极小种群野生植物保护与恢复技术研究”。在经费方面，中国的自然保护区和国家公园系统的运行经费比较充足，甚至高于美国，这为濒危植物保护提供了经费保障。

2. 树木生物学研究

检索波兰科学院树木学研究所举办的学术期刊 Dendrobiology 2015—2018 年发表论文，获得 76 条记录，其第一作者来源国家、主题和主要树种如表 1。

表 1　近三年 Dendrobiology 论文的作者国家、主题和主要树种

国家	论文数（篇）	主题	论文数（篇）	树种	论文数（篇）
波兰	26	树木形态	6	松树	13
捷克	10	树木解剖	4	栎树	12
中国	10	树木生理	6	欧洲水青冈	5
俄罗斯	3	植物化学	2	欧洲红豆杉	4
德国	2	树木遗传	10	杉木	4
斯洛文尼亚	2	树木生态	10	冷杉	3
立陶宛	2	树木年代学	8	云杉	3
匈牙利	2	树木病虫害	4	榆树	3
伊朗	2	森林经营	5	杨树	3
		其他	16	柳树	3

除表 1 中所列国家外，发表 1 篇论文的国家还有欧洲的斯洛伐克、乌克兰、罗马尼亚、奥地利、塞尔维亚、瑞士、西班牙、意大利，北非的突尼斯，北美的加拿大，拉美的巴西和智利，南亚的印度尼西亚，中亚的哈萨克斯坦。

从文章主题来看，主要涉及树木遗传、树木生态、树木年代学、树木形态、树木生理、森林经营、树木病虫害、树木解剖、树木化学。此外，还有树木分类、濒危树种保护和综述等。

从文章涉及的主要树种来看，多种松树和多种栎树是最热门的树种，其次是欧洲水青冈、欧洲红豆杉和杉木，文章较多的树种还有冷杉、云杉、榆树、杨树和柳树。进一步检索“Web of Science”发现，以高被引论文数多少为衡量标准，最热门的树种则为山茶、杨树、松树、水青冈、栎树和冬青（表 2）。

表 2　近 5 年各树种相关论文数、高被引论文数和期刊

分类群或期刊名	2014—2018 论文数（篇）	高被引论文数（篇）	高被引论文发表期刊
松属	2846	5	Catena, Parasitol Int, Forest Ecol Manag, Plant Cell Environ, Eur J Forest Res

续表

分类群或期刊名	2014—2018论文数（篇）	高被引论文数（篇）	高被引论文发表期刊
山茶属	1049	12	Food Chem（2），P Natl Acad Sci USA*，Saudi J Biol Sci，J Biopharm Stat，Molecules，Planta，Colloid Interf Sci，Sci Rep-UK（2），BMC Plant Biol，BMC Evol Biol
杨属	1222	9	New Phytol（4），PlantCell，Sci Rep-UK，J Exp Bot（2），P Natl Acad Sci USA
水青冈属	455	5	Environ Exp Bot（2），Global Change Biol，Forest Ecol Manag，Eur J Forest Res
栎属	1257	3	Tree Genet Genomes，Am J Bot，New Phytol
冬青属	432	3	Food Chem，Tree Genet Genomes，New Phytol

四、本学科发展趋势及展望

（一）战略需求

行业的新使命对树木学学科发展、人才培养和科学研究提出了新的更高的要求。国家林业和草原局最近正实施几项重大举措：①实施《天然林保护修复制度方案》；②推进“退耕还林还草工程”、森林城市和森林乡村建设和“互联网＋全民义务植树”；③建设以国家公园为主体的自然保护地体系；④启动《全国野生动植物保护工程规划（2020—2035年）》；⑤推进红木类、常绿和落叶硬木类、针叶类珍贵树种的培育。上述重大举措的推进和实施，对树木学学科提出了新要求。另外森林调查编目、资源发掘、树种选择、受威胁物种保护，都需要树木学学科做智力、技术和人才支撑。

（二）发展趋势与重点方向

1. 发展趋势

未来5年树木学发展趋势可概括为以下四个方面：

（1）研究对象拓展

维管植物中木本植物的比例占45%—48%。中国有种子植物30753种，按此比例，中国的木本植物可能超过8000种；同时，外来树种不断增加。学科探究对象势必扩展，涉及中国树种、外来树种和国外原生树种的分类、进化、生物学与生态学特性。

（2）研究区域拓展

全球有14个地带性生物群区、34个生物多样性热点地区、20个维管植物多样性中心和世界生物多样性保护的9个优先领域或板块，在全球化和“一带一路”背景下，树木学研究范围不仅限于中国的植物区系，还需要探讨全球的木本植物区系。

（3）研究内容拓展和深化

经典树木学研究方向有：①森林植物区系；②木本植物专科专属的分类修订；③木本植物种内变异与品种分类；④树种生物生态学特性。

随着新技术新方法的广泛应用，树木学已进入“实验树木学”时期，发展趋势包括：①由经典植物区系研究向生态功能与遗传多样性分析拓展；②由植物专科专属分类修订向分子系统发育研究拓展；③种内变异由单一表型变异分析向表型和遗传变异联合分析拓展。④木本植物基因组大小进化研究。

（4）现代树木学教学新发展

交互式多媒体木本植物识别教程《北美木本植物》4.0 版和美国农业部开发的《植物抗寒分区地图》，符合树木学发展的新趋势，是当前树木学教育教学改革与发展的迫切需要。

2. 重点方向

（1）世界森林植物区系研究

全球范围内不同植物区系界、区和省的基本特征、区系成分和森林特征；危机生态区、生物多样性热点地区等“热点或敏感地区”的植物区系学；不同区域之间的比较植物区系学。

（2）森林生物多样性编目与长期定位观测

重点开展森林植物和动物编目与监测，长期定位观测森林生物种群动态，研究森林生物多样性的演变规律和维持机制，探讨森林群落的亲缘结构、中性理论等科学问题，揭示生态系统结构、动态与服务功能。

（3）树木分子系统发育

采用以分子手段开展关键木本植物类群分子进化研究，主要研究对象：一是特征类群，如松科、木兰科、壳斗科、蔷薇科、豆科、杨柳科、竹亚科等；二是热带类群，如樟科、龙脑香科、楝科、桃金娘科等。

（4）树木分子生态与谱系地理

探究特色树种的分子亲缘地理模式，主要研究对象是松树、栎树、栲树等地带性森林群落的建群种，揭示这些特征木本植物成分的遗传结构、遗传分化、迁移历史、地理模式和潜在避难所。

（5）珍稀濒危动植物物种保育

针对珍稀濒危植物物种种群濒危机制不清与保育措施不合理等问题，在分子、细胞、个体与种群水平上，探讨珍稀濒危植物物种的生长发育、生理与生殖过程，揭示其濒危机理，研发种群扩繁、解濒与保育技术。

（6）极小野生动植物种群保护

针对极小野生植物种群隔离与斑块化导致的数量螺旋式下降等严峻现状，研究气候变化、人为干扰与生境退化等极小种群的致危因素，探讨种群衰退及遗传漂变的生物学机制，揭示物种就地保护与迁地保护机理，研发极小植物种群恢复技术。

（7）观赏木本植物基础研究

以海棠、樱花、花楸、铁线莲、北美红栎、冬青、玉兰、山茶、杜鹃等观花和观果木本植物为主要研究对象，针对花果成色机理、花香生化基础、生长发育分子调控、生态适应性、快繁技术等科学技术问题，开展基础研究与技术研发。

（8）珍贵树种基础研究

以黄檀类、紫檀类、楠木类、栎类、红豆杉类等为主要研究对象，探究珍贵树种的地理分布、表型变异和遗传基础、种质资源收集与保存、生长发育规律、生态适应性。研发珍贵树种的繁殖技术与栽培技术。

（9）古树名木保护技术研究

针对古树名木年龄难以鉴定、修复与保护技术薄弱等问题，开发和引进古树名木和珍稀木本植物无损检测技术。在古树名木树种与品种鉴定方面，开发DNA条形码技术。

（10）森林植物资源可持续利用

重点研究经济竹种与林下经济植物物种的生长发育、表型变异与遗传变异规律，揭示其农艺特性与资源现状，研发其培育、扩繁与产品加工等技术。

（三）发展对策与建议

1. 发展对策

（1）顶层设计

树木学分会要厘清本学科的总体发展方向、目标、任务和举措，规划树木学科研发展方向和优先领域，实现树木学学科的可持续发展。

（2）创新驱动

创新研究思路，实现经典树木学和现代生物学两者的辩证统一与有机结合。创新研究内容，贴近树木生物学的前沿科学问题。创新研究方法，关注物理、化学、生物和信息领域的新技术、新方案和新仪器。

（3）育人为先

加强《树木学》课程建设。大力培养树木学硕士生和博士生，提升研究生培养质量，加强师资队伍建设，形成良好的学术氛围。

（4）团队协助

加强校内和校际的教学交流与科研合作，创造机会联合申报科研项目。进行国内外同行的学术交流，开展研究生联合培养。

（5）经费保障

瞄准行业、经济和社会发展的科学技术需求，积极申请纵向科研经费。围绕企业技术研发和地方科技需求，拓宽研究经费筹措渠道。

2. 建议

（1）合作编写《中国树木志》英文版与《中国树木图志》。

（2）合作编写电子教材。吸收《北美木本植物》4.0 版（*Woody Plants in North America* 4.0）交互式多媒体的木本植物识别教程技术，筹备编写两部具有中国特色的电子教材《中国木本植物》（南方本和北方本）。

参考文献

[1] 陈嵘. 中国树木分类学［M］. 南京：中国图书发行公司南京分公司. 1937.

[2] 中国树木志编辑委员会. 中国树木志［M］. 北京：中国林业出版社. 1983-2004.

[3] 中国林学会树木学分会第八届委员会，风雨叁拾年［M］. 北京：中国林业出版社. 2015.

[4] Brooks TM，Mittermeier RA，Da FG，et al. Global biodiversity conservation priorities［J］. Science，2006，313（5783）：58-61.

[5] Fitzjohn RG, Pennell MW, Zanne E, et al. How much of the world is woody?［J］Journal of Ecology, 2014, 102（5）：1266-1272.

[6] Gao JM，Song Yu，Zheng BJ. Complete chloroplast genome sequence of an endangered tree species，*Magnolia sieboldii*（Magnoliaceae）［J］. Mitochondrial DNA Part B，2018，3（2）：1261-1262.

[7] Gonzalez MS，Giraldo U，Estela L. Habitat and conservation status of molinillo（*Magnolia sambuensis*）and laurel arenillo（*Magnolia katiorum*），two endangered species from the lowland，Colombia［J］. Tropical Conservation Science，2016，9（3）：UNSP 1940082916667337.

[8] Hu CL，Xiong J，Wang PP，et al. Diterpenoids from the needles and twigs of the cultivated endangered pine *Pinus kwangtungensis* and their PTP1B inhibitory effects［J］. Phytochemistry Letters，2017，20：239-245.

[9] Hu ML，Li YQ，Bai M，et al. Variations in volatile oil yields and compositions of *Magnolia zenii*Cheng flower buds at different growth stages［J］. Trees，2015，29（6）：1649-1660.

[10] Huang H. Plant diversity and conservation in China：planning a strategic bioresource for a sustainable future［J］. Botanical Journal of the Linnean Society，2011，166（3）：282-300.

[11] Leitch IJ，Soltis DE，Soltis PS，et al. Evolution of DNA amounts across land plants（Embryophyta）［J］. Annals of Botany，2005，95（1）：207-217.

[12] Miller-Rushing AJ，Primack RB，Ma KP，et al. A Chinese approach to protected areas：A case study comparison with the United States［J］. Biological Conservation，2017，210：101-112.13. Pellicer J，Hidalgo O，Dodsworth S，et al. Genome size diversity and its impact on the evolution of land plants［J］. Genes，2018，9（2），88；https：//doi.org/10.3390/genes9020088.

[13] Mutke J，Sommer JH，Kreft H，et al. Vascular plant diversity in a changing world：global centers and biome-specific patterns. In FE Zachos and JC Habel（eds），Biodiversity Hotspots［M］. Hiedelberg：Springer-Verlag，2011，83-96.

[14] Olson D，Dinerstein E，Wikramanayake ED，et al. Terrestrial ecoregions of the world：a new map of life on earth［J］. Bioscience，2001，51（11）：933-938.

撰稿人：方炎明　王贤荣　汤庚国　张志翔　许晓岗

树木引种驯化

一、引言

（一）学科定义

树木引种驯化（Introduction and domestication of exotic trees）是人为地将一个植物分类群（包括种、亚种或者品种）或其繁殖体迁移出其自然分布区，进行人工种植、选育、扩繁，并加以利用的过程，也是开发树种分布区扩张潜力的过程，而引种与驯化是这一过程中不可分割的两个方面，当树种迁移出自然分布范围时就开始受到驯化，树木引种驯化实际上就是人为干扰和调整长期自然进化过程中树木分布地理格局的过程。

（二）学科概述

所有树木都是从共同的祖先演化而来的，针叶树大约在2亿年前出现，而阔叶树大约出现在1亿年前，之后随着环境变化，树木也开始了大规模的迁移，反复的扩张与收缩加速了种群分化，经过长期的选择与适应，形成了现有的树种多样性与地理分布格局。因此，每个树种的自然分布都有其内在的规律可循，尽管如此，自然分布区并不代表树种全部适生区，这是由于物种的现实生态位（Realized niche）小于理论生态位（Fundamental niche），这也说明树木具有从现实自然分布区向外扩张的潜力。尽管如此，树种自然分布区形成往往受多因素的影响，如物种进化史、传播能力、气候变迁、地质变动等。自人类出现后，人类就成为树种跨越地理空间隔离的重要媒介之一，人类活动不仅显著提高了树种迁移速率，也彻底打破了树种自身无法逾越的地理障碍，进而改变了树种分布格局。

世界范围内的树木引种驯化已经打破了原有的树种分布地理格局，主要涉及生态适应性强、遗传可塑性高且可满足人类需求（如木材生产、农林复合以及园林绿化等）的树种。树木引种驯化涉及植物地理学、树木分类学、森林生态学、林业气象学、土壤学、森林培育学、林木遗传育种学、森林保护学、测树学、木材学、计算机科学等多个学科，是一门利用上述交叉学科的研究方法，多维度地综合评价、选择外来树种的应用型学科。

二、本学科最新研究进展

（一）发展历程

国外树木引入中国的历史悠久，最早有文献记录的可追溯到汉武帝派遣张骞出使西域引入中亚地区树种。按照树木引种驯化发展历史，可将树木引种驯化分为四个历史时期：①原始驯化期；②零星引种期；③广泛引种期；④定向引种期。

1. 原始驯化期

原始驯化期是指以公元前 134 年张骞出使西域（西汉）为节点，这之前都可归入原始驯化期。这个阶段主要是人类为生存而对野生植物进行栽培利用，以满足自身生活的需求，最初为农作物、蔬菜，后来逐渐发展为经济林木，主要是果树，如枣、栗、桃等物种都在《诗经》里有描述。

2. 零星引种期

零星引种期是指公元前 134 年到 19 世纪中期，引种树木主要来自东南亚、中亚等地区，引进对象以果树、药用、园林用途居多，如胡桃（*Juglans regia*）、扁桃（*Amygdalus communis*）、菩提树（*Ficus religiosa*）、诃子（*Terminalia chebula*）、三球悬铃木（*Platanus orientalis*）等。由于引种途径等客观因素的限制，此阶段具有时间长、引种队伍小、引种数量少等特点，也是区域间经济、文化、宗教交流的重要成果之一。

3. 广泛引种期

广泛引种期主要是指 19 世纪中期至 20 世纪中期。这阶段引进树种无论是种类还是数量均得到了很大的发展，其中海外华侨、留学生、传教士、外交使节、商人成为树木引种的主要媒介，引入树种多为园林绿化树种、果树以及其他经济树种，如桉树、加杨（*Populus ×canadensis*）、刺槐（*Robinia pseudoacacia*）、雪松（*Cedrus deodara*）、冬青卫矛（*Euonymus japonicus*）等。此阶段引入的树种为后来中国的城市绿化、困难林地造林等生态建设奠定了基础。

4. 定向引种期

定向引种期主要指 1949 年至今。这一阶段树木引种工作主要是在国家相关科研机构主导下，通过设立国际合作项目等形式开展。该时期具有目标明确、队伍加强、程序规范、多学科融入等特点。引种的主要目的是解决经济、环境、社会等方面的特定需求。引种程序注重区域化试验和观察，成功率较高。基本建立了完善的全国树木引种网络，为树木引种驯化学术交流创造了条件。

定向引种期又细分为 3 个阶段：① 1949—1978 年为第 1 个阶段，该阶段主要引进了亚非拉友好国家的树种资源，如油橄榄（*Olea europaea*）等；② 1978—1998 年，从事引种的科研院所通过国际合作项目和科技攻关项目，开展了以用材林为主的引种科研攻关，在引种的基础上，进行种源评价和选优、种子园建设和繁育技术研究，使得桉树、杨树得以在国内人工林种植面积大幅度提升，形成“南桉北杨”的人工林格局；另外，还逐步开展了湿地松（*Pinus elliottii*）、火炬松（*Pinus taeda*）种源试验林，加勒比松（*Pinus caribaea*）全分布区种源试验林的营建，此阶段为大规模引种阶段。③ 1998 年以后，随着国家经济发展与人民需求的增长，树木引种目标逐步转变为经济树种、观赏绿化树种，如栎类（*Quercus* spp.）等彩叶树种。

近年来由于诸多客观因素限制，如生物入侵甚嚣尘上、科研立项体制改革、国家间遗传资源交换壁垒等，树木引种驯化研究逐步进入“低谷期”，外来树种的“负面”报道严重抑制了树木引种驯化的发展，这个时期从澳洲引入的湿加松发展不错，在华南地区的种植面积不断扩大。国内园林绿化企业逐步成为树木引种的主力军，从市场需求出发，着重引进具高观赏价值的园林绿化树种。

（二）基础研究进展

1. 国外树木引种理论发展

树木引种驯化更偏重于实践应用，而基础理论研究发展较为缓慢，而且不够全面和系统。尽管人类开展树木引种驯化已有几千年历史，但树木引种驯化理论直到 19 世纪才得以发展，最早达尔文在其《物种起源》和《动物和植物在家养下的变异》等专著中对植物引种驯化的观点就进行了阐述，在此基础上，相关学者结合其他相关学科发展的成就，提出一些树木引种驯化的理论，如“气候相似论”“生态历史分析法”等。

（1）气候相似论

20 世纪初期，德国林学家 Mayr 提出了“气候相似论”，并在《欧洲外地园林树木》和《在自然历史基础上的森林栽培》中进行了全面阐述。该理论认为木本树种的引种应以自然科学为基础，遵循自然界的客观规律，从与引种地区气候相近的自然分布区选择引种对象。虽然气候相似论将温度作为主要指标，而忽视了其他气候因子、遗传可塑性的重要作用，但是该理论开始引导人们从植物地理和生态学角度去研究树木引种驯化，仍然具有重要指导意义。

（2）生态历史分析法

随后几十年许多生态学学者对气候相似论进行了一些补充，其中 1953 年，库里齐亚索夫提出的“生态历史分析法”最为杰出，该理论以植物园引种实践经验为基础，并结合“气候相似论”中无法解释的案例，从植物系统发育的历史观点和证据解释了不同气候条件下树木为何能引种成功，提出物种当今分布格局并不一定是它的最佳生境，也不一定是其生产上的最佳地域。该理论不仅充分考虑历史气候变迁、树种历史分布，还利用了树木可能的适应性潜力，指导树木引种驯化实践。

（3）栽培植物起源中心学说

苏联学者瓦维洛夫提出了“栽培植物起源中心学说”，该理论认为栽培植物存在明显地理区化，可划分为8个起源中心，这些起源中心蕴藏着丰富的遗传基因，为树木引种驯化提供了优良的材料，树木引种驯化应到原产地开展广泛的资源收集，作为树木引种驯化的原始材料。该理论充分利用了树木遗传多样性与环境适应性之间的关联。

（4）生态因子综合分析法

1978年，巴西的Golfari提出根据气候、植物类型、海拔、温度、降水量、土壤等多个生态因子，将巴西划分为26个生物气候区，然后结合多点多年区域试验结果确定每个区域内适宜引种驯化的树木类型。其将气候条件扩展到立地、地理环境生态等条件，同时考虑树木生物学特性与适应性，最后通过长期观察试验，开展树木引种驯化工作。

（5）专属引种法

该方法是以植物分类学上的属为总体单位，尽可能全面收集属内的各个植物种、变种和地理生态型，通过播种和在同样条件下栽培，观察其生长表现和变异规律，同时比较研究重要种类的生物学、生态、生理特性以及经济性状表现差异。在此基础上，开展种属发源历史探索、种间或类型间杂交育种，从中选择表现优良的种类。

2. 国内树木引种理论发展

中国树木引种驯化实践历史悠久，但基础理论发展也较为缓慢。尽管如此，通过结合中国树木引种驯化实践，也提出了一些树木引种驯化的原则和方法。20世纪60年代，陈俊愉先生在“南梅北移”的研究实践中，提出了“直播育苗，循序渐进，顺应自然，改造本性”的驯化原则，该原则是在适当保护的基础上，利用自然选择对引进的树木加以锻炼，在适应自然的前提下，改造植物本身。

俞德浚先生提出了农艺生态学分类法，该方法主要为植物育种服务的农艺生态学分类法。他主张建立一个种内多样性的农艺生态学分类系统，将这一系统内的各类型同时分到不同地区播种，研究它们在不同地区的生长表现，据此确定生态和地理群，然后在地理群中选定种的变种，变种下再分基因类型，作为引种育种材料。

贺善安先生提出的生境因子分析法的基本原理是：①人工栽培干预下，作物由于特性已发生变化，对生境要求与其原始种产生差异。分析原生境时，先把各生境因子划分为适宜因子、非适宜因子、可适应因子三类，在此分析基础上，对新生境因子进行比较；②各生境因子具有相对独立性，但是相互联系，对植物的作用又是综合的；③应该充分重视栽培条件的作用。

吴中伦先生在我国第一部树木引种专著《国外树种引种概论》中提出，树木引种具有树木实验生态的作用，各种植物局限于各自的自然分布区，引种就是利用人为的传播克服植物包括树木在传播上的障碍距离。对树木的引种，强调先要分析树种的适生条件（气候、土壤、地形等），然后确定树木种类与引种区域，在此基础上再开展种源试验进行适应性评价分析，进而通过选育和栽培技术来克服引种的困难。

（三）应用研究进展

在林业科研、生产、教学、管理单位密切协作与配合下，树木引种驯化工作取得了显著的成绩（表1）。据初步测算，我国引种栽培的外来树种达1000多种（约占总数1/10），其中30多种已成为中国人工林树种（约占总数30%），外来树种人工林面积约为18.27万公顷，约占人工林总面积30%，提供超过60%的木材供应。外来树种在提供用材、油料、薪材、防风固沙、保持水土、改良土壤、城市绿化及林副产品供给等方面发挥了重要作用，产生了巨大的社会效益、生态效益和经济效益。

表1　主要的用材与生态树种引种简况

主要用途	树种	原产地	引种地区	简况
用材	桉树	澳大利亚	海南、云南、贵州、广西、广东、福建、浙江、江西、湖南、四川	引入约300种，人工林面积超过450万公顷，约占人工林木面积6.3%，为全国提供1/3商品材，年产值超过3000亿元
	杨树	欧洲、北美	东北平原、华北平原、江汉平原、江淮平原等地区	杨树种植面积约853.83万公顷，占中国人工林面积18.93%，其中引种栽培的欧美黑杨是杨树人工林的重要组成部分
	湿地松	北美南部	亚热带地区	国内11个省区都有种植，湿地松人工林面积达122.58万公顷
	火炬松	北美南部	亚热带地区	20世纪90年代栽培面积约为30万公顷。目前建有广东英德火炬松国家级良种基地
	加勒比松	古巴西部、巴哈马群岛等地	广东、广西、海南、云南等省区	主要在南亚热带种植，栽培面积已约10万公顷
	日本落叶松	日本本州岛中部	东北地区中南部	生长迅速，人工林面积迅速发展，已达数千公顷
	相思	澳大利亚	海南、云南、广东、广西、福建	马占相思已成为热带、南亚热带的主要造林树种，推广面积1.3万公顷
防护与生态修复	木麻黄	澳大利亚、马来西亚、菲律宾等地	海南、沿广西沿海东上经广东、福建，直至浙江温州湾北的玉环市，漫长的海岸线和沿海岛屿	人工林总面积达16万公顷以上
	紫穗槐	美国东部	从东北地区中部至长江流域，从华东至西北地区的东南部	主要用于固沙保水、固土护坡
	刺槐	美国东部	中部和东部	主要用于水土保持、固沙造林

城市园林绿化树种引种成功的树种更多，例如悬铃木常见于我国大多数城市作为行道树；世界三大庭园观赏树种南洋杉（*Araucaria cunninghamii*）、雪松、金松（*Sciadopitys verticillata*），我国都已引种；异叶南洋杉（*Araucaria heterophylla*）在福州以南至南宁沿海各地主要用于城市庭园绿化树种；东京樱花（*Cerasus yedoensis*）引入我国栽植已有 10 多种；其他如银桦（*Grevillea robusta*）、火炬树（*Rhus typhina*）等也常见于各地园林与风景名胜区；热带珍贵用材树种如柚木（*Tectona grandis*）、非洲楝（*Khaya seegalesis*）、大叶桃花心木（*Swietenia macrophylla*）等均有较多栽植。

20 世纪 90 年代，我国树种引种驯化研究取得了一批重大成果，“中国主要外来树种引种栽培技术研究”“桉属树种引种栽培的研究”“澳大利亚阔叶树引种栽培”等多项成果先后荣获国家科技技术进步奖（表 2），树木引种驯化在解决我国木材短缺、生态修复等林业实际问题的过程中作出了重大贡献。

表 2　林木引种驯化相关国家科技奖情况

奖项	成果	获奖时间（年）	备注
国家科技进步奖二等奖	银杏、落羽杉和杨树抗性机理及培育技术	2003	该项目从国内外引进银杏、落羽杉等栽培品种，建立了全国规模最大基因库
国家科技进步奖二等奖	红树林主要树种造林与经营技术研究	2001	其中“优良红树抗寒引种驯化技术”作为重要的成果组成
国家科技进步奖二等奖	澳大利亚阔叶树引种栽培	1997	—
国家科技进步奖二等奖	桉属树种引种栽培的研究	1996	桉属树种、种源和家系的引种、选种和杂交育种的林木改良系列试验研究
国家科技进步奖二等奖	中国主要外来树种引种栽培技术研究	1993	—

（四）人才队伍和平台建设

国家和地方林业科研机构、农林高等院校以及国有林场承担了我国树木引种、区域试验、适应性分析、生物安全评价等工作，是我国树木引种驯化队伍的重要组成。许多农林高等院校承担了培养树木引种专业人才的任务，尽管许多本科教育阶段未开设树木引种驯化专业，但是在林学学科下开设的基础课程，如树木学、森林生态学、林木遗传育种学等均涉及树木引种驯化。

中国林学会树木引种驯化专业委员会是由吴中伦教授 1978 年创立，分会一直以促进学术交流与合作，推动学科不断发展为宗旨，多年来坚持开展树木引种驯化学术交流与国际合作，大大推动了树木引种理论与技术的发展，对生产实践产生了巨大作用，已举办了

16次全国性学术研讨会，先后出版了5部学术著作，其中2015年至2018年共举办了2次全国性树木引种驯化学术大会（表3），为我国树木引种驯化学科发展作出了重要贡献。

表3　中国林学会树木引种驯化专业委员会学术活动（2015—2018）

会议名称	时间	地点	议题
第15次全国树木引种驯化学术研讨会	2015年7月	哈尔滨	生态文明建设时期树木引种驯化与种质资源创新
第五届中国林业学术大会树木引种驯化分会场	2017年5月	北京	树木引种驯化发展新趋势

三、本学科国内外研究进展比较

（一）树木引种驯化实践进展

早在18世纪，西方国家就开始广泛搜罗全球植物资源，18世纪到20世纪初正是“植物猎人”最为盛行的时期，他们深入植物多样性丰富地区进行资源收集工作，为美洲、亚洲起源的植物引种驯化作出了重要贡献。树木引种较为成功的案例是澳大林亚、新西兰从北美洲引入辐射松（*Pinus radiata*），彻底改变了该区域的木材生产能力，使他们从木材进口国转变为木材出口国。

植物资源贫乏也是西方植物猎人盛行的驱动力，欧洲国家主要用于造林的杨、柳均为外地引种树木，美国大量果树育种材料都是通过国外引种，这为后来的美国果树育种的发展奠定了物质基础。中国板栗（*Castanea mollissima*）的引入挽救了美国板栗种植业，蒙古黄榆（*Ulmus macrocarpa* var. mongolica）的引入解决了美国干旱草原地区绿化问题。欧美、澳大利亚等国还从中国引入了银杉（*Cathaya argyrophylla*）、水杉（*Metasequoia glyptostroboides*）等孑遗植物，山茶（*Camellia* spp.）、牡丹（*Paeonia* spp.）、杜鹃花（*Rhododendron* spp.）等木本花卉，北美地区从中国引种用于园林绿化的乔灌木超过1500种。据文献不完全统计，国外引进中国的森林植物资源约为168科392属3364种。例如，美国阿诺德树木园引种中国木本植物54科142属400多种，莫顿树木园引种中国木本植物59科153属400多种，英国邱园、爱丁堡植物园内收集保存的松、柏、杜鹃等木本植物均原产于中国。

（二）国际研究前沿与热点

树木引种驯化研究不仅仅只关注树木引种驯化过程中其本身的适应性，现在有许多研究也开始关注外来树种进入本地生态系统后产生的综合影响、外来树种群体扩张相关生物

学机制等问题。

1. 外来树种的环境适应机制研究

环境因子与树木适应能力之间的互作一直是树木引种驯化工作中关注的焦点。通过研究树木的表型和生理可塑性与环境因子之间的关系，解析树木环境适宜机制，模拟气候变化条件下树木生长与防御响应机制等问题。

2. 外来树种对原生森林影响研究

森林生态系统是维系生物多样性的重要载体，人们对外来树种的偏好，导致其种类和数量大幅增加，这也会改变原生森林生态系统的群落结构，从而可能降低原生森林生态系统的生物多样性。另外，城市森林生态系统已成为关注焦点，许多学者开展外来树种对城市林地中的鸟类、昆虫以及其他环境因子的影响相关研究，这对于客观评价树木引种，指导外来树种在实际应用中的“趋利避害”具有重要意义。

3. 外来树种入侵与种群扩散机制研究

生物入侵已成为全球关注的生态安全问题之一，外来树种入侵问题也是树种引种驯化中备受关注的问题。虽然树木生长缓慢、生命周期长等特点，外来树种形成入侵的周期相对较长，但这提高了外来树种生态风险评估的难度。因此研究其入侵与种群扩张机制成为研究热点，这对于入侵树种的管理与控制具有指导意义。

（三）关键技术

树木引种成功需要科学的引种理论方法的指导与先进技术的支撑。树木适应性和生态因子共同决定了树木的适生地理范围。在此基础上采取适当的技术措施，可有效促进树木生长发育。

（1）最适引种区域预测技术

以树木引种现有理论为基础，借助地理信息系统、计算机分析技术，根据引种对象现有分布，科学估算引种对象的潜在适生区。此外，大数据和人工智能技术具有很大的应用前景，可应用于引种区域或潜在扩散区预测，树种、种源筛选，解决“从哪里引、引什么”的问题。

（2）适应性评价技术

设置适应性评价指标体系有利于评估树木适应环境的潜力，实现引种后精准驯化与评价。对于高大乔木树种，有研究提出了以生长、繁育、繁殖能力，抗逆性等指标的适应性评价体系；对于园林绿化树种，则可通过适应性和观赏性指标进行综合评价。如果建立了树种栽培的大数据系统，也可以采用人工智能技术进行快速评价筛选。

（3）限制生态因子缓冲技术

当引种区与原生区生态环境差异较大时，经过引种驯化试验，可确定影响引种对象存活、生长发育、繁殖能力以及生产力关键限制生态因子，引种后可有针对性结合农业实用技术，缓冲限制生态因子的作用，从而达到驯化引种的最终目的。

（4）保存与繁殖技术

树木植株高大，生存于自然生境，而引种测试需大量材料，直接获取植株不具操作性。因此，繁殖材料有效保存与扩繁是引种驯化试验的基础技术保障，研制引种对象保存方法与人工繁殖技术是引种关键技术，例如繁殖材料保存技术、种子繁殖技术、扦插嫁接技术等。

四、本学科发展趋势及展望

（一）战略需求

外来树种在我国林业发展中具有不可替代的重要地位，我国森林覆盖率、森林蓄积量均在稳步提升。但是随着经济飞速发展，我国对于木材需求缺口巨大，而且还在持续扩大，木材对外依存度超过 50%，占世界木材贸易总量的三分之一。随着天然林全面禁伐政策的实施，利用有限的人工林提高木材产量与质量是解决木材供应不平衡问题的重要途径之一，例如新西兰利用 21.7% 林地面积提供了 99.4% 的木材供应，智利利用 13.5% 的林地面积提供了 98% 的木材供应，还有巴西、澳大利亚等成功案例。因此，积极发展外来树种人工林已取得了重要成效（外来树种人工林面积仅占 30%、蓄积量超过 60%），驯化具有潜力的乡土树种是解决我国木材供应需求的有效方法之一。

我国困难立地分布广、面积大，生态保护形势日益严峻。干旱、盐碱化、土壤污染是我国生态建设中面临的痛点和难点。外来树种成功引入退化生态系统，可通过改善立地环境与条件、改变生态系统群落物种组成、重建群落结构和功能等重建或者改良已退化的生态系统。树木引种驯化工作也要以推进国土绿化、提升森林质量为基本目标，着眼困难立地生态系统恢复与重建，有效发挥外来树种在提供生态服务价值功能方面的积极作用。

林业产业是以森林资源为基础的资源限制型产业，如产业发展地域、树种，产量到生产加工等限制因子，这些因素制约了我国林业的发展。树木引种驯化工作要精确对接林业产业地域、树种以及产量等限制因子，开展具有广泛且较强适应性、高产且稳定等优良性状的外来树种（品种、无性系）引种以及乡土树种驯化工作，解决林业产业发展中产业结构单一、原料供应不足、产品附加值低等问题。

（二）发展趋势与重点方向

1. 发展趋势

（1）树木引种驯化理论创新

需要总结前人引种实践，用曾经引种成功的树木的实例来分析哪些符合原有树木引种理论，哪些是不符合，从而分析引种成功与失败的原因，从已有的丰富的实践经验中提出新的树木引种理论。

（2）树木引种驯化关键技术突破

多学科融合是现代科学发展的方向，结合生物学、生态学、计算机学、地理信息学、大数据和人工智能等开展树种引种驯化精准预测，实现生物安全性客观评价与应用生产力准确把握。

（3）树木引种驯化目标多元化

针对困难立地生态修复目标问题，引种抗逆性强的树种是生态建设中的发展方向；在城市园林绿化建设中，在有限的绿地内，实现城市林地立体引种驯化（乔、灌、藤搭配），构建稳定城市林地生态景观，则是园林绿化中的重点发展方向。

2. 重点方向

（1）树木天然分布区适宜机制

树木的天然分布是植物地理学研究的一部分，其受到气候、土壤、地形、生物、地质变化以及人类活动等多方面的影响。树木的天然分布以及内在的适应性机制对于树木引种驯化有着重要指导意义。因此，通过研究树木在地球表面分布区形成和演变规律，结合树木本身的生物学、生态学特性，通过充分认识树木与环境之间相互作用关系，揭示树木天然分布适应的普遍规律，不仅有利于提升树木引种驯化理论研究水平，也有助于广泛开展树木引种实践。

（2）树木引种栽培区的适应策略

树木被引种栽培后，新的生境必然承受环境顺力（Environmental-driving force）与环境压力（Environmental-stress force）的双重作用。对于引种栽培区表现良好的树种而言，它们的作用方式与效果也会存在差异，也有研究提出了生物节律机制、反馈机制以及能量分配机制等可能的适应，关于这些机制的研究也是树木引种驯化学科应关注的基础科学问题，阐明树木进入引种栽培区后的适应策略对于补充树木引种驯化基础有着重要意义，也是未来研究中需要关注的焦点。构建林木引种大数据系统，不断积累引种栽培、外来树种管理等方面的数据，利用人工智能精准预测外来树种的适宜栽培区。

（3）环境限制因子精准调控与缓冲

树木引种驯化过程是一个树种从原生环境迁入并适应新环境的过程。因此，深入了解树木生物学特性，引种区域环境因子特征，如水、温度、光照、基质理化性质等，同时充分认识到一些不利的环境限制因子对主导环境因子，关键制约因子进行分析与调控，并通过一定的栽培管理技术调节所引物种的生长节律，有助于引种驯化的成功。例如，油橄榄原产于地中海地区，其生长需要充足的光照，适宜的温度与降水，四川西昌等地气候条件与地中海地区较为接近，是油橄榄的一级气候适生区，但该地区土壤养分贫瘠是影响引种的主要限制因子，采用合理的水肥管理措施可实现油橄榄的成功引种。

（4）外来树种生物安全评估

生物入侵问题已成为生态安全领域中的重要问题，入侵种破坏原生生态环境，造成了巨大的损失，已然成为各国关注的热点问题。虽然树木引种驯化并不等同于生物入侵，但是对于外来树种的生态安全评价十分必要，也属于树木引种驯化学科研究的范畴，因此比较分析树木潜在的入侵机制，提出树木入侵评价指标体系，完善因素分析评价方法是构建外来树种生物安全评估体系的重要组成部分，也是指导实现树木引种驯化实践的重要理论基础。

（三）发展战略思路与对策措施

1. 发展战略思路

①客观评价外来树种对林业可持续发展积极作用，坚定推动国外林木引种与国内乡土树种野生资源驯化工作的开展。②尊重树木引种科学规律，避免盲目引种；研究绿色经营模式，避免外来树种应用的人为负面影响。③坚持“资源是基础，培育是关键，利用是目的”的理念，构建完善的树木引种驯化、种质资源保存、品种培育与开发利用的林业全产业链。④科学客观评估外来树种生物安全影响，确保引种区生态环境稳定与生物多样性维系，而对于自然保护区等特殊生境，可不考虑引入外来树种。⑤加强乡土树种资源驯化研究项目支持力度，促进乡土树种资源开发与利用，加强乡土树种的驯化，力争将我国的资源优势转化为知识产权优势，实现从资源大国向资源强国的转型。

2. 对策措施

（1）增加科研投入，强化平台建设

树木引种驯化是基础应用型研究，大量的科学研究是建立在区域化引种试验的基础上，通过多年观测和比较分析，才能客观评价树木引种成效。因此，树木引种驯化研究不仅需要大量的科研经费投入，也需要多方协调布置有效的区域化引种试验。20 世纪 80 年代开始国内外重要造林树种引种驯化被列入国家科研攻关课题，树木引种驯化实践与科研也得到了长足的发展，取得了巨大的成绩。因此，稳定的科研经费投入和协调多部门结合发展树木引种事业的指导思想在 21 世纪也要得到贯彻和落实，依托各类林业科研、管理、生产部门，组织开展区域试验、示范与推广工作，同时也开展全国性树木引种驯化网络平台建设。

（2）推动资源信息共享，提升工作效率

建立全国外来林草植物种质资源收集保存库，构建外来林草植物信息系统，实现资源与信息的有效共享，开展大数据、人工智能和分子生物技术的应用，彻底改变传统的耗时耗力的引种驯化试验和分析手段，提高树木引种驯化的成效与研究水平。

（3）完善理论体系，发扬学科特色

尽管树木引种驯化更偏重于实践，但也需要基础理论的支撑。国外一直重视树木引种驯化理论与技术等基础研究，近年来更多的关注焦点放到了树木引种的生物安全、入侵风险评价的方面，但是相比其他的学科，树木引种驯化的理论基础还比较薄弱，体系还不完善，因此，需要总结前人长期实践经验与理论建树，结合其他学科的理论基础，在体现学科特色的基础上，形成一套完善的理论体系，指导树木引种驯化理论实践。

（4）加强队伍建设，培养创新人才

人才队伍建设是学科发展的根本保障。树木引种驯化不仅需要强化学术团队建设，特别是中青年科学家研究团队，鼓励培养更多的具有创新精神的研究生，为基础理论研究建立良好的学术研究梯队，同时也要注重林业管理、生产部门人才队伍建设，培养一批经验丰富的实践者，逐步形成具有理论创新、技术创新以及体系创新的能力，富有协作精神的树木引种驯化的专业团队。

（5）鼓励学科交叉，强化协调创新

树木引种驯化既是基础性研究，研究树种转移的理论与方法，也是直接应用于林业实践的应用研究，因此，树木引种驯化是一门综合性交叉学科，与植物地理学、树木分类学、森林生态学、林业气象学、土壤学、森林培育学、林木遗传育种学、森林保护学、测树学、木材学、计算机科学等多学科交叉。近年随着科学技术的快速发展，不仅加速了全球尺度上的树木转移速率，也提高了树木引种驯化的成功率，还推动了树木引种驯化技术与观念的革新。未来树木引种驯化的研究必将从多学科角度开展，发挥多学科联合攻关优势，促进多学科协同创新，从而推动学科快速发展。

（6）认清关键问题，解决实际需求

树木引种驯化工作应该聚焦国家林业发展长期规划，紧紧围绕保护与修复三个系统和一个多样性，发展生态林业、民生林业等关键问题，针对推进国土绿化，提高森林质量、建设森林城市、建设森林公园、完成林业供给侧改革、应对气候变化等实际需求，从树木引种驯化角度凝练关键科学问题，申请国家科技项目优先资助，开展树木引种研究基础工作与实践，构建树木引种驯化网络平台，助力国家生态文明建设。

参考文献

［1］王豁然、郑勇奇、魏润鹏．外来树种与生态环境［M］．北京：中国环境出版社，2001.
［2］江泽平，郑勇奇，张川红，等．树木引种驯化与困难立地植被恢复［M］．北京：中国林业出版社，2016.
［3］郑勇奇，王豁然．他山之玉［M］．北京：中国农业出版社，2008.
［4］吴中伦，等．国外树种引种概论［M］．北京，科学出版社，1983.
［5］王豁然，江泽平，李延峻，等．格局在变化——树木引种与植物地理［M］．北京：中国林业出版社，2005.
［6］王豁然，江泽平，傅紫芰．林木引种驯化与森林可持续经营［M］．北京：中国环境出版社，1998.

[7] 盛炜彤. 中国人工林及其育种体系 [M]. 北京：中国林业出版社，2014.
[8] 郑勇奇，张川红，等. 外来树种生物入侵风险评价 [M]. 北京：科学出版社，2014.
[9] 潘志刚，游应天，等. 中国主要外来树种引种栽培 [M]. 北京：北京科学技术出版社，1994.
[10] 刘忠华. 阿月浑子在我国适生区域的研究 [D]. 北京：北京林业大学，2004.
[11] 俞德浚，盛诚桂. 中国植物引种驯化五十年 . 植物引种驯化集刊，1983（3）：3-10.
[12] 贺善安，顾姻. 油橄榄驯化育种 [M]. 南京：江苏科学技术出版社，1984.
[13] Arndt SK，Sanders GJ，Bristow M，et al. Vulnerability of native savanna trees and exotic *Khaya senegalensis* to seasonal drought [J]. Tree Physiology，2015，35（7）：783.
[14] Crandall RM，Knight TM，Zenni R. Role of multiple invasion mechanisms and their interaction in regulating the population dynamics of an exotic tree [J]. Journal of Applied Ecology，2017.
[15] Gray E，Heezik Y. Exotic trees can sustain native birds in urban woodlands [J]. Urban Ecosystems，2016，19（1）：315-329.
[16] Mazía，Noemí，Chaneton EJ，Ghersa CM. Disturbance types，herbaceous composition，and rainfall season determine exotic tree invasion in novel grassland [J]. Biological Invasions，2019.
[17] Riley CB，Herms DA，Gardiner MM. Exotic trees contribute to urban forest diversity and ecosystem services in inner-city Cleveland，OH [J]. Urban Forestry & Urban Greening，2017：S1618866716303624.
[18] Wang H，Zhang L，Ma X，et al. The effects of elevated ozone and CO_2 on growth and defense of native，exotic and invader trees [J]. Journal of Plant Ecology，2016，11（2）：266-272.

撰稿人：郑勇奇　江泽平　张川红　宗亦臣　黄　平　史胜青　刘建锋

杨树和柳树研究

一、引言

（一）学科定义

杨树和柳树分别为杨柳科（Salicaceae）杨属植物（*Populus* L.）和柳属植物（*Salix* L.）的统称，具有种类繁多、分布最广、资源丰富、适应性强、生长快等特点，是北温带地区重要森林资源和防护林、用材林和绿化树种。杨树、柳树无性繁殖相对容易，转基因技术比较成熟，且杨树又是第一个全基因组测序的林木物种，具有无可比拟的研究优势，是林木研究的理想材料。

杨柳作为林木研究的模式植物，是林木分子生物、遗传育种、植物生理、森林培育等众多林业科学学科融合的交会点。鉴于这种特殊性，近几年杨柳生长发育、遗传变异、物种进化、栽培、保护、生态、加工等方面的研究均取得进展，不仅反映出林木不同学科的发展，而且折射了学科交叉融合程度，已成为林业科学学科发展的重要风向标。

（二）学科概述

近五年，在杨柳基础性研究方面，特别是全基因组测序、性状的基因组分析，林木性状的分子基础解析取得了重大进展。在资源收集，优质、高抗育种，分子育种技术，资源包括生物质能源培育技术、病虫害防治、木材利用等方面都推动了相关学科的发展。但由于杨树固有的林木特性，如长周期、基因高度杂合、表型性状难以测定等，制约了性状的基因组解析，难以建立基于全基因组变异的分子育种体系。大规模代谢组、表型组的测定是将来杨柳基础性研究的发展趋势，进一步开发杨树多功能也是生态改善、产品加工的新方向。

二、本学科最新研究进展

（一）发展历程

杨柳栽培和应用在我国至少已有2000年的历史，北魏时期已有杨柳压条繁殖方法及栽培利用周期的记载，木材已用于工具、结构、薪材等。直到19世纪末，随着欧洲工业革命发展，制纸机、旋切机得到发明并开始大规模应用，以木材为原料的机制纸和胶合板工业得到迅速发展，带动了可快速提供木材的杨树和柳树育种、栽培、病虫害防治以及加工利用等研究。20世纪50年代以来，意大利所选育出的I-214、107杨、108杨等著名欧美杨品种被引种到包括我国在内的世界各地栽培，推动了杨树产业进入短周期集约化人工林栽培和加工利用的无性系林业发展时期。我国大规模杨树造林始于中华人民共和国成立之后的国土绿化活动，而工业原料林建设则始于20世纪80年代末。在国家生态防护林建设、胶合板、密度板以及制浆造纸等产业发展带动下，我国杨树栽培面积迄今已达856万hm^2，位列世界第一。2006年杨树全基因组测序以来，杨树系统分类进化、遗传多样性、生长发育、抗逆等领域基础研究一直位列国内林学学科领先地位，初步建立了杨树分子育种的技术体系。杨柳良种选育为国家林业产业发展和生态环境建设作出了重要贡献，并在国际上产生重要影响。最近5年来，在杨柳生物质能源、环境修复、困难地造林以及碳汇林业等方面的研究更为深入，应用更为广泛。利用杂交和分子标记辅助育种技术，获得了一批林木植物新品种、良种。在分子生物学方面，对杨柳种质资源的遗传多态性和遗传结构、性状的基因组、分子调控机制等基础研究更为深入。

（二）基础研究进展

1. 种质资源和育种

在杨树种质资源收集和评价方面，除对已建立的种质资源保存库的管理、补充等工作外，主要集中于利用SSR分子标记开展了欧洲黑杨、美洲黑杨、毛白杨、小叶杨、密叶杨等杨树群体遗传多样性分析以及核心种质构建等研究，强调基于群体遗传结构及其适应性的多地点种质资源保存。此外，对毛白杨种质资源进行倍性分析检出了28个天然三倍体，并发现了可自然产生2n配子雌株等。而在种质创新及新品种选育方面，开展了基于毛白杨、欧美杨等树种亲本遗传距离以及半同胞优株父本SSR分子标记父本鉴定构建育种亲本群体等研究，显著提高了种质创新的效率和效果；创制黑杨、白杨、青杨杂交种质65000余份，筛选优异新种质500余份；筛选出高育性毛白杨雌株进行配子染色体加倍，创制毛白杨三倍体新种质430余份；杨树基因工程研究持续推进，获得了一大批抗虫、耐盐、抗旱以及材性改良等转基因株系等。选育出了黄淮3号杨、渤丰3号杨、毅杨1号、毅杨2号、毅杨3号、北林雄株1号、北林雄株2号、鲁白杨1号、鲁白杨2号、南方四季杨、创新杨、北杨等适宜不同生态区栽培的多功能国家良种，并开始应用于国家用材林培育和生态环境建设。

在柳树种质资源收集和评价方面，开展了旱柳优良单株杂交，并利用花粉离体培养技术研究旱柳种内杂交亲和性。

2. 生物技术

我国杨树与柳树生物技术领域近几年发展迅速，在杨树和柳树多组学分析、基因组编辑与逆境胁迫等研究领域取得了一系列高水平研究进展。研究团队围绕杨柳树种的生长量、材性以及抗逆性等重要性状开展了分子生物学、分子遗传学与多组学研究工作，与国际同行业研究基本达到并跑水平。银白杨和新疆杨的全基因组测序全面解析了该树种的基因组序列，阐明了其对西部干旱环境的适应性机制；采用基因组学技术研究杨柳树种进化取得了显著进展，揭示了杨、柳不同的进化选择压力和非编码 RNA 及假基因在杨柳树种中的进化历程及潜在功能；同时，完善了多基因转化技术与 CRISPR 基因组编辑技术，揭示了转录因子、miRNA 以及表观遗传修饰在杨柳生长发育、激素诱导、木材品质、逆境胁迫等生物过程中的调控机制，初步阐释了目标性状的生物学机制，为实现林木分子育种提供了重要的理论基础与技术支持。基于多年生林木种质资源的收集与评价工作，围绕生长与木材纤维品质等重要经济性状，开展了毛白杨、美洲黑杨、青杨等多年生林木群体遗传学研究，利用分子标记技术开展了群体遗传多样性评价工作。特别是基于关联作图模型发现了一批具有潜在育种价值的功能 SNPs 及其单倍型，显著推动了杨树木材品质性状的分子辅助育种理论进展，但该领域目前需要通过联合多技术体系推进基础研究发展，而基于全基因组关联分析的分子设计育种是该领域的前沿热点之一。

3. 栽培技术

针对杨树人工林的特点，采用长期定位动态观测、室内外控制试验与野外典型样地调查相结合，宏观与微观研究相结合的研究思路，系统研究了林分生产力和多样性对人工林林分结构构建和调控、林地土壤管理和连作的响应机理，探讨了人工林多样性与林分生产力的关系，提出了提升人工林生态系统生产力和生态功能的途径和技术措施，为杨树人工林生态系统多种功能高效、稳定与可持续奠定了基础。①以杨树人工林“地上生态系统－地下生态系统相互耦合规律”为中心理论视点，提出了“杨树人工林林分结构与经营管理－地上植物多样性－土壤动物多样性－土壤养分循环与生态学过程”之间相互作用的理论模式，初步阐明了不同人工林结构与经营措施对人工林多样性的调控机理；②系统研究了根际和非根际酶活性、微生物多样性、养分矿化能力的差异及其与林木生长的关系，提出了用根际土壤微生物综合指数（rhizosphere soil microbial index，RSMI）作为适地适树（品种）的评价指标，为提高我国人工林生产力提供了新途径。③阐明了酚酸在杨树根际累积的环境行为学机制，揭示了酚酸累积对杨树生长及土壤环境的影响机制；构建了连作杨树人工林生产力衰退的化感效应机理模型，构建了杨树人工林土壤次生代谢物组分图谱，分离鉴定了4种以苯环为基本骨架的酚酸物质，并探明了其来源和累积规律，阐明了连作杨树人工林化感效应产生的物质基础。

4. 病虫害防治

5年来，鉴定出新疆南疆杨柳树腐烂病的4种病原菌，发现 *Cryptosphaeria pullmanensis* 引起枝枯病。发现塔河流域柳树腐烂病原菌为金黄壳囊孢菌、长江中下游地区美洲黑杨锈菌原菌为 *Melampsora larici-populina*。引起杨树湿心材病的为胡萝卜软腐果胶杆菌胡萝卜软腐亚种（*Pectobacterium carotorum* sub sp.*carotovorum*）和杨柳欧文氏菌 *Brenneria salicis*，并鉴定出杨柳欧文氏菌的拮抗菌类芽孢杆菌 *Paenibacillus taiwanensis*。在毛白杨叶片上发现一种新型叶斑病害，病原菌属于痂囊腔菌属（*Elsinoe*），是新种，命名为 *Elsinoe tomentosae*。确定宝鸡小叶杨叶片内生菌 *Botryospaeria dothidea* 菌株与杨树溃疡病菌无明显差别，致病性相对较弱。

发现抗病品种“毛白杨”是溃疡病菌诱导了基因 PR1-1、PR1-2 等基因的上调表达，开启了 SA 和 JA 信号转导通路。发现强致病性的落叶松—杨栅锈菌（*Melampsora larici-populina*）E4 菌株接种欧美杂交杨 *Pnd-LRR3* 基因在 E4 侵染过程中起到一定抗性作用。鉴定出欧美杨细菌溃疡病病原细菌（*Lonsdalea quercina* subsp. *populi*）的双组分系统基因 *LqHK1* 和双组分孤儿反应调节基因 *LqRR2*，并证明这两个基因与致病力直接相关。

杨柳蛀干害虫气味感受分子机制研究有新进展。光肩星天牛、云斑天牛等多种害虫81个气味感受相关基因，探明了多种气味感受相关基因的表达模式。发现 BhorOBPm2 与链状结构挥发物具有较高的结合亲和力，配体的选择基于链长，预测只有两个二硫键的结构显示出一个连续的配体结合通道，发现 BhorOBPm2 的结合囊比经典的 OBPs 更大，配体的特异性也比经典的 OBPs 更广，认为 BhorOBPm2 可能在 OBPs 的进化过程中呈中间结构。此外，设计了两个突变蛋白来模拟和验证 C 端区域的功能，表明了一种不同于以往研究中描述的“盖子”的新作用。

5. 木材利用

近5年来，关于杨树和柳树木材利用的基础研究主要集中在杨木品质改良、纳米纤维素制备以及生物质能源利用方面。杨木品质改良主要研究方向有表面密实化处理、浸渍处理、高温热处理、阻燃处理等，根据处理方法的不同，处理后的杨木在密度、强度、尺寸稳定性以及阻燃性能均有大程度的提升，为速生杨木在地板、家具或建筑领域的实木化利用奠定理论基础。化学方法（TEMPO 法）和物理方法（高压均质或研磨法）制备纤维素纳米材料（纤维素纳米晶须 CNC 或纤维素纳米纤丝 CNF）是速生杨木利用的新方向，杨木纤维素纳米材料的绿色制备技术、物理和化学性质、表面处理技术及其在气凝胶、水凝胶以及其他功能材料领域的基础研究不断加强。杨木纤维的表面改性技术及其木塑复合材料（WPCs）中的界面相溶性等方面的基础研究，为杨木应用于迅速发展的木塑复合材料产业提供理论支持。此外，杨木和柳木清洁制浆技术和生物质能源技术的相关基础研究进一步深入。

6. 生态应用

国内关于杨柳生态环境应用的基础研究，主要集中在杨柳的固碳增汇、沙荒地治理、农田防护林应用、河流滩地治理以及污染物处理等方面。近年来的主要研究进展主要体现在：中小尺度上关于杨树人工林固碳增汇能力、潜力、动态和现状评估，以及碳储量和碳密度的时空分布格局及其在不同器官间的变异特征；华北季节性干旱地区不同水肥管理措施对杨树人工林固碳能力的作用规律与机制；林分空间结构参数和土壤质地对杨树人工林风沙拦截能力的影响；杨树农田林网的防护效应、土壤质量改善效能、小气候调节能力评价；河流滩地适宜栽培杨树品种筛选与其抑螺防病效应；杨柳对不同污水废水废渣、土壤和大气中重金属、有机污染物的修复效能与机制，如器官、树龄以及二者的交互作用对杨树吸收 Cd 和 Zn 的影响，Pb、Cd 污染土壤、氮磷富集污水的柳树修复生理机理等。

（三）应用研究进展

1. 良种选育技术

杂交育种技术方面，将生态育种理念应用于杨树育种，根据自然气候和杨树生物学特点划分出育种区，应用多倍体育种、聚合杂交育种技术，培育出地域特色“中雄”“江淮”“黄淮”“渤丰”“秦白杨”“景林”“林源”等系列杨树新品种 38 个，通过国家林木良种审定品种 5 个，分别为北林雄株 1 号、2 号、渤丰 3 号杨、鲁白杨 1 号、2 号。观赏柳和抗旱、耐盐碱品种选育取得进展，选育出了“苏柳 17”系列、银芽柳 J1050、银芽柳 J887、喜洋洋、迎春、雪绒花、瑞雪、紫嫣、仁居柳、银皮柳等高生物量、观赏柳、盐碱地生物质能源灌木柳新品种以及“鲁柳”系列工业用材林品种。分子辅助育种方面，利用高通量测序技术构建了美洲黑杨、小叶杨高密度遗传连锁图谱；开发出基于解构模型和高维函数曲线的复杂性状 QTL 定位新方法；采用候选基因结合基因组重测序法，整合 QTL 定位与关联作图策略，从蛋白编码基因、miRNA、lncRNA 等多 DNA 区域鉴定出与杨树生长、材性、光合、抗逆等性状紧密连锁的 QTL、SNP 及甲基化标记，明确了连锁位点、标记的遗传效应。利用柳树转录组测序技术开发了柳树短轮伐簸箕柳高生物量的相关基因和分子标记，利用分子标记技术对生物量大、热值高、适合密植的柳树品种遗传多样性进行了研究，对其相关性状进行 QTL 定位，为柳树速生能源林辅助选择育种和目标基因的克隆提供基础。基因工程技术方面，利用转录因子的调控作用，实现了对转基因杨树抗旱、耐盐等性状的改良，结合生长与生理测定、多组学分析、生态安全性分析等手段，培育出抗逆基因工程杨树新品种抗逆 1 号杨；已开始应用 CRISPR/Cas9 技术对杨树材性、抗旱、耐盐等性状开展定向诱变和修饰研究。

“杨树高产优质高效工业资源材新品种培育与应用”成果获得 2014 年度国家科技进步二等奖；“杨树速生丰产林生产力衰退机理及质量提升关键技术”“杨树抗冻防病生态调控技术”“无絮黑杨新品种选育与示范推广”“南方型杨树优质高效栽培技术体系的研究与推

广”“毛白杨基因标记辅助育种技术与新品种创制”“杨树防护林主要害虫高效安全持续控制技术”“银中杨选育及优质高产定向培育配套技术”“人工林杨树木材改性技术研究与示范”等8项获得梁希林业科学技术奖二等奖、三等奖。基于柳树“9901”耐盐品种，花粉保存技术、播种育苗技术、苗木保持技术、快繁技术、柳树速生性状主效QTL的分子标记及应用等专利，“耐盐柳树育种关键技术创新与应用”成果获得了江苏省科学技术三等奖，为国家重点林业推广科技成果。

2. 栽培技术

集成应用黑地膜覆盖、扦插育苗、插干大苗培育及病虫综合防控4项新技术，推行杨树新品种育苗标准化，年均每亩节约劳动力成本10.7%，科学构建了美洲黑杨种内杂交新品种和欧美杨等新品种杨的育苗标准化管理模式；在黄河故道等沙土地区采用大苗（2—3年干苗）插干造林，配合保水剂应用，不仅可缩短林分培育周期，提高大苗的使用率，且不需要开挖大塘松土，既能保证造林成活率和林木生长量，又能节约造林成本，特别有利于培育通直无节的大径材。造林时已有6—8m的通直无节主干，可作为培养杨树大径优质无节良材的一个新途径。以南方型杨树整体作为研究对象，采用长期定位研究与野外大量典型样地调查相结合的方法，建立了集经营模拟、经济效益评价、优化决策于一体的南方型杨树人工林经营模型系统，并以Windows为工作平台，VC++为程序设计语言，优化升级了南方型杨树人工林经营模型系统软件，所形成的“南方型杨树优质高效栽培技术体系的研究与推广”成果可使林分产量净增加3.0—4.5 $m^3/hm^2 \cdot a$，大大推动了林业行业的技术进步和成果转化，明显提高了林业科技成果的贡献率；针对杨树人工林地力衰退的现状，构建了杨树人工林长期生产力维护关键技术体系，所形成的“杨树人工林连作障碍机制与生产力长期维持技术”成果，保障了杨树人工林的可持续经营。

在柳树栽培技术方面：①研究了滩地栽培技术：在汛期短时间淹水的滩地，采用高垅作业技术栽培柳树，并在栽培区四周修筑围堰，其中垅的修筑方向为与江堤平行。结合翻耕整地，在汛期短时间淹水的滩地作业区，建立了“柳树高垅栽培技术”（ZL201510101467.X）。按照与江堤平行方向打垅，垅上开坑栽种编织柳插穗；围堰并在面江一侧开排水道，整个栽植区的排水沟连成一体。该技术除具有传统高垅栽培的特点之外，还具有更好的防涝渍和保墒情功能，适于低湿滩地发展农林业。②开发了盐碱地雨季扦插造林技术（ZL201510403996.5），选用灌木柳“苏柳522”等耐盐碱速生柳树品种，采用林地内外排水系统雨季开始时插穗造林，地膜覆盖及行间碎稻草覆盖保墒，小型机械旋耕松土和除草。③制定了“苏柳932造林技术规程”造林技术标准，规定了“苏柳932”造林立地选择、栽培技术措施及病虫害防治等技术要求，为造林提供了标准技术指导。

3. 木材利用技术

近年来，我国在杨木加工利用技术方面有了一些突破性的进展，主要表现在：①无醛添加人造板制造技术。无甲醛的异氰酸酯胶黏剂在刨花板和中密度纤维板生产应用技术取得突破，大大推动了环保型刨花板和中密度纤维板产业的发展；大豆蛋白胶黏剂的开发及其在杨木胶合板生产中的应用技术日臻成熟，无游离甲醛释放或超低甲醛释放量杨木胶合板产品受到用户的青睐。②家具用速生杨木改性技术。杨木表面密实化技术、表层碳化技术、漂白技术、染色技术、涂饰技术等速生杨木改性和表面处理技术的研究和推广为杨木在家具制造领域的实木化应用提供了技术支撑。③杨木结构材料制造技术。浸渍酚醛树脂杨木单板制成的单板层积材（LVL）其力学性能可达结构型单板层积材标准的要求；速生杨木在正交胶合木（CLT）生产技术中的应用取得进展；杨木纤丝化单板制造重组木技术已具备工业化条件。④杨木胶合板自动化加工技术。杨木单板接长与横向拼接成卷技术、连续组坯技术等在胶合板企业逐渐被采用，胶合板自动化水平不断提升。

4. 生态环境应用技术

在杨树生态环境应用技术方面，探索出了杨树团状配置农田林网和复合经营技术。该技术选用良种107杨，以培育大径材和特大径材为最终目标，设计3株团或5株团模式，团内小株行距、树团与树团之间拉大距离，在林网另一侧树团正对应两团之间的大团距。通过该配置技术，可使林带的防护功能从一次阻挡性防护变成多次分流防护，减少树木风折，而防护效益不减。此外，设计团状模式搞复合经营，还可改变带状复合经营林带的胁地问题，改善通风透光条件，减轻林下胁地又促进团状林的快速生长。运用该模式可调整林业产业结构，改善生态环境，提高森林覆盖率20%以上。筛选出了合适的杨树无性系作为生活污水林地生态处理的植物材料，确定了生活污水杨树林地生态处理的适宜水力负荷，建立了生活污水杨树林业的生态处理技术体系。该技术体系使杨树木材蓄积新增量明显增大，生活污水处理效果好，污水处理成本低，生活污水杨树林地生态处理经济效益、生态效益、社会效益高。

在柳树生态环境应用技术方面，①在生物修复方面，选育了速生乔木柳和灌木柳造林的良种，提出了可用于富营养污染、重金属污染和重盐碱土壤修复兼资源林培育模式，并推广到安徽、湖北等省，取得了良好的经济效益。②在生活污水方面，“一种用于速生灌木柳灌溉的生活污水处理系统”专利技术在生活污水处理的应用上已初具成效。开发的“柳树超深液流净化生活废水方法”“柳木净化生活污水处理系统”等技术用于柳树治理富营养地表水应用模式，适用于处理农村分散型生活污水的生态净化系统，不仅能有效利用吸收与净化水体中氮和磷，增加废水处理量，改善净化效率，而且在不产生二次污染的同时，定期收获地上生物量，可供编织用，具有较高的经济效益与景观效应。③在生物质能源方面，研发了木质纤维类生物质预处理技术，培育了柳树能源林的新品种并用于生产。④在林农复合经营方面，利用速生、抗逆性强柳树新品种，集成“工业原料林定向培育”“林农复合经营技术”等关键配套技术，通过技术培训和提供种苗等途径，推广柳树工业原料林，同时改善了农田小气候。

（四）人才队伍和平台建设

1. 人才队伍

近5年来，杨树和柳树研究领域依托国家转基因重大专项、“十三五”国家重点研发等科技支撑，围绕国家与行业的发展现状，通过高层次人才引进与本土人才培养相结合的政策，基本建成了一支高层次专家领衔，中青年专家为主力，优秀青年人才为骨干，年龄结构合理、专业素质过硬的人才队伍梯度。在队伍建设方面，培养了一批业务能力强、发展潜力大的青年拔尖人才，同时引进并吸纳全球生物科学领域的优秀人才资源，进一步完善杨树和柳树基础研究领域的人才队伍。在研究团队建设方面，围绕杨树的逆境胁迫响应，东北林业大学、北京林业大学与中国林业科学研究院林木遗传育种国家重点实验室团队等建立了杨树表观遗传学修饰、调控因子的分子机制的解析策略；在杨树和柳树的基因组学研究领域，中国林业科学研究院、南京林业大学、北京林业大学等团队开展了杨树和柳树的基因组进化分析与群体基因组学研究基因组编辑技术应用方面，西南大学、中国科学院上海植物生理生态研究所、北京林业大学等团队已建立成熟稳定的包括杨树CRISPR基因组编辑等基础研究的技术体系和功能基因鉴定平台。基本形成传统育种技术和细胞、分子育种技术相结合的杨树现代育种研究队伍体系。

2. 平台建设

近5年来，在平台建设方面，建立了一批国家级实验室、工程中心、良种基地等。

（1）国家级实验室（2个）

林木遗传育种国家重点实验室（中国林业科学研究院、东北林业大学）；林木育种国家工程实验室（北京林业大学）。

（2）国家级种质资源平台（1个）

国家林木种质资源平台（中国林业科学研究院）。

（3）工程技术研究中心（2个）

国家林业和草原局北方杨树工程技术研究中心（中国林业科学研究院林业研究所）；国家林业和草原局南方杨树工程技术研究中心（南京林业大学）。

（4）国家重点林木良种基地（19个）

河北省威县国有苗圃国家杨树良种基地，内蒙古自治区包头市国家杨树良种基地，内蒙古自治区通辽市林研所国家杨树良种基地，吉林省白城市国家樟子松、杨树良种基地，黑龙江省森林与环境科学研究院国家杨树、樟子松基地，江苏省泗洪县陈圩林场国家杨树良种基地，山东省冠县国有苗圃国家杨树良种基地，山东省宁阳县高桥林场国家杨树良种基地，河南焦作温县毛白杨良种基地，湖北省林科院石首国家杨树良种基地，甘肃省武威市良种繁育中心国家杨树、樟子松良种基地，甘肃省天水市麦积区码头苗圃国家杨树良种基地，青海省西宁市湟水林场国家杨树良种基地，宁夏林木良种繁育中心国家杨树良种基地，宁夏青铜峡市树新林场刺槐、新疆杨良种基地，宁夏西吉青皮河北杨良种基地，宁夏平罗县林场国家白蜡、小胡杨良种基地，新疆玛纳斯县平原林场国家杨树、榆树良种基地，新疆伊犁州林木良繁中心国家杨树、白榆良种基地。

三、本学科国内外研究进展比较

（一）国际研究前沿与热点

1. 种质资源和育种

林木种质资源及种质创新理论与技术研究是林木育种永恒的主题，其杨树和柳树的研究热点和前沿工作包括：利用基因组重测序等技术构建林木种质资源基因条形码，并与地理分布、重要经济性状和形态性状等数据整合，创建杨树和柳树种质信息数据库；利用分子标记评价重要树种群体遗传多样性，结合目标性状遗传分析，构建核心种质资源库；通过亲本遗传距离分析、主要目标性状亲子相关分析等，根据不同的育种目标构建高水平育种亲本群体；开发适合杨树和柳树特点的 CRISPR/Cas9 等基因组编辑技术，实现突变体高效创制；构建多基因共转化表达载体，形成适宜林木特点的高效、安全、快捷的多价基因聚合育种技术体系，以及林木转基因安全技术及评价监测技术体系；基于不同杨树雌雄配子发生发育规律及其判别技术研究，开发施加理化处理诱导配子、合子及体细胞染色体加倍的染色体组操作技术，提高杨树多倍体诱导效率和效果；针对不同生态区域和不同育种目标，选育速生、优质、高抗的杨树和柳树新品种；揭示无性繁殖困难的杨树繁殖材料幼化及其不定根发生调控理论和技术，建立基于采穗圃经营技术的高效无性繁殖技术体系，加快杨树和柳树的品种推广应用；强化产学研结合，促进新品种的高效资源培育与利用。

2. 生物技术

从国际杨树与柳树生物技术领域近 5 年科技进展来看，当前杨树与柳树生物技术研究依然集中在休眠机制、激素响应、木材品质与生长等性状关键基因的分子生物学与基因工程研究方面。特别是随着高精度、高通量测序技术的兴起，以基因组学为基础的比较基因组学、功能基因组学与转录组学等手段为深入阐明复杂性状的遗传调控提供了契机。毛果杨、欧洲山杨等基因组测序与群体资源重测序工作业已完成，丰富的基因组数据资源为全球林木遗传育种领域的研究人员提供了重要的支持，推动了领域的飞速发展。近些年，关于杨树的基因组进化，国外科学家利用比较基因组学的方法揭示了杨树种内的适应性渐渗现象，种间的分子进化模式及适应性基础，并利用群体遗传学的方法揭示了开花基因在杨树不同群体间的选择压力。围绕杨树的物候性状，基于分子生物学、基因组学的方法，详细地阐明了光周期和温度信号调控杨树季节性生长、休眠、发芽的分子机制。另外，在杨树与柳树物种木材形成的次生生长方面，利用转录组学与转基因的方法，发现杨树激素、木聚糖及糖基化修饰直接调控次生生长；利用高分辨率的杨树木质部转录组学、蛋白组学揭示了木质部导管、纤维分化及木质化过程的调控网络；利用关联分析的方法，揭示了杨树生物能源性状的遗传基础及关键调控基因。在杨树和柳树基因组编辑领域，国际上尤以美国、瑞典与加拿大等研究机构进展较快，目前已开发出基于 SNP 双等位的 CRISPR 编辑技术，然而高效的杨树转化体系是该领域发展的限制因素。

3. 栽培技术

重视杨树人工林优质高效生产的机理和技术研究。根据不同栽培区生境特点以及杨树优良品种生物学和生态学特性，重点开展立地与品种匹配、多无性系配置、精准水肥管理、群体结构调控、林农高效复合经营、标准化良种壮苗繁育等关键技术研究。揭示不同优良基因型与环境互作规律，阐明不同培育目标杨树水肥利用效率及养分分配机制，解析不同群体空间结构模式对杨树生产力和木材加工品质及不同育苗技术对苗木质量和造林效果影响。根据材种培育目标，为不同栽培区选配最适宜主栽品种，形成高效低成本水肥管理技术，优化人工林群体结构调控技术，探明多无性系最佳配置模式，提出适合不同品种和材种配套标准化苗木生产技术，为实现我国杨树工业资源材精准、定量、高效培育提供科学依据。

关注不同林分结构、不同经营管理措施和耕作制度下土壤动物群落时空动态，土壤动物与林下植被和土壤微生物多样性之间的互作关系及其对土壤养分循环、供应和林木生长的影响机制。森林在减缓和应对全球气候变化方面有不可替代的作用，杨柳人工林在应对全球气候变化及环境修复中的作用是科学家研究的关注热点之一。探讨困难地杨柳人工林造林新技术和新产品的应用。如污水处理厂厌氧消化脱水污泥在杨柳人工林上的应用，特定生物菌肥在改良特殊困难地作用、生物覆盖技术、节水灌溉技术等。

4. 病虫害防治

控制病虫害流行，推动新型病虫害防治技术是国际热点和发展方向。分子生物学技术将与传统研究技术深度融合，在病虫快速准鉴定、检测、检疫、发生规律等领域发挥更大作用；病虫分类学、生物学、生态学的深入研究依然是杨柳病虫害研究的热门基础研究；无人机应用及 3S 技术等监测调查手段将在杨柳病虫害研究领域发挥重要作用；外来入侵物种的侵入、风险评估、防除等将会成为未来的关注重点；生态控制、化学生态控制、抗性育种、生物控制技术将成为控制技术的重点发展方向；病虫害发生机理研究将成为研究的核心内容。

5. 木材利用

关于杨树和柳树木材利用的国际研究前沿与热点，集中体现在杨树木材的高附加值利用方面。研究热点主要集中在以下几个方面：①速生杨树在生物质能源领域的利用技术研究；②杨树木材的压力浸渍处理、热处理、热 – 机械处理、油热处理等尺寸稳定性改良方面的研究；③杨木在工程木制品领域的研究，包括集成材、正交胶合木、钉合层积木、单板条层积材、定向层积材等；④杨木制备纳米纤维素及其应用领域的研究；⑤杨木在木塑复合材料领域的应用研究。

6. 生态环境应用

在杨树和柳树环境应用方面，国外相关研究主要关注杨树的土壤沙化荒漠化治理、柳树盐碱地造林、河岸湖岸固土应用、防护林应用、污染土壤及水体修复、气候调控型城市森林中的应用、城市及工业废水的管理与治理等领域。尤其是在乡土杨树品种固岸护水机理、效能与技术及其经济效益评估；山地水土流失控制机理与技术；杨树人工林对野生动物栖息地恢复的影响；杨树对污染土壤、淤泥、地下水等的植物修复；高污染物修复能力杨树品种基因调控；高植物修复能力杨树品种选育及其菌根化处理；柳树抗逆、生物质能源林和污染修复技术等领域取得较大研究进展。

（二）国内外研究进展比较

1. 种质资源和育种

在杨树种质资源和良种选育研究方面，国外限于科研经费压缩以及资源培育需求降低等影响，近年来相关研究报道较少，主要集中于将 CRISPR/Cas9 等基因编辑技术应用于杨树研究，包括对杨树木质素合成关键限速酶编码基因的定点编辑以及应用于诱导杨树靶向突变等。我国同类研究也取得显著进展，为未来实现靶向抗性育种和材质改良等提供了可能。除此之外，我国在美洲黑杨、欧洲黑杨核心种质构建及生长相关重要性状评价，毛白杨优树 SSR 指纹图谱库构建，基于半同胞优株父本鉴定和亲本间遗传距离筛选潜在高配合力杂交组合的育种亲本群体构建，基于中间杂交的美洲黑杨、欧洲黑杨、大青杨等杨树种质创新，基于高温诱导花粉、大孢子和胚囊染色体加倍的白杨杂种三倍体选育等方面均取得显著进展，相关研究丰富了杨树遗传改良理论基础，显著提高了育种效率，并创制了一批杨树杂交和多倍体优异种质资源，同时选育出的一批适宜不同生态区栽培的多功能国家良种已经应用于林业生产。国内在柳树盐碱地修复、重金属污染土壤修复、水污染控制与治理等方面的应用技术研究有较大进展，还在柳树工业用材培育、柳树园艺材料培育等方面优势明显，但与国外相比，我国在环境保护利用方面、柳树能源林产业等新兴领域与国外先进水平具有一定差距。美国、瑞典和英国等国已形成成熟的灌木柳栽培技术体系和产业链，柳林收获物粉碎后和煤炭混合发电，或加工成颗粒燃料、热裂解气化发电、发酵生产酒精用作汽车燃料等成功地实现市场化经营。

2. 生物技术

目前国内外杨柳树种生物技术研究主要表现在两个方面：一方面继续以分子生物学与基因工程为主，不断完善遗传转化与分子功能机制研究，由过去的针对特定遗传调控因子的遗传鉴定发展到利用基因组编辑与多基因遗传互作系统解析层面，加快对休眠、生长、材性、逆境胁迫等多性状遗传网络的探索，同时将杨树转基因育种程序规范化；另一方面应加快组学技术在杨树遗传基础研究中的应用，利用转录组学、蛋白组学揭示了木质部导管、纤维分化及木质化过程的调控网络，基于连锁作图与关联作图开展重要目标性状的全基因组遗传解析，建立高效的基因组选择育种策略。近年来，我国杨树生物技术领域取得了长足发展，部分领域达到国际领先水平，但与美国、加拿大与瑞典等林业基础研究启动较早的国家相比，在遗传调控机制解析与基因组选择育种等方面仍有差距，其中：①对杨树与柳树种质资源评价与利用缺乏系统性认识与战略性布局，尚未形成与林木分子育种研究相配套的长效科研资助机制，研究缺乏系统性与可持续性，难以保障对未来分子设计育种形成可持续支撑。②当前基于高通量测序的基因组与转录组分析研究排山倒海，但真正能够系统将这些数据进行整合来系统解析生物学机制的工程仍鲜见，“各自为政、单打独斗”仍然是现在杨柳树种生物技术研究中的主要模式，因此，难以集成创新较大的研究成果，势必进一步影响我国杨树分子育种的发展。

3. 栽培技术

国外有关杨树和柳树人工林培育的研究以实现集约化培育为目标，集中在良种选育、造林技术、密度控制、灌溉技术、施肥技术、修枝技术、杂草控制等方面，大幅度提高了杨树和柳树人工林生产力和木材质量。瑞典通过良种与立地合理互配，使杨树人工林生产力达到 31 $m^3/hm^2 \cdot a$，柳树生物质能源林年均干物质产量 1—1.2 t/a，最高产量达到 1.47 t/a。美国绿木源公司通过地表滴灌和随水施肥技术使俄勒冈 10400 hm^2 的杂种杨树人工林 7—8 年生纸浆林生产力达到 30—40 $m^3/hm^2 \cdot a$，12—14 年生锯材林生产力达到 20—30 $m^3/hm^2 \cdot a$。印度通过林农复合经营，使轮伐期为 6—8 年的美洲黑杨人工林生产力最高达到 25 $m^3/hm^2 \cdot a$。美国俄勒冈州西部地区采用高效修枝技术，使杨树林分年均生产力达到 31.6 $m^3/hm^2 \cdot a$。在林业发达国家，杨树人工林的平均生产力已超过 22 $m^3/hm^2 \cdot a$，最高达到 42 $m^3/hm^2 \cdot a$。国内在杨树和柳树人工林培育上主要开展了苗木培育、人工林定向培育、混交林营造、林农复合经营、人工林水养管理、立地生产力维护等理论和技术的研究，制定和颁布实施了 40 多个杨树和柳树人工林培育行业及地方标准。然而，除实施集约的速生丰产林外，目前我国杨树人工林平均生产力仍不到 15 $m^3/hm^2 \cdot a$，平均蓄积不到 50 $m^3/hm^2 \cdot a$，产量和质量均较低，柳树能源林应用较低，对国家木材安全支撑能力还不高。究其原因在于我国杨树和柳树人工林培育适地适品种不够，精准化和集约化的密度控制、水肥管理、抚育管理、树体管理等技术体系未形成；同时，我国对杨树和柳树人工林林木及林地生产力形成的生理生态机制、林地水养协同作用机制和高效利用机理、林地长期立地生产力维持机制研究不系统，制约了林地生产力的发挥。

4. 病虫害防治

国外对发生在本区的许多病虫快速鉴定技术、生物生态学规律、分子生物学机理、杨柳树的抗病虫机理等方面的研究相对比较系统深入。如加拿大对壳针孢属的 Septoria musiva 快速检验鉴定技术方面取得了突出成果，开发出了便携式现场检验工具箱，可以实现对该病原菌的现场分子水平的监测，并利用高通量检测鉴定技术实现了对该病原菌风险分析。在加拿大魁北克省对森林天幕毛虫（*Malacosoma disstria*）的遗传多样性、系统发生生物地理学进行了研究，弄清了其遗传结构、表型多样性和爆发的机理及动力学。尽管我国对发生在国内杨柳植物上的多种病虫害都进行了大量的研究，但是总体上研究比较零散、系统性不强，而且研究的深度不够，特别在病原菌的分离鉴定、病原菌的快速检验、病虫发生的生态学规律、病虫发生分子生物学机理和杨柳抗病虫机理方面相对滞后。

5. 木材利用

作为人工林杨树种植和加工利用大国，近年来，中国在杨树木材相关的新材料和新产品开发、综合加工利用技术以及产品高附加值利用方面的研究都与国际先进水平同步，某些领域甚至领先于世界其他国家的研究水平。除了杨木在刨花板、纤维板、胶合板等传统人造板领域的应用，我国利用人工林杨树制造重组装饰材（科技木）、多层实木复合地板、定向刨花板、单板层积材等产品的生产技术和生产规模均处于国际先进水平。在高尺寸稳定性阻燃杨木、杨木纤丝化单板重组材、环保型杨木胶合板等方面的研究在国际上处于领先水平。此外，结构用杨木单板层积材、正交胶合木以及基于杨木纳米纤维素在水凝胶、气凝胶、多孔碳材料等新材料领域的研究和应用业已成为国内科学家研究的热点。目前国内外杨树和柳树木材综合利用发展方面有不少差距，杨木和柳木加工企业很多，主要产品有纤维板、胶合板、细木工板，这些产品市场销路很好，但档次、效益不高，而且以原料产品为主。而国外的主要产品有高档的家具装饰材和 LVL 等，因此要进一步提高加工行业效益，必须根据市场需求，开发高层次、高效益的新产品。

6. 生态环境应用

在杨树和柳树的环境应用领域，国内外研究的发展既有相同之处，也有各自不同的关注重点。国外对杨柳的水源保护、河岸湖岸保护、保土护坡效益以及杨树对野生动物的栖息地影响研究较多；而国内对杨柳人工林在固碳增汇中的作用与效能、在河流滩地与沙荒地治理中的作用与效能等领域研究较多。但是，国内外均共同重点关注了杨柳在防护林中的合理应用，以及杨柳对污染土壤和水体以及生活污水和工业废水的治理与修复作用，并着力对高污染物修复能力相关基因调控机制进行了研发。

四、本学科发展趋势及展望

（一）战略需求

1. 木材需求

中国是人造板、地板和家具生产和消费大国，2017 年我国人造板产量突破了 2.9 亿 m^3，木材原料需求巨大。随着全球资源能源危机和生态危机的不断加剧，木材安全已由一般的经济问题上升为资源战略问题，并逐渐呈现出国际化、政治化和复杂化的态势。2017 年《全国林业发展统计公报》显示，2017 年全国商品材总产量 8398 万 m^3，农民自用材采伐量 527 万 m^3，农民烧材采伐量 1804 万 m^3；原木进口量 5539.8 万 m^3，锯材进口量 3740.2 万 m^3，纸、纸板及纸制品进口量 487.4 万 t。可见我国木材资源供给对外依存度非常大。全球对生态环境的重视以及森林认证制度的推行，使我国木材供给面临国际市场供应和国家外汇平衡的双重制约，加上大多数国家开始限制木材出口，依赖进口解决木材供给的难度越来越大，木材安全隐患严重。

在此背景下，为了既保护我国天然林资源又满足经济快速发展对木材的需求，必须立足国内丰富的人工林资源，加强对人工林木材的高效加工利用。杨木作为人工林三大主要来源树种，在我国种植范围广，全国杨树总面积已达 1010 万 hm^2，蓄积量达 5.49 亿 m^3，其中人工林约为 757.23 万 hm^2，约占全国人工林面积的 20%，是世界上杨木人工林面积最大的国家。近年来由于杨树和柳树飞絮问题导致了一些地区发展杨树人工林受到了阻碍，但长远来讲，采用无飞絮新品种，培育杨树木材资源和柳树生物能源并对其合理与增值利用，对于保障木材资源供应、满足社会生产与人民生活需求、保护我国木材安全等有重大现实意义。

2. 环境建设

全球气候变化及资源危机深刻影响着人类生存和发展。我国是个缺材少林的国家，人均森林面积仅 0.13 hm^2，人均森林蓄积量为 9.42 m^3，分别只有世界平均水平的 22% 和 15%，远低于林业发达国家。虽人工林面积世界最大，面积达 0.62 亿 hm^2，但平均蓄积量每公顷 40 m^3，仅为林业发达国家的 20%。在全球化气候变化和木材短缺压力下，通过技术创新快速高效地培育林业特别是人工林资源成为维护国家木材和生态安全的战略选择。总体上，国内外杨树栽培研究仍主要集中在如何通过适地适无性系、密度控制、施肥技术、种植技术、整地技术、杂草控制及萌芽产等技术来提高杨树各类人工林的生物生产力，从而优化出基于不同经营目的的栽培模式，但同时也认识到杨树在防风固沙、保持水土、降低噪声、植物修复、废水再利用、碳固定及景观美化等方面发挥了重要作用。

近几年，关于杨树人工林环境改良作用的研究明显增多。美国、英国、瑞典等国家正致力于种植杨树人工林来吸收城市和工业废水（物）及畜牧业生产中多余的养分，减少其流入江河所产生的富营养化作用；美国还在研究短轮伐期人工林在固持 CO_2、防止温室效应的作用，以及杨树人工林在招引鸟类及保护野生动物等方面的功能等；在北美洲，杨树已广泛用于清除被重金属、盐、有机溶剂、放射性物质、碳氢化合物和淋溶物所污染的土地，常作为河岸缓冲带系统的主要造林树种，并通过种植适当的灌木或草本植物建立合理的林分结构，防止地表水和地下水在流入溪流后被污染，从而起到净化水源的作用。在国外，植物修复和废水再利用是一项新的技术，对于清洁和治理受污染的土壤和水源是一种经济、生态、环保和有效的好方法，而杨树和柳树由于其生长迅速、易繁殖、适应性广而被广泛地用于植物修复和废水再利用。随着世界人口的增长和能源使用量的增加，杨树人工林将在我国乃至世界的碳固定和减轻全球温室效应中发挥越来越重要的作用。因此，必须充分认识杨树在提供生物资源和改良环境中的双重作用，在深入研究提高杨树人工林生物生产力技术措施的同时，应系统地研究杨树人工林环境功能，使之更好地造福于人类。

（二）发展趋势与重点方向

1. 现代生物技术应用

利用多组学、基因编辑等技术，进一步解析杨柳性状的基因组学基础、分子调控机制，从而为揭示林木生长发育及抗逆等生物学过程的机制，并为杨柳遗传资源的分析、病虫害防治、分子育种等提供新理论、新技术。重点发展方向：

（1）多组学的整合应用，解析杨树品质、抗性等性状的基因组学基础

要特别重视发展快速基因组（SNP）变异快速鉴定（如芯片）技术，基于杨柳遗传资源同质园的表型组的分析，计算出每个变异的效应值，从而建立表型性状与基因变异的对应关系。

（2）建立快速基因鉴定平台，解析重要性状相关分子调控机制

在杨柳研究中建立基因编辑等新技术，确定关键调控基因及其调控机制，为分子育种提供靶基因和技术途径。

（3）发展细胞工程技术，建立倍性育种、快繁技术体系

实现规模化、安全转基因，特别是建立以单细胞（胚）培育为基础的基因编辑技术，建立无痕基因突变体系。

（4）发展分子育种技术，实现分子设计育种

在解析重要性状的基因组变异及关键基因的基础上，鉴定和选择育种亲本或育种群体，建立早期分子辅助选择技术体系，实现定向育种。建立主栽杨柳品种的转基因体系，实现关键基因的遗传操作，获得目标性状突出的转基因新品种。

2. 木材利用技术

以市场为导向，以科技为依托，可以在不增加原材料和能源消耗的情况下，进一步转变杨柳产品发展方式、提高产品质量，创造更高的价值，这是今后杨柳木材加工利用应着重发展的思路。

以杨树产业链为主线的林板（纸）一体化产业，调整和优化杨柳品种结构，建立高效、优质工业原料林基地，发展订单林业。采用先进技术、设备、工艺和现代管理思想，按市场需要不断开发高附加值、高质量、环保型新产品。加快产业园区化进程，拓展和完善产业链，实现园区企业集中供胶和集中供热成为新的发展趋势。杨树和柳树木材利用技术的重点研究方向可以归纳如下：①重点开展杨木作为各种新型人造板和木塑复合材料的加工利用技术研究；②加强杨木功能性改良方面研究，使杨木的尺寸稳定性、阻燃性能以及力学性能进一步提升，拓展杨木木材的应用领域；③加速速生杨木重组木、轻质高强刨

花板等新产品的发展，提高杨木的综合利用率；④发展杨木化学热磨机械浆和碱性过氧化物机械制浆造纸技术。

3. 病虫害生物防治

研究杨柳病虫害发生机制，加强杨柳病虫害流行的预测、预报和检测，发展病虫害防治新技术、新产品。重点发展方向：①病虫发生机理的重大基础研究；②杨柳病虫害的诊断、监测、预警技术研究；③重要杨柳病虫害的高效无公害控制技术研究。

4. 生态环境应用

杨树环境应用领域的相关研究将主要围绕：杨树人工林环境调控效益的大尺度评价及其技术研发、现有杨树环境调控林分质量与效能的精准提升、高环境调控能力杨树优良品种选育与其调控机理、杨柳环境应用范畴的拓展及其可行性评价等领域开展。研究重点方向：①大尺度人工林固碳增汇潜力估算及其时空变化机制，碳汇林固碳能力提升技术；②杨树林农复合系统种间关系及其调控作用及生态服务功能价值评估；③多类型污染物杨树修复过程及修复能力与机理。

（三）发展对策与建议

1. 加强人才队伍建设

当前，杨柳树种研究领域通过高层次人才引进与本土人才培养相结合的政策，已在中青年人才队伍建设方面取得了长足进展，基本建成了一支年龄结构合理、专业素质过硬的创新队伍，培养了一批业务能力强、发展潜力大的优秀青年人才。但是与农学领域主要作物研究相比，杨柳树种研究领域的院士以及中青年领军人才体量偏小，尤其是青年拔尖人才队伍建设有待进一步加强。因此，在未来人才队伍建设方面，应着力推动以下几项工作：

（1）落实“引育并举”的人才培养政策，探索灵活多样的人才孵化机制

在现行人才培养模式的基础上，不仅要继续加大国际高端人才的引进力度，更要注重本土青年科技人才的培养与支持，健全人才协同培养机制。

（2）发挥行业领军人才的创新引领作用，培养德才兼备的青年拔尖人才

充分利用领军人才的科技创新水平与核心竞争力，依托中国林学会林木遗传育种分会成立青年人才指导小组，在创新能力培养、林业新兴技术研发与各类人才项目申报等方面给予本行业青年人才以必要的支持与指导。

（3）建立多元化人才培养模式，激发各岗位青年人才的奉献热情

针对关键技术瓶颈与重大需求，结合“大林学”整体发展需要，加强多学科交叉融合，加快建设理论型、技术型与复合型青年人才分类培养体系。完善多元化评价标准，健全个性化管理体制，充分激发各类人才的创新活力。加大研究生人才队伍的建设与质量提升，储备充足的后备力量，全面提高我国林木研究创新发展水平和人才国际竞争力。

2. 加强研发创新能力

（1）坚持需求导向

准确把握社会经济发展和林业现代化建设的科技需求，针对杨柳树种基础研究的薄弱现状，准确把握杨柳树种研究的主攻方向，持续加强科技资源和人才投入，强化理论原始创新，突破关键技术瓶颈，力争在重点科技领域取得重大进展。

（2）坚持协同推进

以国家级科研平台为依托，统筹中央、地方、企业等社会科技资源，建立共建共享、开放集约性科研平台，打造交叉融合、紧密合作的攻关团队，聚焦科技前沿，拓展新兴领域，推动创新发展，全面提高杨柳树种林业科技创新和技术支撑能力。

（3）坚持稳定投入

针对林业周期长这一现实难题，国家要设置长期稳定的杨柳树种生物技术研发课题，加强基础研究、成果转化、应用推广协同发展，推动创新链、产业链和资金链的有效对接，实现杨柳树种产学研紧密结合。

（4）坚持国际合作

坚持"引进来"与"走出去"相结合，加强杨柳树种研究国际交流与合作，引进全球杨柳树种创新资源，加强中国特色优势与国际杨柳树种新兴科技发展理念融合，推动杨柳科学技术和产业标准输出与原创提升。

3. 加强技术成果的推广应用

遵循林业生产的自然规律和经济规律，以我国杨树栽培区划为依据，在区域主导产业中心建立试验示范区，开展科学研究、示范推广和人才培养，引导农民用和企业用生态产业的理念经营杨树人工林，实现产业结构优化和提质增效、农民增收。

（1）以推动区域指导产业和生态环境建设发展为目标，依托学科人才优势，在产业或生态建设中心地带建立产学研"三位一体"的永久性试验示范基地（站）。

（2）组织多学科专家围绕杨树产业发展开展全产业链科学研究、技术示范、人才培养和信息服务，特别是乡土专家的培养。

（3）以培育杨树科技示范户、专业合作社、龙头企业等新型经营主体为引领，加速杨树品种、栽培技术和加工利用等新成果、新技术、新产品进村入户。

（4）建立多层次、多形式的培训体系，为区域林业产业和生态环境建设发展和新农村建设培养地方领军人才，推进杨树产业健康和可持续发展。

4. 加强国内外合作交流

充分利用国际杨树委员会（IOC）、国际林联（IUFRO）等国际学术机构平台，积极参与学术活动，及时了解杨柳在各方面的学术发展动态和最新发展成果，以制定、调整我国杨柳科研方向。积极主办、承办国际会议，通过与国际同行交流和研讨，明确学科发展方向，提高科技创新能力，使我国杨柳科研进入国际水平。积极申请国际合作项目、国际交流项目及科研人员的国外留学项目，通过引进来、派出去，开阔研究视野，提高科研水平，促进学科发展。

参考文献

[1] FAO，Country Progress Reports prepared for the 25th Session of the International Poplar Commission，jointly hosted by FAO and the German Federal Ministry of Food and Agriculture，Berlin，Germany，11-16 September 2016 [M]. International Poplar Commission Working Paper IPC/14. Forestry Policy and Resources Division，FAO，Rome. 2016. Published at http：//www.fao.org/forestry/ipc2016/91148/en/.

[2] FAO，Abstracts of Submitted Papers prepared for the 25th Session of the International Poplar Commission，jointly hosted by FAO and the German Federal Ministry of Food and Agriculture，Berlin，Germany，13-16 September 2016 [M]. International Poplar Commission Working Paper IPC/14. Forestry Policy and Resources Division，FAO，Rome. 2016. Published at http：//www.fao.org/forestry/ipc/69946/en/.

[3] 国家林业和草原局. 中国林业年鉴 2018 [M]. 北京：中国林业出版社，2018.

[4] 国家林业和草原局. 中国林业年鉴 2017 [M]. 北京：中国林业出版社，2017.

[5] 国家林业局. 中国林业年鉴 2016 [M]. 北京：中国林业出版社，2016.

[6] 国家林业局. 2017 中国林业发展报告 [M]. 北京：中国林业出版社，2017.

[7] 国家林业局. 2016 中国林业发展报告 [M]. 北京：中国林业出版社，2016.

[8] 中国科学技术协会. 2016—2017 林业科学学科发展报告 [M]. 北京：中国科学技术出版社，2018.

[9] 方升佐主编. 人工林培育：进展与方法 [M]. 北京：中国林业出版社，2018.

撰稿人：尹伟伦　卢孟柱　苏晓华　吕建雄　方升佐　梅长彤
康向阳　席本野　张德强　迟德富　王保松

珍贵树种研究

一、引言

（一）学科定义

1. 定义与定位

珍贵树种是指木材材质优良或树木的其他部分具有特殊用途、资源稀有或市场紧缺、经济价值很高，并且具有一定的文化内涵和收藏价值、深受广大群众喜爱的一类树木的总称。一般而言，珍贵树种可分为三类：一是珍贵用材树种，以国标红木 5 属 8 类 33 种为代表，其木材一般应具有硬度高、密度大、颜色深和纹理美观的特点，可用于制作高档家具、高档乐器、高档工艺品等实木制品及高档装饰、装修材料的树种。某一种树种是否属于珍贵用材树种，不一定需要全部具备硬度、密度、色泽、纹理四个方面的要求，其中某一个方面的特点非常显著，也应视为珍贵树种。二是资源稀有的或与传统文化良好结合的树种，如华盖木、亮叶木莲、珙桐等异常珍稀、具有极高研究与保护价值的树种。三是不以木材为主要产品，其自身或衍生产品具有特殊用途或特殊价值的树种，如具备健康养生概念的青钱柳和具备药用兼收藏价值的沉香等。

2. 研究方向及特色

珍贵树种培育学科主要研究方向有：①高效培育技术研究：开展良种快繁与壮苗培育、高效栽培与经营、大径级无节材培育和促进心材形成等研究，重点突破良种组培和扦插等快繁及壮苗培育技术、高效培育模式与经营技术、大径级无节材培育技术以及心材形成调控技术，为实现我国珍贵用材树种的地域化、品系化、繁育产业化和经营可持续化的大径材高效培育提供技术支撑，最终实现我国珍贵用材由天然林生产到人工林生产的转变。②制定育种策略、开展新品种良种培育：建立珍贵树种育种群体，系统开展选育种研究，研究珍贵树种生长发育、适应性以及遗传变异规律，研究性状决定性遗传因子，提高珍贵树种生产力、品质和抗性，选育新品种，提高我国珍贵树种良种使用率。③种质资源收集、保存与利用：广泛收集珍贵树种种质资源，开展种子生物学和繁殖生物学研究，解决珍贵树种的繁殖、保存和评价、利用等问题。④研制新技术、新方法，加速与提高珍贵树种培育科技成果转化效率。⑤总结珍贵树种培育理论与方法，集成珍贵树种高效培育技术，为其产业化发展提供科学依据。⑥培养珍贵树种研发人才，打造创新与成果转化平台，促进珍贵树种研发的产学研相结合，加速与提高珍贵树种科技成果转化。⑦珍贵木材数量与品质形成机理研究：揭示珍贵木材数量与品质形成的分子机理，研发基于分子机理的促进珍贵木材形成的新技术、新方法。

珍贵树种培育的过程其实就是多学科交叉融合的过程。涉及学科众多，主要包括：①树木学：主要涉及树木学分类、生物学特性与繁殖生物学等研究；②森林培育学：主要涉及各珍贵树种种植区划和高效培育技术等研究；③林木遗传育种学：主要涉及珍贵树种新品种选育和长期持续育种研究。此外，还涉及木材加工、林产品化学、森林经理学、森林生态学、土壤学、森林保护学等，这些学科将为珍贵树种产业发展提供技术保障与理论方法；④分子生物学：主要涉及珍贵木材形成的基因表达、分子调控、激素调控等机理与理论。

（二）学科概述

近年来珍贵树种在我国发展迅速，珍贵树种虽然在种质资源和遗传育种、无性系扩繁、高效栽培技术、心材形成技术等方面取得了较大进展，为我国木材战略储备和林业产业发展作出了应有的贡献。但面对林业产业转型升级、服务生态文明建设的战略任务，满足我国木材安全和科技创新的战略需求上，珍贵树种培育还存在着研究不够系统和深入、人才队伍与平台建设尚处于初级阶段等问题。未来珍贵树种培育的发展重点将聚焦于高效定向培育技术、重要经济性状的遗传改良与良种繁育技术、多功能培育模式与综合利用技术等领域，从强化顶层设计与政策支持、加强研究队伍建设与协同创新、加大基地、平台建设与研究投入、加强学科融合和新技术应用推广等方面着手，为珍贵树种产业持续健康发展提供强大的科技支撑。

二、本学科最新研究进展

（一）发展历程

关于珍贵树种一直以来还没有一个完善的标准。随着社会对珍贵树种关注不断提高，在 2007 年的中国珍贵树种发展论坛上，有专家提出珍贵树种是指具有特别珍贵的经济性能，可产生珍贵、稀有、罕有产品的树种。2015 年 9 月，徐大平在首届中国珍贵树种学术研讨会上提出珍贵树种的概念。同时，我国对于珍贵树种的名录亦随着国民经济的发展而不断变更。1975 年农林部曾把珍贵树种划分为两类：第一类包括坡垒、紫荆木、银杉、格木等 9 种及水杉、珙桐、秃杉等 5 种原生种。第二类包括楠木、红椿、野荔枝、红杉等

12种。2006年国家林业局发布了《中国主要栽培珍贵树种参考名录》（办造字〔2006〕94号），列举了中国主要栽培珍贵树种208种，其中属红木类的珍贵树种7种，硬木类的常绿树种103种，落叶类75种及针叶类珍贵树种23种。名录为规范国家珍贵树种培育示范建设，指导珍贵树种培育工作发挥了重要作用。2017年国家林业局造林司颁布了《中国主要栽培珍贵树种参考名录》（2017年版）（林造发〔2017〕123号），包含树种192个。各珍贵树种主要栽培省（区）也据此随之出台了本地的珍贵树种参考名录，为当地的珍贵树种发展提供指导。随着珍贵树种培育工作的推进，在培育技术、开发利用等方面出现了新趋势和新变化，能够更加有效地指导珍贵树种培育工作，提高珍贵树种培育质量和效益。

另外，对于以红木为代表的珍贵用材树种，我国于1998年颁布了《红木》国家标准（GB/T 18107-2000），由中国林业科学研究院木材工业研究所负责编制，明确规定红木的范围确定为5属8类33个主要品种，红木是当前国内红木家具用材约定俗成的统称（每类均有各自的具体名称：紫檀木类、花梨木类、香枝木类、黑酸枝木类、红酸枝木类、乌木类、条纹乌木类和鸡翅木类）。该国标于2013年启动修订工作，2018年7月正式颁布，将红木的树种由33种变为29种。在国标《红木》的基础上，中国轻工业联合会组织修订了家具方面的行业标准《深色名贵硬木家具标准》（QB/T2385-2008），共101个树种，除了原《红木》标准的33个珍贵稀缺树种或明清以来传统家具所沿用的部分树种外，还把《中国主要进口木材名称》标准和《中国主要木材名称》标准（含有隐心材）的名贵或优质进口木材列入其内。

在珍贵树种培育的科学研究上，已有多年历史，中国林业科学研究院热带林业研究所自1962年建所即开展相关研究，但项目均是零星资助，且资助额较小；自“十一五”以来，珍贵树种的研究得到了广泛关注，“十二五”期间得到林业行业公益专项重点项目的资助，资助的项目数与资助金额也逐年增加。步入“十三五”，珍贵树种研究更是得到了前所未有的重视，2016年，“南方主要珍贵用材树种高效培育技术研究”获科技部“十三五”重点研发专项首批立项；2017年，“北方主要珍贵用材树种高效培育技术研究”和“珍贵树种定向培育和增值加工技术集成与示范”两个项目相继启动。珍贵树种培育研究步入国家层面的培育到加工的一体化实施研究阶段。

（二）基础研究进展

1. 种质资源和遗传育种

我国对珍贵树种的良种选育研究起步相对较晚，育种研究主要集中在种质资源收集、保存和早期生长评价阶段，子代林的测定工作正全面推进。目前已收集并保存大果紫檀、东京黄檀、楸树、青钱柳、楠木、樟树、青皮、坡垒、檀香紫檀等珍贵用材树种种质资源，选育出多个国家级和省级良种。选育了柚木、西南桦、黑木相思的速生、抗寒、通直优良无性系，获得了国家级良种或林木新品种。针对亲缘关系较近的降香黄檀、交趾黄檀和东京黄檀，开展了基于SSR标记的遗传变异研究，并探讨了影响这三个树种群体间和群体内遗传变异的因素。基于降香黄檀叶片转录组数据，开发了交趾黄檀和东京黄檀中具有通用性的SSR标记，并利用这些新开发的SSR标记研究降香黄檀、交趾黄檀和东京黄檀的遗传多样性及遗传结构，评价了各群体的遗传多样性水平，探讨了影响群体间和群体内遗传变异的因素。在全基因组水平上解析了楸树COMT家族基因的表达特性和潜在功能。

2. 无性扩繁技术基础研究

在珍贵用材树种的无性快繁方面，重点开展了降香黄檀、印度黄檀、青钱柳、檀香、柚木、楠木、西南桦、土沉香、红锥、椿树、黑木相思等多个珍贵用材树种的组培快繁技术体系研究。从外植体消毒、不定芽诱导、培养基配方、微嫁接移植等方面进行逐一突破，目前柚木、西南桦、黑木相思等树种的无性系扩繁技术已经达到工厂化育苗水平，相应的技术体系和标准均已制定，可量化生产。此外，针对柚木、樟树和椿树等珍贵用材树种繁殖效率低的问题，还开展了体胚发生等研究，并初步建立了体胚发生技术体系。

3. 高效栽培技术基础研究

在珍贵树种高效培育技术研究方面，重点从种子贮藏和催芽技术、育苗基质配方优化、营养诊断和控制施肥、移植苗龄筛选，幼苗生长化学调控，接种菌根，水分控制、营养生长和生殖生长调控等多个生长发育环节开展系统研究，全面提升了我国珍贵用材造林用苗的质量和早期生长量。

4. 病虫害防治基础研究

对西南桦、降香黄檀等主要珍贵树种开展了病虫害防治技术研究，提出了通过修枝等营林措施对西南桦拟木蠹蛾虫害控制技术。针对降香黄檀病虫害频发，严重制约降香黄檀人工林规模发展的难题，开展了叶枯病病原菌的分离和无公害防治技术研究，建立了一种有效防治降香黄檀叶枯病无公害防治技术，成功解决了降香黄檀叶枯病的防治难题。

5. 心材形成机理研究

针对降香黄檀和印度黄檀等珍贵用材树种心材形成时间晚、自然形成心材比率低等问题，开展了心材形成过程和机理以及人工加速心材形成技术研究。发现多种生长调节剂和化学物质均能诱导降香黄檀形成心材，其中树干注射乙烯利能显著促进降香黄檀形成心材，而且形成的心材质量与自然条件下形成的非常接近。

（三）应用研究进展

近年来，以红锥、柚木、楠木等为代表的珍贵树种成果先后获得省级科技进步、梁希林业科学技术奖二等奖以上奖项；青钱柳、沉香、红豆杉等珍贵树种在产品研发方面取得了重要突破，推出了市场化程度比较高的产品。以降香黄檀、柚木、红松、楸树、楠木、西南桦等珍贵树种在国家“十三五”重点研发项目支撑下取得了一系列技术进展。

1. 壮苗繁育技术

柚木、降香黄檀等主要栽培珍贵树种壮苗培育研究取得了显著进展，通过多年育苗研究与实践，从种子催芽、修根剪叶、根部杀菌等环节进行技术集成提高了柚木种植成活率，显著提高了柚木种子的发芽率和苗木质量，造林成活率达 99.2%。针对降香黄檀幼苗造林后干形不良、被杂草覆盖严重、除草成本过高等现实问题，通过反复试验研究，提出降香黄檀大苗培育和造林技术体系，即先充分利用苗圃地良好的水热资源条件，采用集约经营的管理方法，培育中大苗进行造林。造林成活率达 100%，半年后保存率可达 95% 以上，苗木的生长量比传统的造林模式提高 20% 以上，经济效益提高 30% 以上。针对西南桦造林期间降雨与造林时间难以匹配的难题，提出应用多效唑和赤霉素开展化学调控，可显著提升苗木质量，实现造林时机与苗木培育的灵活匹配，提高苗木出圃率和造林成活率。开展了楠木的种子贮藏、催芽播种、基质配比、育苗容器、施肥、扦插繁殖技术等系列试验，初步构建了桢楠壮苗育苗技术体系，桢楠种子发芽率可提高至 92% 以上，成功解决了闽楠优树的无性扩繁难题，采穗圃每亩年产穗量可达 14 万条以上；一级、二级苗木占比可达 90% 以上。

2. 高效培育技术体系

近年来，伴随着各个珍贵用材树种高效培育技术体系的突破以及推广应用，经济效益显著，多个珍贵树种已实现规模化种植，因而获得了多项奖励。如“广东省优良珍贵树种研究与推广”获 2013 年度广东省农业技术推广奖一等奖；“桢楠遗传资源及高效培育技术研究”获 2017 年四川省科技进步奖二等奖；“珍贵树种种业创新与工厂化育苗”获 2018 年度福建省科技进步奖二等奖；“柚木良种选育与高效繁殖技术”获第九届梁希林业科技奖二等奖。随着珍贵树种高效培育技术体系的进一步完善和优化，预计会有更多的科技成果陆续产出。

3. 林副产品的研发与推广应用

针对珍贵树种经营周期长、资金占用时间长等问题，通过构建林药等复合经营体系等复合经营模式，实现林分综合效益的持续发挥。开展了林下套种、林下养殖、农林复合经营等多种复合经营模式。如珍贵树种林下套种金花茶、砂仁等耐荫树种，可以较大幅度增加林地短期的产出，提高经济收益；此外，发展林下养殖、农林间种、生态旅游、珍贵树种文化传播等模式也有所成效。

（四）人才队伍和平台建设

国家林业局于 2007 年 10 月在广东省肇庆市举办的“中国珍贵树种发展论坛”是珍贵树种研究的重要节点。在此之后，我国珍贵树种发展得到了前所未有的重视，我国政府部门、林业专家及公众对培育珍贵用材林的重要意义基本上有了共识，并逐步付诸行动。2012 年，依托中国林业科学研究院热带林业研究所与中国林业科学研究院热带林业实验中心的国家林业局热带珍贵树种培育工程技术研究中心成立。2015 年 9 月，中国林学会珍贵树种分会在广州成立，挂靠单位为中国林业科学研究院热带林业研究所。2018 年 10 月，珍贵树种产业国家创新联盟获得国家林业和草原局批准并召开成立大会，共 28 家单位作为联盟发起单位。中心、分会与联盟的成立，标志着我国珍贵树种的培育技术研究平台与学术交流平台的相继建立，对珍贵树种开展相关学术交流、资源整合和产学研结合具有重要意义。

在试验示范基地方面，中国林业科学研究院热带林业研究所在广东肇庆、惠州、海南尖峰岭、云南普洱等地，广西壮族自治区林业科学研究院在南宁，广西大学林学院在国营高峰林场科技园、国营七坡林场、百色和桂林等地，广西植物研究所在桂林，中国林业科学研究院热带林业实验中心在凭祥，四川省林业科学研究院在乐至等地分别建立了试验示范基地。

人才队伍建设方面，主要围绕国家“十三五”重点研发项目、国家自然科学基金等国家重要科研项目开展人才培养。

三、本学科国内外研究进展比较

（一）国际珍贵树种发展情况

近年来，国际上关于珍贵树种的研究主要集中在珍贵树种的传统培育技术，重点围绕水分、养分和林分结构开展相关研究。随着全球气候变化，大量学者开展了关于榉木、桦木和栎木应对干旱、气候变暖等极端气候条件的研究，其研究表明干旱与气候变暖会显著改变树木的生长、生理、形态解剖和林分结构与产量。在地中海地区，疏伐可以通过延迟干旱引起的生长停止从而促进栎树的生长。桦木可以通过缩短萌芽周期来补偿气候变暖引起的树木死亡。土壤肥力是柚木培育研究的热点，柚木通常被认为是高需肥量的树种，近期有研究表明柚木的适宜种植土壤远比想象的广泛，如一些柚木品系能够耐受低 pH 和中等毒性土壤，适用于贫瘠的土壤。Glatthorn 等通过比较山毛榉人工林和原始森林，得出森林经营措施主要通过改变林分叶面积指数，进而改变树冠的冠层结构，而不是传统认为的改变林分结构多样性来影响山毛榉林的生产力。珍贵树种生长缓慢，收益周期较长，使得基于珍贵树种的农林复合种植模式的研究成为近年来的一大热点。最近研究表明，与单一柚木种植模式相比，柚木林下套种火龙果会通过增加林分凋落物的氮、碳循环，进而增加林分产量。此外，关于珍贵树种优良种质资源的选育、病虫害防治和木材利用方面的研究也取得了一些新的进展。

（二）国内外研究进展比较

国内众多高等院校和科研单位对土沉香、银杉、南方红豆杉、红锥、西南桦、任豆、蒜头果、凹叶厚朴、红花木莲、观光木、格木、红椿、毛红椿、香椿、金花茶、铁力木、土沉香、降香黄檀等主要乡土珍贵树种展开了育苗试验、生长适应性、遗传改良、种质资源保护、生理生化特性测定等多方面的研究。对国外引种的珍贵树种如柚木、非洲桃花心木、檀香、印度紫檀、交趾黄檀、檀香紫檀、黑木相思等开展了引种、驯化、栽培模式与遗传改良方面的研究。

与国外相比，目前国内关于榉木、桦木、栎木和柚木等珍贵树种在水肥光热气等传统培育方面的研究还存在较大差距，差距主要源于研究基础、试验材料、研究周期、仪器设备以及科研人员素质。国外珍贵树种的研究历史远远早于国内，使得国外有着更加良好的研究基础，各类大径材能满足各项研究的需求，也为长期研究提供了保障，加之更先进的仪器设备，国外珍贵树种方面的研究一直处于领跑水平。近些年，我国珍贵树种研究在多个方面都取得了长足的进步，尤其是在热带珍贵树种心材形成的研究方面，处于国际并跑水平，其中关于人工促进心材形成的研究甚至位于国际领跑水平。国外自二十世纪七八十年代就开展了人工促进树木边材变色的研究，其目的主要是通过模拟边材变色来研究病原菌和外界损伤造成树体边材变色的过程与机理。国内直到 90 年代才有零星研究，随着我国华南地区以沉香、降香黄檀和檀香等为代表的热带珍贵树种人工林种植规模日益壮大，迫切需要一系列行之有效的促进心材形成的人工培育措施，近些年国内兴起了如何促进热带珍贵树种心材形成的研究热潮。目前，国内学者在沉香人工结香、降香黄檀和檀香心材促进形成技术上取得国际领先成果，同时对于树木心材形成机理的研究也紧跟国际前沿。总体上，国外研究在传统培育技术上优势明显，其成果具有普遍适用性，相比之下，国内珍贵树种传统培育技术的研究较弱，急需升级与加强，研究结果的普遍适用性较差。

四、本学科发展趋势及展望

（一）战略需求

1. 保障国家木材战略实施，夯实我国木材产品与家具制造业基础

我国木材资源总量少，结构不合理，特别是珍贵树种用材和大径级用材尤其短缺，对外依存度很高，据估算，到 2020 年，我国木材需求将达到 8 亿立方米，木材缺口预计达 2 亿立方米，大径材和珍贵树种的用材需求将大幅度提升。随着我国经济社会的发展，人民生活水平和文化素质大幅提高，群众对木制品的欣赏角度也发生着改变，加上我国特殊的文化背景和社会、公众的广泛认同，对木材特别是珍贵用材的需求都急剧上升。同时，国际社会对原木和珍贵材出口限制越来越多。《濒危野生动植物种国际贸易公约》严格限制交易的树种增加到近 300 个，全球先后有近 100 个国家限制、禁止珍贵和大径级原木出口，红木类及类红木类及其他的珍贵木材大都依赖进口。加上国际绿色组织的限制，各国自身生态保护的需要，国际木材出口量大幅度减少，依靠进口珍贵硬木非长久之计。我国

长期依赖进口的模式将难以为继。加快珍贵树种资源的培育，建立战略储备，是维护国家木材安全，促进地方经济社会健康发展的需要。近年来，我国的木材安全问题成为国家战略规划的重要话题，而木材安全问题最突出的就是珍贵木材供应严重不足。因此，要从根本上解决我国木材与家具制造业原材料的供需矛盾，必须立足于国内后备资源的培育，尤其要积极发展珍贵优质用材，培育大径材。

2. 提高林业产业的贡献率，促进林业产业转型升级

我国是一个多山的国家，尤其在南方的热带和亚热带地区，由于林地比较陡峭，难以用机械化替代人工进行造林、抚育和砍伐作业。随着劳动力成本不断上升，土地租金不断上涨，传统的速生丰产林的竞争优势逐渐消失，而珍贵树种由于其价格较高，可以充分消化吸收劳动力，将有利于实现林业产业的转型升级。珍贵树种的资源培育和高效利用，将有利于提高我国珍贵树种的种植技术和扩大种植面积，从而改变林业产业的增长方式，实现林业由传统的重视木材数量向重视木材质量的转变、由重视短期收益向重视长期收益的转变。同时配合林业供给侧改革措施和产业结构优化，从而提高林地贡献率、实现林业的可持续经营。

3. 提高山区就业、藏富于民，推动林业可持续经营

由于珍贵树种的种植周期较长，并且抚育管理需要贯穿于整个人工林的经营周期，需要不断地使用劳动力，增加了山区的就业机会，就地消化吸收当地低端加工制造业转型过程中出现的富余人员，提高了当地农民的收入，有利于山区的稳定和发展。从长期来看，珍贵树种产业的发展可吸引大量投资，在保证就业的同时可望积累珍贵用材资源，实现投资的保值增值，真正做到藏富于民，同时让林农享受到珍贵树种生产过程中的生态服务功能和优美的景观，而不是低端制造业留下来的环境污染，有百利而无一害。

4. 进一步提高森林的生态服务功能、挖掘森林文化内在价值

以中国林业科学院热带林业研究中心为代表的单位在珍贵树种大径材近自然经营中进行了探索性研究，取得了较好的研究进展。提出以红锥为代表的珍贵树种经营，以混交林形式，采用目标树经营。这样一方面可以提高生物多样性和林分的稳定性，另一方面还可以改善森林景观的镶嵌分布。珍贵树种培育的发展，可将科技种植与生态环境保护紧密结合，有利于弘扬森林文化，提高森林的稳定性和多样性，增加森林的生态服务功能，并可利用珍贵树种厚重的文化属性带动森林旅游业的发展。目前，已有一些企业正在开展以珍贵树种为主题，集种植、树木前期产品开发（如檀香茶、沉香茶）、林下种植和林地综合利用、林地循环经济开发、有机林产品开发、科普教育、珍贵树种文化宣传和珍贵用材产品开发、旅游休闲、康养修性于一体的森林旅游品牌创建，相信在不久的将来将会出现以珍贵树种为核心的森林旅游基地，不断丰富森林旅游的内涵和多样性，推动森林旅游业的发展。

（二）发展趋势与重点方向

1. 珍贵树种培育的发展趋势

（1）优良种质资源的收集、保存及评价

一方面，继续扩大多个优良珍贵树种种质资源的收集、保存，增加种质资源库容量，为优良种质资源的选育提供基础；另一方面，制定多个珍贵树种优良经济性状的选择标准，为早期生长评价做准备。

（2）完善和优化良种快繁技术体系

在已有的研究基础上，继续对现有珍贵树种的无性快繁技术体系进行优化完善，进一步提高繁殖效率，同时将良种应用到造林实践，全面提升良种使用率，增加珍贵树种的生长量和经济效益。

（3）重要经济性状的遗传改良

应用现代生物技术，解析珍贵树种各经济性状的基因组学、遗传学以及木材形成调控等理论基础，为珍贵树种遗传资源的改良、良种选育、分子育种以及抗性育种提供基础。

（4）开发珍贵树种定向培育技术体系

应用生长调节剂、配方施肥、水分控制、修枝管理等营林措施对珍贵树种的生长进行分类调控，使珍贵树种的生长发育朝着最有利于实现经营目标的方向发展，并优化各项技术措施，形成对应的技术体系，最终为实现珍贵树种的定向培育提供基础。

（5）珍贵树种资源综合利用

多种珍贵树种除了木材以外，其他部分（叶片、根、树皮、枝条等）也富含多种活性有效成分，因而开发珍贵树种副产品资源是提高珍贵树种经济效益的重要途径，也是今后珍贵树种人工林经营的重要方向之一。

（6）珍贵树种可持续经营技术

针对珍贵树种经营周期长、投入高的特点，研发林下种植（套种）短周期作物、林下养殖、森林康养、生态旅游、珍贵树种文化等多方面的经营管理技术，缩短资金周转周期，"以短养长"，为实现珍贵树种的可持续经营提供保障。

2. 珍贵树种培育的重点方向

（1）高效定向培育技术

针对当前我国珍贵用材资源少、培育技术落后和产业发展缓慢等问题，应选择产业发展的主要珍贵树种，重点开展珍贵树种高效培育技术（包括：良种快繁与壮苗培育、高效栽培与经营、大径级无节材培育、混交互利机制等）研究，同时还要注重珍贵树种中一些具有特殊价值产品的生产技术研究，如珍贵树种促进心材形成技术、沉香结香技术等。

（2）重要经济性状的遗传改良与良种繁育技术

珍贵树种名录众多，除实木用材外，一些树种还具有特殊的经济价值，如沉香、青钱柳、红豆杉等。因此，应根据不同树种的经济性状细化遗传改良方案，制定相应的遗传改良程序。同时，还应依据不同树种的繁殖特性，开展种质资源收集、保存与利用、育种群体构建、种子园营建、繁殖技术体系等多层次的改良与繁育技术研究。

（3）多功能培育模式与综合利用技术

珍贵树种种类繁多，且培育周期长，针对该问题，应大力开展多功能林培育模式与综合利用技术的研究，将珍贵树种培育与林下经济、医药、生态旅游、森林康养等多行业结合，同时进行衍生产品的开发与利用。

（三）发展对策与建议

1. 强化顶层设计与政策支持

林业在生态文明建设中具有十分重要的作用，在当前林业供给侧改革与林业产业转型升级的大环境下，珍贵树种产业的健康发展必然需要强化顶层设计与增加政策支持。加大对珍贵树种产业发展的政策扶持，激励其发展，可从以下几个方面进行考虑：一是给予开发性项目扶持，在种苗等方面给予补助；二是加大政策性银行贷款资金支持，加大珍贵树种科研开发和造林补助；三是积极落实税收优惠政策；四是逐步建立政府扶持的林业保险机制，设立珍贵树种政策性林木保险，增强抗风险能力。

2. 加强研究队伍建设与协同创新

加强学科教学和科研队伍建设，逐步形成开拓创新、结构合理、富有协作精神、适应我国珍贵树种产业发展需要，并在国际上具有较高影响力的科教队伍。积极创造条件，建立倾斜政策，加强学术梯队建设，特别是学术带头人及中青年专家队伍的培养建设。为青年科技人员创造良好发展条件，使新一代学术带头人和创新骨干脱颖而出。积极推进相关高校、科研院所与相关企业产学研新模式建立，强化区域、领域协同创新。建立与推进行业联盟，强化协同创新作用。积极发挥珍贵树种分会的平台作用，积极开展学术、技术交流等活动。

3. 加大基地、平台建设与研究投入

要以重点实验室、工程技术研究中心、长期试验基地等支撑学科发展的重要基础条件平台为重点，依托现有的优势，结合国家和省级重大科研和工程建设项目，整合资源，加强我国珍贵树种培育的科研、成果转化平台的建设，加大相关条件平台的支持力度，提高学科创新研究的基础条件。努力向国际先进科研、成果转化平台接轨，提升我国珍贵树种培育的整体研究水平和创新能力，更好地服务于我国现代林业可持续发展的需要。

4. 加强优质资源引进与国际合作

以《红木》国标树种为代表的很多珍贵树种原分布区在国外，我国目前已引进了檀香紫檀、交趾黄檀、大果紫檀、印度紫檀等树种，经过驯化，在国内表现出了较好的适应性与发展前景。这一方面充分说明国外珍贵树种资源的丰富性，另一方面也很好地说明了加强国外珍贵树种引种驯化的巨大潜力。因此，加强重要的高经济价值的珍贵树种的种质资

源引进，在国内开展评价、保存与利用，是珍贵树种培育的一个重要工作。与此同时，根据珍贵树种培育的特点，应跟进把握国际科技发展趋势，围绕学科建设，针对薄弱环节，广泛开展国际合作，加强资源、智力、技术的引进，加强科技资源战略储备。

5. 加强学科融合和新技术应用推广

珍贵树种培育涉及的树种众多，在学科发展上，应在以森林培育学、树木学、遗传育种学等主要学科的基础上，进一步加强与木材加工、林产品化学、林下经济等关联学科的交叉与融合，才能发挥持续创新、核心驱动的作用。同时，要加大对成熟的、有较好市场前景的新技术的推广应用力度，促进成果转化，为珍贵树种产业持续、健康发展提供坚强的保障。

参考文献

[1] Ai C，Wu F，Sun S，et al. First report of brown leaf spot caused by alternaria alternata on teak in china. Plant Disease，2015，99（6）：PDIS-10-14-1066.

[2] Álvaro Rubio-Cuadrado，Camarero JJ，Río MD，et al. Long-term impacts of drought on growth and forest dynamics in a temperate beech-oak-birch forest. Agricultural & Forest Meteorology，2018，259：48-59.

[3] Brocco VF，Paes JB，Costa LGD，et al. Potential of teak heartwood extracts as a natural wood preservative. Journal of Cleaner Production，2017，142：2093-2099.

[4] Cui Z，Yang Z，Xu D. Synergistic roles of biphasic ethylene and hydrogen peroxide in wound-induced vessel occlusions and essential oil accumulation in Dalbergia odorifera. Frontiers in plant science，2019，10：250.

[5] Ehrhart T，Steiger R，Frangi A. A non-contact method for the determination of fibre direction of european beech wood（fagus sylvatica l.）. European Journal of Wood & Wood Products，2018，76（3）：925-935.

[6] Glatthorn J，Pichler V，Hauck M，et al. Effects of forest management on stand leaf area：comparing beech production and primeval forests in slovakia. Forest Ecology and Management，2017，389：76-85.

[7] Hansen OK，Changtragoon S，Ponoy B，et al. Genetic resources of teak（tectona grandislinn. f.）—strong genetic structure among natural populations. Tree Genetics & Genomes，2015，11（1）：802.

[8] Juchheim J，Ammer C，Schall P，et al. Canopy space filling rather than conventional measures of structural diversity explains productivity of beech stands. Forest Ecology & Management，2017，395：19-26.

[9] Liu Y，Chen H，Yang Y，et al. Whole-tree agarwood-inducing technique：an efficient novel technique for producing high-quality agarwood in cultivated Aquilaria sinensis trees. Molecules，2013，18（3）：3086-3106.

[10] Rumbou A，Candresse T，Marais A，et al. A novel badnavirus discovered from betula sp. affected by birch leaf-roll disease. Plos One，2018，13（3）：e0193888.

[11] Vigulu V，Blumfield TJ，Reverchon F，et al. Nitrogen and carbon cycling associated with litterfall production in monoculture teak and mixed species teak and flueggea stands. Journal of Soils and Sediments，2019，19（4）：1672-1684.

[12] Wehr JB，Blamey FPC，Smith TE，et al. Growth and physiological responses of teak（*Tectona grandis linn. f.*）clones to Ca，H and Al stresses in solution and acid soils. New Forests，2017，48（1）：137-152.

[13] Xu C，Liu H，Mei Z，et al. Enhanced sprout-regeneration offsets warming-induced forest mortality through

shortening the generation time in semiarid birch forest. Forest Ecology & Management，2018，409：298–306.
[14] 国家林业局办公室 . 中国主要栽培珍贵树种参考名录（2017 年版）. 国家林业和草原局政府网：2017.

撰稿人：徐大平　陆钊华　曾祥谓　王军辉　曾炳山　曾　杰　刘小金　崔之益

桉树研究

一、引言

桉树是桃金娘科杯果木属（*Angophora*）、伞房属（*Corymbia*）和桉属（*Eucalyptus*）三属之总称，共有 1039 个种及变种。桉树研究是指研究桉树生物学特性、生命过程及桉树人工林与自然环境相互关系的研究领域，包括桉树育种、培育、生态和健康等部分。桉树研究围绕提高桉树适应性和速生性、提高桉树木材产量和质量、增强桉树人工林生态系统的安全和稳定性、增强桉树抗病虫害能力等可持续经营技术，通过常规和分子遗传育种、丰产提质育林、人工林生态系统结构与功能定位、病害演化致病机理和病害有效防控等途径，开展桉树的基础和应用技术研究。研究方向主要包括：①桉树种质资源保存、评价和利用，杂交、诱变、抗性育种，分子标记辅助和转基因育种；②桉树栽培区立地分类，桉树速生、抗逆机制，丰产优质林高效培育技术体系创立；③桉树生长水、肥管理机制，经营与环境资源的互动响应机理，人工林生态稳定的可持续经营技术；④桉树病原物物种和种群多样性特征，病原物扩散特征及致病机理，抗病桉树遗传材料选育。桉树研究特色在于将林学与生态学、环境科学、分子生物学结合起来，研究方法融入了分子技术。

现阶段，桉树研究在重要树种遗传资源收集、重要性状关键基因定位、栽培区分类、大径材高效培育、桉树人工林水资源效应和碳汇功能、桉树病害生物防治方面取得了明显进展。但由于桉树是外来树种，研究还不够系统，持续时间也不够长，桉树研究发展还存在优良品系研发技术不足、桉树的速生和适应机制不明晰、人工林生态稳定和病害生态适应机制不明确等问题。未来桉树研究的重点是制定高世代育种和分子设计育种策略、创立高效定向培育技术体系、明晰桉树速生和抗逆生物学机制、探讨大尺度桉树人工林结构和林地生物多样性变化规律、选育抗病虫品系和基因型生物材料。

二、本学科最新研究进展

（一）发展历程

中国桉树最早于1890年从意大利引种，当时驻意大利大使吴宗濂首先用中文命名了“桉树”，他还是最早编译《桉谱》并介绍桉树知识的人。中国桉树技术发展大体可分为四个阶段，一是中华人民共和国成立以前，桉树只是零星引种和用于“四旁”绿化，只有少量桉树培育技术的翻译本可参考；二是桉树技术的起步阶段，以1954年成立的“粤西林场”为起点，以祁述雄先生1960年编写的《桉树栽培》为标志；三是桉树技术的积累阶段，从20世纪70年代后期至1990年，国内众多科研机构开始大量从国外引进桉树种质资源，慢慢形成了种苗、造林和抚育技术体系的雏形；四是桉树技术的快速发展阶段，1990年以后，在澳大利亚国际援助“东门造林项目”的支持下，桉树的杂交育种技术得到快速提升，生产了一系列优良品系，大量用于发展商品林，同时还提出了桉树定向培育技术。

近五年来，桉树科学领域在桉树优良品系杂交选育和重要性状基因位点解析、重要桉树实木利用树种在中国的适生区分布、大径材高效培育技术、桉树人工林生长与水肥供给关系动态规律、病害生物学特性及其与非生物因素之间的互作关系方面取得了较大进展。

（二）基础研究进展

总体上，桉树基础研究进展中出现了交叉学科，如利用分子生物学的知识进行重要性状遗传材料的筛选和基因定位，利用生态学最大熵原理进行桉树适生分布，利用生态学知识阐述桉树人工林水分、养分循环和稳定机制，利用环境生态学知识探索将优良桉树品种用于污染区场地修复涉及的理论和应用问题，利用基因组学知识探索桉树病原菌致病机理和筛选人工林抗病虫遗传生物材料。这些知识的交叉融合推进了包含桉树育种、培育、生态、健康在内的桉树研究的理论发展，虽然进程有些缓慢，但总体形成围绕桉树育种—培育—可持续发展这一主题的理论雏形，在交叉研究知识融合基础上研究得出的科研成果将为推动中国桉树产业发展产生重要作用。近五年，在桉树基础研究领域获得的科研成果具体如下：

（1）桉树育种

①针对中国南部地形、气候多样特性，划分出沿海多风区、桂粤中部丰产区、北部冷凉耐寒区和西部冬雨型耐旱区四大育种区，针对不同育种区提出适宜亲本的选择、组合选择及无性系选择并重和种子园良种高产、稳产的育种程序。②掌握了重要树种不同世代、表型的遗传多样性、遗传结构特性，以及重要树种杂交组合、相同树种组合的不同组配方式，为育种策略和桉树速生、木材性质、抗风、抗病虫害等性状的改良方法制定提供依据。③鉴定了巨桉46个*LBD*基因，并转入杂种杨（*Populus alba*×*P. glandulosa*）进行表达分析，确定*EgLBD29*在木质部优先表达、*EgLBD22*和*EgLBD37*在韧皮部优先表达，发

现 *LBD* 基因与次生生长相关。克隆了尾叶桉木质素合成关键基因 *CAD*、*4CL*、*CCR*、*F5H*、*COMT* 和 *CCoAOMT*，并在烟草中获得了一组定向提高木质素 S/G 比值的双基因组合。进行了赤桉基因克隆和生物信息学分析，完成了尾叶桉和细叶桉的全基因组测序，发现了 386 个新的巨桉降解 miRNA，鉴定出与尾叶桉生长、材性等性状相关的 SNP、InDel 和 CNV 等变异位点。鉴定了巨桉和细叶桉抗虫性状、大花序桉材性、赤桉抗风关联 SSR 标记。④建立了尾叶桉转化体系，获得转入枯草芽孢杆菌 aiiA 基因的抗青枯病植株，获得一批抗除草剂和抗寒的转基因株系。将尾叶桉 *4CL*、*CAD* 和 *CCR* 等基因转化烟草，筛选出显著降低木质素载体，为进一步转化桉树奠定基础。该部分内容通过采用分子技术手段在众多的桉树基因组信息中搜索和定位重要性状基因位点，为桉树优良性状扩大转化提供依据，同时采用不同树种组合以及相同树种不同组培方式的方法进行了常规育种探索，在新型分子育种领域和传统杂交育种领域取得了较大突破。

（2）桉树培育

①基于 12 个优良大径材桉树树种现有的分布数据，气候、土壤、地形因子数据以及政府间气候变化专门委员会第五次评估报告发布的气候模式数据，采用 MaxEnt 模型预测树种在现代和低、中、高三种浓度排放情景下 2050 年、2070 年的潜在适生区，得出在未来气候情景下不同树种适生面积和分布格局的变化趋势。比较生态因子在原产地澳大利亚自然分布区和中国适生区之间的相似性，综合 Jackknife 检验、百分比贡献率、适生区与原产地自然分布区生态因子相似性，得出了影响不同桉树树种适生区分布的重要环境因子。②在不同桉树品种南方省区的气候适宜性划分基础上，引入地形、土壤因子从宏观层面进行立地类型划分，实现立地 + 桉树品系 + 培育目标 + 栽培技术的最佳匹配。③结合林学和分子生物学，在传统的以树木根系形态特征、肥料利用率、木材材性为主要筛选指标的基础上，对根系进行转录组测序，获取不同树种转录组信息，解析其在转录组序列水平上的差异，从表型和分子机理两个层面得出不同桉树树种在养分吸收利用方面的差异机制。④结合林学、环境科学，开展了桉树在重金属污染土壤环境等困难立地条件下的抗逆生理特性研究，为高效利用森林资源、拓宽桉树造林地类型范围提供依据。该部分内容在微观层面采用分子生物学方法探索了与养分高效利用重要性状相关的转录组信息，初步分析了优良桉树品种对重金属元素的胁迫响应特征，利用最大熵原理完善了中国不同桉树适生区分布，从微观和宏观层面推进了桉树培育的基础研究发展。

（3）桉树生态

国内桉树人工林结构与功能研究围绕桉树人工林与水的关系、桉树林地土壤肥力变化、桉树人工林碳汇、桉树林下生物多样性等内容开展研究。在理论上明确了桉树人工林单株 / 林分尺度的耗水量、科学评估了桉树的碳汇能力、探究了连栽经营条件下桉树林地力退化原因、客观分析了桉树林下生物多样性动态特征。研究手段多样，有涡度相关技术、热扩散技术、时域反射技术等。①对雷州半岛不同林龄尾巨桉、不同桉树树种（尾巨桉、尾叶桉、托里桉和粗皮桉）等蒸腾耗水特征进行了研究，分析了桉树的树干液流特征，探讨了苗期不同桉树品种、无性系的水分利用效率，结果表明国内桉树蒸腾耗水量集中在 0.2—3.8mm/d，在年均降水量超过 1000mm 的南方地区桉树种植不会对区域水资源造成太大影响。②对连续年龄序列的桉树人工林碳库和土壤碳通量特征进行了研究，并利用涡度协方差测量系统监测雷州半岛桉树人工林生长固碳速率为 0.2—1.6 $tC.ha^{-1}.month^{-1}$，保护性经营措施下桉树人工林土壤碳储量随林龄而增大，从幼林到成熟林桉树人工林系统碳贮存密度随林龄增加。不同地区桉树人工林碳储量格局和固碳能力差异显著。③对不同林龄尾巨桉林分的生态化学计量特征进行了研究，并对不同林龄桉树林凋落物养分动态进行了监测，对桉树林地土壤侵蚀、地土壤微生物、土壤酶活性和土壤养分的关系进行了分析，证明了掠夺式经营是桉树地力下降的主要原因。④对桉树林下植被生物多样性、桉树林地土壤微生物多样性、巨桉的化感物质及化感作用进行了深入研究。与天然林、次生林相比，桉树人工林对当地动植物和微生物区系有不良影响，但随着林龄增加，桉树林下植被生物多样性呈增加趋势。该部分内容在个体水平上探索了桉树对水分养分利用的响应规律，在群体水平上评估了桉树人工林的碳汇能力，从区域和时空尺度探索桉树生长对生物多样性、水资源、土壤生物学质量的影响，在不同水平和尺度上取得了一定进展。

（4）桉树健康

①我国对桉树病虫害的研究除关注病原或昆虫本身的生物学特性外，还强化了各生物因素之间以及它们与非生物因素之间的互作关系探索，研究对象从有害生物个体延伸到森林生态系统。②我国桉树病原物的分类学研究取得较大发展，随着分子生物学的发展，新的研究技术例如基于多基因的系统发育学结合传统的形态学手段，使研究方式由表及里、由宏观转向微观、补充与完善了传统病原物分类方法。明确了桉树一些病原物的种群地理分布以及生态适应性特征。③全基因组关联分析在桉树病原菌研究上的应用加速了对病原菌遗传多样性、病害流行以及致病机理阐释方面的研究。④近年来采用生物防治的方法对桉树虫害进行防控的研究得到一定的推进。利用基于多基因的系统发育学结合传统的形态学手段和全基因组分子生物学手段对桉树病原菌的形成和扩散机制进行了深入探讨，鉴定出多株病原菌新种，探讨了包含病原菌和桉树本身的各生物因素与周边影响其生命活动的气候等非生物因素之间的相互作用关系，从微观和宏观两个层面在桉树健康基础研究领域取得了较大的进展。

（三）应用研究进展

通过建立国家桉树种质资源库，构建以有机基质加工、可降解育苗容器和平衡根系为核心技术的新环保育苗技术体系，研发组培茎段基部微创处理促根技术，优化桉树定向培育模式，率先提出了我国桉树定向培育和生态经营技术创新体系，“桉树工业原料林良种创制及高效培育技术”于 2018 年获第九届梁希林业科学技术奖二等奖。通过对桉树遗传材料的定向改良、高世代遗传材料在育种中的应用，定向选育了优良桉树纤维用材、实木用材、胶合板材等，“桉树工业原料林良种创制及高效培育技术”于2016年获中国林业科学研究院重大科技成果奖。“桉树、相思纸浆材无性系选育及高效培育技术”“桉树、相思、柚木和西南桦新品种选育及培育技术”“桉树杂交育种中花粉保存与解冻技术”“桉树速丰林长期生产力维持与持续经营集成技术”获成果验收。“华南主要速生阔叶树种良种及高效栽培技术研究”获梁希林业科学技术奖二等奖，“杂交桉新品种选育及示范推广”获福建省漳州市科学技术进步奖二等奖。

近5年，获得大量速生、耐寒、抗逆优良无性系，获得EC系列新无性系。获材积生长量大于亲本的杂种256个，超过对照DH32-29有103个，获得优株1388株；经过扩繁获得新品种151个，尾邓桉、尾边桉、尾柳桉和巨桉等耐寒新品种48个，抗风、抗病虫害等其他新品种103个。营建的耐寒桉树邓恩桉二代实生种子园已投产，良种已中试推广且进行了F3代家系测定。利用组培快繁技术的集成，将“2步生根法”与“茎段基部微创伤处理促根技术”相结合，集成后的快繁技术成效显著，每株平均生根数达8—9条，生根率达95%，根强苗壮，移栽成活率达90%，育苗周期缩短1/3。形成年产6800万株以上组培、扦插、中试等生产线4条。“桉树定向培育模式研究”技术创新，通过桉树品系和立地选择、密度和林分结构调控等形成的桉树定向培育技术，使桉树径级提高了39.4%，生产量提高了34.6%，每亩效益提高了30%以上。已在广西、广东、福建地区推广应用。“桉树纸浆材高效培育技术”技术创新，使桉树树高提高了15%，胸径提高20%。已在广东、广西、云南地区推广应用。

（四）人才队伍和平台建设

2016年获得国家自然科学基金委优秀青年科学基金项目资助1人，2017年入选国家“万人计划”青年拔尖人才1人，2018年广东省“特支计划”青年拔尖人才1人；林木遗传育种国家重点实验室2人为研究组长。

学科以国家林业和草原局桉树中心桉树育种、桉树培育、桉树生态、桉树健康研究室团队为主，整合中国林业科学研究院国家林木遗传重点实验室、中国林业科学研究院热带林业研究所热带优质树种研究室团队、广东省森林培育与保护利用重点实验室开展协同研究和技术攻关。学科依托平台包括中国林学会桉树专业委员会、南方国家级林木种苗示范基地、桉树产业创新技术战略联盟、南方国家桉树种质资源库、国家林业局桉树工程技术研究中心、中国林科院湛江国家桉树良种基地，现拥有200 hm^2科研实验与示范基地1个，桉树种质资源基因库100 hm^2，实验室有各类科研仪器设备180台（套）价值1820万元。学科跨越我国华南、西南、中南地区，在主要桉树种植区广东、广西、海南、福建、云南、四川等省（区）建立了实验基地或示范点20处200 hm^2。

每年一次的全国桉树学术研讨会、以每两年一次的全国森林保护学术大会以及桉树产业技术创新战略联盟的创建，促进了从事桉树育种、培育、生态、病虫害研究的科研人员与桉树产业以及森林保护领域同行之间的交流。世界人工林大会促进了桉树科学研究人员与国际上林业科学研究人员的学术交流。桉树中心与南非比勒陀利亚大学林业与农业生物技术研究所（FABI）组建桉树中心 -FABI 林木保护合作组织，促进了我国桉树保护特别是桉树病害研究水平与国际接轨。

三、本学科国内外研究进展比较

（一）国际研究前沿与热点

1. 桉树育种

林木产量相关性状的遗传网络分析和新型 CRISPR 基因编辑技术在植物基因组编辑中的应用受到学术界关注。基于低成本芯片技术的全基因组选择技术提升林木育种选择效率，利用模式树种基因组信息建立系统的数量性状解析新策略，构建高效的分子设计育种理论，加速林木遗传改良进程，是桉树育种研究的前沿热点。

2. 桉树培育

桉树培育围绕提高产量和质量展开，与提产提质相关的桉树重要性状基因筛选和表达，桉树在低磷环境、重金属污染等土壤逆境中的根系吸收和抗逆生长机制，基于不同桉树树种的土壤立地类型划分的林分密度、间伐、水肥施用、林下植被管理及其与桉树产量和木材材性之间的关系是桉树培育领域的研究热点。

3. 桉树生态

全球气候变化背景下桉树人工林的结构动态响应和生态效应是国际学术界关注的焦点，与此相关的桉树生产力与水分、养分利用效率关系，经营干扰下桉树林凋落物分解和土壤养分循环，桉树林土壤呼吸和碳氮通量变化，以及桉树人工林林下植被生物多样性随地域和季节变化的时空动态规律成为桉树生态领域的研究热点。

4. 桉树健康

桉树病原物的种群地理分布及生态适应性特征，基于多基因序列与形态学相结合的桉树病原菌分类鉴定，基于基因组分析的病原菌遗传演化机制，基于全基因组关联分析和转录组分析的病害在森林生态系统的流行特征及致病机理，基于生物防治原理的抗病遗传材料筛选及抗病桉树树种选育是桉树健康领域的研究热点。

（二）国内外研究进展比较

1. 桉树育种

我国在优质树种种质资源收集、保存、评价，以及良种选育方面与国外先进力量处于并跑阶段。虽然国内已有较为高效的桉树转化体系，也鉴定了一批功能基因和转录因子，但进一步的基因功能鉴定和转基因品种培育仍进展不大。在桉树生长和抗逆（抗风、抗病、耐盐碱）的分子机制、桉树细胞壁合成和木材形成遗传调控、桉树转基因研究方面总体偏少，落后于国外水平。国内进行了尾叶桉、细叶桉、巨桉的基因组测序分析，国外开展了巨桉、蓝桉、柠檬桉等树种的基因组测序，并对基于全基因组芯片、简化基因组测序和基因组重测序进行了重要性状的分子解析。而国内在全基因组关联和基因组选择研究方面刚刚起步，相关研究有待加强。

2. 桉树培育

在国内主要围绕不同板材培育技术进行了大量研究：①短周期桉树纤维材培育技术。重点研究了栽植密度和施肥技术对于桉树纤维材生长影响，并结合相关效益分析确定最佳轮伐期。在栽植密度方面，不同立地条件桉树纸浆材最佳栽植密度在 1200—2200 株 /hm^2 内变化，并从数量成熟考虑，确定最佳轮伐期在 5.5—6.8 年；从经济收益角度考虑，确定最佳轮伐期在 5—7 年，内部收益率在 21.6%—24.8%。在施肥技术方面，依据气候、立地土壤和桉树特性不同，制定了《桉树有机、无机复混肥》的标准，采用平衡施肥技术并利用造纸废料、农家废料等材料中木质素对于养分元素的吸附作用研制了环保有机桉树专用肥，与传统施肥方式和普通复合肥料相比，肥料控释时间延长 2 个月，N、P 和 K 的利用率分别提高 43.18%、41.71% 和 20.42%，蓄积生长量较对照提高 8.4%—15.6%。②中长周期桉树胶合板材培育技术。重点研究了立地质量评价，编制了相应的立地指数表，并确定了桉树中大径材培育的立地指数不应低于 22；密度调控技术，确定种植密度、疏伐时间和强度，优化胶合板材培育密度为 3.5m × 3m 和 2.5m × 3m；根据植株树冠结构、分枝习性，在 2—4 年进行修枝，减小生长应力、提高产量，最终修枝至树茎处 6cm，能提高单位面积胶合板材价值 11%—17%。国外短周期纤维材培育技术，起步早，近期变化小，我国在轮伐期、造林密度等研究方面有所超越；在中长周期胶合板材培育技术方面，国外未见研究报道，处于领先地位。在深化桉树栽培立地精细划分及品种匹配栽培措施研究方面，我国的研究工作滞后。在桉树大径材培育技术方面，树种选择、树种与立地匹配的研究都滞后；桉树树种的木材材性以及原理方面的研究处于领先地位。

3. 桉树生态

围绕全球气候变化背景下桉树人工林的结构动态响应和生态效应这一国际学术界关注的焦点，国外开展了桉树生产力与水分 - 养分利用效率关系、经营干扰下桉树林养分循环、桉树林碳氮通量等方面的研究，尤其是巴西圣保罗大学开展的近百年多项目多学科联合交叉的桉树人工林长期定位研究。虽然国内相关研究也已处于跟跑阶段，但由于研究分散且不连续、缺乏长期项目支持下的长期定位监测，还存在许多不足之处：①在桉树人工林水资源影响方面没有完善的不同立地、品种、林龄（完整轮伐期）和经营手段下桉树人工林生态水文过程研究，研究地点单一，较大尺度（流域 - 区域尺度）桉树人工林水文影响研究缺乏，更无严格意义上的配对流域（其他植被）研究；②桉树碳汇方面，与其他研究因素结合较少，相应模型（如碳水耦合）研究不足；③桉树人工林地力变化方面，缺乏长期定位的桉树人工林系统养分循环数据积累，地力退化机理、调控措施及效应研究存在不足；④桉树人工林生物多样性方面，桉树人工林生物多样性对林地生产力、总生物量和生态环境影响评估及调控措施（效果）研究不足，更缺乏桉树人工林经营生物多样性量化标准及指导准则。

4. 桉树健康

在基于多基因序列系统发育分析与形态学研究相结合的桉树病原真菌分类和鉴定研究方面，我国与世界先进水平处于并跑阶段，针对桉树的主要真菌病害，我国形成了一套成熟的病原菌特异性采集、分离、鉴定和致病性评估体系，鉴定出危害我国桉树人工林健康的主要病害的病原菌 8 科 14 属 75 种，在世界上首次描述并命名、发表病原菌新种 42 个。在基于桉树病原菌基因组系统发育分析进而阐明病原菌的遗传演化研究方面，我国处于起步阶段。在基于全基因组关联分析和转录组分析进而阐明病原菌导致病害的流行特征以及致病机理研究方面，目前我国处于探索阶段。针对桉树人工林病害的生物防治研究，我国处于跟跑阶段。通过选育抗病、抗虫桉树遗传材料实现对桉树病虫害的防控这一理念目前逐渐得到桉树学术界和产业界的认同。

四、本学科发展趋势及展望

（一）战略需求

对林产品进口的高度依赖，不仅是我国经济发展的瓶颈，而且对我国木材国家安全构成威胁。预计在未来五年，我国木材需求将快速增长，而自给率仍将维持在 50% 以下。截至 2017 年，我国桉树种植面积达 450 万 hm^2，年产木材 3000 多万 m^3，为我国木材生产作出了重要贡献。为了满足我国木材安全和科技创新的战略需求，包括桉树在内的人工林的提质增效将是重要措施。通过开展桉树遗传分子机制和分子育种研究、制订高效精准的桉树分子设计育种方案，培育速生优质大径材、制定合理的森林经营措施，探索桉树林生态系统结构与功能、制定高效可持续经营措施，探索桉树病原物演化机制和致病机理、选育抗病虫树种 / 基因型研究可在桉树育种、桉树培育、桉树生态、桉树健康四方面最大限度地保障桉树人工林可持续发展。

（二）发展趋势与重点方向

桉树育种：①不同育种群体遗传多样性水平和遗传结构特点；②分子生物学技术在遗传基因改良和育种中的应用；③桉树种间杂交、多倍体育种、诱变育种的遗传机制；④桉树高世代育种和分子设计育种策略制定。

桉树培育：①桉树的速生机制及其在重金属污染土壤和低磷环境下的抗逆生物学机

制；②不同桉树树种在中国的适生栽培区分类和桉树人工林立地类型划分；③桉树丰产优质林定向高效培育技术体系创立。

桉树生态：①桉树人工林水分、养分利用效率提升技术的生态学基础研究；②经营干扰下的包括土壤微生物多样性变化及效应在内的桉树人工林生态响应；③区域尺度桉树人工林经营的生态影响；④长期定位监测站点布设和生态学模型的研发和应用。

桉树健康：①解析桉树重要有害生物的遗传多样性以及在生物灾害发生过程中物种、种群的变化动态；②解析重要生物灾害发生流行规律；③揭示环境变化下森林生物灾害变化趋势及原因；④为森林重要生物灾害的防控提供理论指导。

（三）发展对策与建议

从区域发展和树种需要出发，加强国内桉树种质资源评估；加强优良适生性状的微观机制研究；加强桉树现代分子育种技术与传统育种相结合，将高量（速生性）育种转变到高质多性状育种方向上；加强桉树同化物分配和细胞周期调控的分子机理研究；加强桉树抗逆生理特性和根系发育动态研究。根据气候和桉树特性，加强桉树引种栽培区分类和土壤养分状况研究。根据不同培育目标和生态经营评价指标，提出相应的技术措施；利用若干个参数组成全林模型，描述桉树全林分总量及平均单株木的生长过程；解析结构模型，测算出关键技术措施对于胸径、树高和材积生长的贡献率，形成优良无性系筛选、科学密度管理、测土配方平衡施肥等桉树速生中大径材培育集成技术。基于桉树病虫害发生的现状，面向国家需求，提炼核心科学问题，合理规划布局，整合研究力量协同攻关，通过提升基础研究、应用基础研究的水平，促进应用研究的发展。针对重点方向增加经费、人 - 物力投入，发挥团队优势、高效协作，瞄准可能的重要方向与技术率先突破，凸显我国在相关研究领域的学术水平和国际影响力。

参考文献

［1］Lu WH，Arnold RJ，Zhang L，*et al*. Genetic Diversity and Structure through Three Cycles of a *Eucalyptus urophylla* S.T.Blake Breeding Program［J］. Forests，2018，9，372；doi：10.3390/ f9070372

［2］徐建民，白嘉雨，陆钊华. 华南地区桉树可持续遗传改良与育种策略［J］. 林业科学研究，2001，14（6）：587-594.

［3］Chen BW，Xiao YF，Li JJ，*et al*. Identification of the CAD gene from *Eucalyptus urophylla* GLU4 and its functional analysis in transgenic tobacco［J］. Genetics & Molecular Research，2016，15（4）：2785-2790.

［4］Du P，Kumar M，Yao Y，et al. Genome-wide analysis of the TPX2 family proteins in *Eucalyptus grandis*［J］. BMC Genomics，2016，17：967；doi：10.1186/s12864-016-3303-0

［5］Silva-Junior OB，Faria DA，Grattapaglia D. A flexible multi-species genome-wide 60K SNP chip developed from pooled resequencing of 240 Eucalyptus tree genomes across 12 species［J］. New Phytologist，2015，206（4）：

1527-1540.
[6] Novaes E, Drost DR, Farmerie WG, et al. High-throughput gene and SNP discovery in *Eucalyptus grandis*, an uncharacterized genome [J]. 2008, 9: 312-326.
[7] Chen SX, Arnold R, Li ZH, et al. Tree and stand growth for clonal *E. urophylla* × *grandis* across a range of initial stockings in southern China [J]. New Forests, 2011, 41: 5-112.
[8] Cassidy M, Palmer G, Smith RGB. The effect of wide initial spacing on wood properties in plantation grown *Eucalyptus pilularis* [J]. New Forests, 2013, 44: 919-936.
[9] 王豁然. 桉树生物学概论 [M]. 第1版. 北京：科学出版社，2010，30-45.
[10] Booth TH. Species distribution modelling tools and databases to assist managing forests under climate change [J]. Forest Ecology and Management, 2018, 430: 196-203.
[11] Kogawara S, Yamanoshita T, Norisada M, et al. Photosynthesis and photoassimilate transport during root hypoxia in *Melaleuca cajuputi*, a flood-tolerant species, and in *Eucalyptus camaldulensis*, a moderately flood-tolerant species [J]. Tree Physiology, 2006, 26: 1413-1423.
[12] Lane PNJ, Morris J, Zhang NN, et al. Water balance of tropical eucalypt plantations in south-eastern China [J]. Agricultural and Forest Meteorology, 2004, 124 (3): 253-268.
[13] Wen YG, Ye D, Chen F, et al. The changes of understory plant diversity in continuous cropping system of Eucalyptus plantations, South China [J]. Journal of Forestry Research, 2010, 15 (4): 252-258.
[14] 许宇星，王志超，竹万宽，等. 雷州半岛3种速生人工林下土壤生态化学计量特征 [J]. 浙江农林大学学报，2018，35 (1)：35-42.
[15] 邱权，潘昕，李吉跃，等. 速生树种尾巨桉和竹柳幼苗耗水特性和水分利用效率 [J]. 生态学报，2014，34 (6)：1401-1410.
[16] 国家林业局主编. 中国森林可持续经营国家报告 [M]. 北京：中国林业出版社，2013.
[17] 国家自然科学基金委员会生命科学部. 国家自然科学基金委员会“十三五”学科发展战略报告——生命科学 [M]. 北京：科学出版社，2017.
[18] Li GQ, Liu FF, Li JQ, et al. Botryosphaeriaceae from Eucalyptus plantations and adjacent plants in China [J]. Persoonia, 2018, 40 (1): 63-95.
[19] Wingfield MJ, Brockerhoff EG, Wingfield BD, et al. Planted forest health: the need for a global strategy [J]. Science, 2015, 349 (6250): 832-836.
[20] Xie YJ, Arnold RJ, Wu ZH, et al. Advances in eucalypt research in China [J]. Frontiers of Agricultural Science and Engineering, 2017, 4 (4): 380-390.

撰稿人：陈少雄　罗建中　吴志华　杜阿朋　陈帅飞　徐建民　张卫华　甘四明

杉木研究

一、引言

（一）学科定位

杉木是我国最重要的乡土针叶用材树种，生长快、产量高、材质好且繁殖容易、病虫害少、用途广泛，是最受产区人民喜爱的造林树种之一。杉木生长遍及我国整个亚热带、热带北缘、暖温带南缘等气候区，涵盖19个省区，引种栽培于美洲、欧洲、东南亚、非洲、大洋洲等10余个国家。第八次全国森林资源清查表明，杉木人工林面积达到1.34亿亩，蓄积量达6.25亿m^3，分占全国人工乔木林总面积、总蓄积量的1/5和1/4，均排名第一。因地制宜发展杉木人工林，能有效增产木材、改善环境、保持生态平衡，对我国木材安全、生态安全、绿色发展具有重要战略意义。根据树种生长发育规律及其与环境的相互作用规律，杉木研究涵盖树种生物学、生理学、土壤学、遗传学、造林学、经营学、生态学等生命科学和环境科学基础理论与技术，解决杉木人工林全生命周期中遗传、立地、密度、植被、地力、结构控制等关键科学问题，才能实现杉木林定向、速生、丰产、优质、稳定、高效培育。

（二）学科概述

杉木是我国开展科学研究较早的主栽树种，研究水平走在其他树种前列。针对杉木资源培育及产业发展中存在的基础及技术问题，杉木研究从分子、林分、生态系统等不同水平，在杉木生物技术、杉木遗传育种、杉木丰产栽培、杉木土壤学、杉木林生态学等领域取得系列进展。在分子生物学应用方面，完成了杉木遗传图谱构建，初步揭示了杉木吸收磷营养的分子机制，系统评价了杉木地理种源等遗传种质的遗传多样性。杉木中心产区完成第三代遗传改良，无性系育种实现定向及多性状聚合育种，组织培养等繁育技术系统建立；杉木产区区划及经营数表研制方面取得了奠基性成果，密度管理理论与技术及材种结构形成机理获得突破性成果；在整地方式、多代连栽、林地养分经营响应上取得一定突破。杉木科技创新较大程度影响和引领着我国人工林科技创新进程。但由于培育周期长和研究阶段性特点，已有的杉木培育技术成果具有相当的阶段性，且由于杉木栽培面积广，受人力、物力、财力限制，阶段性的成果往往亦具有局部性特征。总体上，杉木良种选育、高效栽培及健康经营中许多关键性的理论与技术问题还没有根本解决。从杉木良种选育进程及长期栽培技术需求考虑，杉木第四代育种技术、杉木定向集约育林与多功能近自然育林以及杉木林生态系统气候变化响应研究将是杉木科学研究的主要趋势。

二、本学科最新研究进展

（一）发展历程

新中国成立伊始，杉木科学研究就备受学界重视。围绕国家用材林发展战略及生态需求，杉木系统开展了造林、营林及育种等科学研究。从研究项目稳定性、试验连续性以及科研成果水平来看，杉木研究历史经历了三个发展时期，攻克了杉木生长及产量提升系列理论与关键技术，引领及支撑了我国杉木人工林资源高效培育。

20 世纪 50 年代初至 80 年代初期，中国科学院院士吴中伦先生等老一辈林学家首次从全分布区组织开展了杉木生长习性、造林实践效果调研，开展了杉木群落生态学、低产林改造、林分密度管理图和林木材积表编制等研究。这一时期的研究工作具有开创性，标志性成果是组织南方 14 省区杉木栽培科研协作组，完成了杉木产区区划及立地类型评价，首次根据气候、地貌、植被差异，将杉木全分布区划分为杉木北带（东区、西区）、杉木中带（东区、中区、西区）、杉木南带的三带五区产区格局，确立了全国杉木商品材基地布局，建立了以地貌、岩性、局部地形和土壤因素为主要依据的三级分类系统。吴中伦、俞新妥等出版了第一本杉木研究巨著《杉木》，奠定了我国杉木研究基础。

从 1978 年改革开放起至国家“八五”攻关时期，杉木研究开始得到国家科技计划支持，走上系统化发展时期。先后开展了“六五”时期“杉木速生丰产技术的研究”和《杉木地理种源选择》、“七五”时期“杉木人工林集约栽培技术研究”和“杉木造林优良种源选择及推广”“八五”时期“杉木建筑材优化栽培模式研究”的研究工作。杉木栽培研究标志性成果是盛炜彤先生主持项目“杉木人工林地力衰退防治技术研究”于 1994 年获林业部科技进步奖一等奖、“用材林基地立地分类、评价及适地适树研究”及“杉木建筑材优化栽培模式研究”分别获 1995 年及 2001 年国家科技进步奖二等奖。组建了全国杉木种源试验协作组，由洪菊生先生组织开展了国际上最系统、范围最广、布点最多的全国杉木第 1、2、3 次种源试验，划分了杉木 10 大种源区，奠定了杉木遗传改良基础，研究成果“杉木地理变异及种源区划分”于 1989 年获国家科技进步奖一等奖。陈岳武先生主持项目“杉木第一代种子园研究成果推广应用”于 1987 年获国家科技进步奖一等奖。根据相关研究成果出版了《人工林地力衰退》《杉木人工林优化栽培模式》《中国人工林及其育林技术体系》等重要专著。

从1996年即国家“九五”科技攻关开始，杉木研究步入深入化发展时期。先后开展“九五”时期“杉木建筑材树种遗传改良及大中径材培育技术研究”，“十五”时期“杉木良种选育和培育技术研究”，“十一五”时期“杉木大径材速生丰产林培育关键技术研究与示范”和“高产优质多抗杉木新品种选育”，“十二五”时期“杉木速生丰产林定向培育技术研究”和“杉木第三代育种技术研究”，“十三五”时期“杉木高效培育技术”等国家科技计划杉木研究项目。这一时期标志性成果是张建国研究员主持的项目“杉木遗传改良及定向培育技术研究”获2006年度国家科技进步奖二等奖，“杉木良种选育与高效培育技术研究”于2018年获梁希林业科学技术奖一等奖；南方主要杉木产区江西、广西、湖南、福建、广东、贵州、浙江等省区杉木研究成果均获得省部级奖励。这些成果的取得为杉木资源培育及产业发展提供了坚实科技支撑，亦标志着杉木研究走上持续创新发展之路。

杉木研究在不同时期均凝聚了每一代杉木研究人员的辛勤付出，整体研究具有明显的系统性、创新性、传承性，在杉木树种培育理论与技术方面不断取得突破和进展，一定程度上反映着我国林木培育技术水平的提高，也标志着我国在人工林研究方面已达到国际先进水平。

（二）杉木分子基础研究进展

1. 杉木重要性状形成的分子基础

杉木基因组序列的测定还在进行中，对于重要性状形成分子基础的解析现处于初级阶段，并取得一些成果。开展了杉木木材的材质性状形成分子机制的研究，建立了cDNA文库和EST数据库，并对杉木木材形成过程扩展蛋白基因CLEXPA1和CLEXPA2进行了克隆和异源转化烟草的研究；分离克隆了与杉木材质相关MYB转录因子基因，初步分析了该基因表达和功能；利用了RT-PCR和RACE技术，分离克隆了杉木纤维素合成酶基因CesA，并对其进行了生物信息学分析以及在不同器官（或组织）表达差异，对相关基因的功能解析有利于杉木木材性状遗传改良；克隆了杉木磷转运蛋白基因ClPht1，分析了其序列特征、同源性和编码磷转运蛋白结构，并使用荧光定量PCR检测杉木PHT1基因在磷高效杉木基因型中的时空表达情况，为杉木吸收磷营养的分子机制和选育磷高效利用杉木基因型提供了重要参考。杉木种子的休眠循环过程及其调控分子机制研究获得新进展，为人为调控种子休眠提供了新思路。

2. 杉木分子标记辅助育种

随着分子标记技术的发展，各种分子标记技术在杉木遗传育种中兴起，广泛应用于杉木种质资源鉴定及群体遗传多样性研究、无性系指纹图谱构建、遗传图谱构建等。利用分子标记技术，了解了杉木地理种源的遗传多样性和遗传结构，将核基因组SSR标记和叶绿体基因组 SSR 标记结合，解决了台湾杉木、德昌杉木和杉木之间的分类争议，对杉木属的分类及杉木属植物的遗传关系有了系统的研究；利用 SRAP 技术对杉木无性系 DNA 分子多态性进行检测并构建了不同无性系的 DNA-SRAP 数字指纹图谱，为无性系种质鉴别及品种保护提供依据。利用 EST-SSR 分子标记技术，初步揭示了杉木杂交亲本间遗传距离与子代生长相关显著的遗传规律，阐明了利用分子标记进行杉木杂交亲本选配的可行性，且对杉木育种群体经营和育种策略的制定有重要作用，在一定程度上指导了杉木杂交亲本选配和预测 F1 代表观性状表现。

3. 杉木细胞工程研究

针对杉木生长周期较长，基因杂合度高，有性繁殖不能保持杂种优势等特点，提出了有性创造、无性利用的育种策略。即在杂种子代中筛选杂交优势明显的优良个体进行无性繁殖获得无性系，将测定后筛选出的优良无性系用于生产。林木体细胞胚诱导的优良无性系苗木繁殖效率同步化水平高，越来越受到重视。在杉木研究中起步较晚且处于探索阶段，利用不同的外植体成功诱导出胚性愈伤组织，研究了不同接种方式对胚性愈伤组织诱导的影响及激素组合对不同基因型胚性愈伤组织诱导的影响，为提升胚性愈伤组织的诱导率和愈伤组织的质量提供依据。

（三）杉木遗传育种研究进展

1. 杉木种质资源保存

在北、中亚热带江西大岗山、四川洪雅、河南鸡公山建有系统完备的杉木种源种质保存库，保存全国 15 个省区 207 个种源、一代优树 910 份、二代优树 84 份以及变异体基因 9 份；在福建顺昌收集嫁接保存 3000 多份杉木种质资源，并被确定为第一批国家林木种质资源库；在福建邵武、江西分宜、安福建立了全国杉木优良遗传材料保存库，收集杉木近 20 年来遗传改良最新选育材料，重点基于生长性状、质量性状、抗逆性状，收集保存来源于湖南、贵州、江西、广东、广西、四川及福建等杉木主要产区的优良种源优良单株 80 份、第 3 代育种群体优良亲本 150 份、全同胞优良组合 30 份、速生优质高抗优良无性系 50 份、高比例红心杉 32 份、优良类型德昌杉与垂枝杉 30 份，共收集精选材料 372 份。

2. 杉木种子园技术

杉木种子园是当前杉木良种繁育及推广的重要手段。杉木种子园始建于 20 世纪 60 年代，70—80 年代先后完成了 1 代、2 代杉木改良代种子园的营建，并于 20 世纪 90 年代，在杉木优良亲本选择及无性繁殖、种子园营建技术及丰产技术方面取得系列进展。21 世纪 10 年代，我国南方各省杉木高世代种子园已全面进入 3 代试验性或生产性种子园建设时期，利用高特殊配合力的双系种子园也亦在理论与技术方面取得重要进展，进入生产阶段，以红心为目标性状的杉木专营性种子园步入快速发展时期。国家“十二五”科技支撑杉木育种项目“杉木第三代种子园建立技术”执行期间，杉木高世代育种稳步推进，杉木中心产区的湖南、福建、贵州、浙江、江西、广西、广东等省区全面完成第三代育种群体建立及种子园建设，第四代新创制种质已步入测定阶段；杉木优异性状如红心材种质评价、创制亦取得新进展，在江西、福建建立了专营性种子园；基于特殊配合力评价，杉木双系种子园建设在湖南、浙江取得了突破性进展。

杉木不同改良世代亲本全双列、半双列、多父本、单交、自由授粉子代生长与材性的遗传变异规律得到系统阐明，揭示了杉木重要性状杂种优势形成机理，提出了不同交配设计的遗传参数估算方法，为杉木高世代育种奠定了理论基础。完成了杉木第 2 代亲本子代遗传增益评价，并基于生长、开花、结果等性状，采用指数选择法从杉木第 3 代育种群体中综合筛选出杉木第 3 代种子园建园亲本 228 个。

杉木高世代种子园营建及丰产技术取得创新性进展。在湖南提出了杉木第 3 代种子园嫁接—移栽分步式建园技术体系，显著提高了建园效率和质量，节约成本 23.8%，在湖南推广营建杉木第 3 代种子园 2532 亩。广西提出了老龄种子园截顶复壮理论和技术，提高种子园生产时间 5 年以上，种子质量显著提高，产量提高 35% 以上，为种子园长期高效经营奠定了基础。广东创新性提出一种杉木种子园建园技术的新概念，通过种子园亲本选择与配置、定向施肥与控高技术等试验，杉木种子园种子产量达到 187.5 kg/ha，达到林木种子园平均产量的 12.5 倍，杉木种子园高产稳产技术获得突破性进展。

3. 杉木无性系选育

杉木无性系造林是杉木遗传改良成果的高层次利用。杉木无性繁殖造林的历史已有一千多年，但对于杉木无性系遗传改良及其选育研究则始于 20 世纪 70 年代后期，经过几十年的科学研究，我国的杉木无性系选育工作取得了重大进展，无性系的产生、扩繁及测定已成为杉木新品种选育工作的重要组成部分，在速生、优质、耐瘠薄等性状及联合性状方面筛选出一大批优良无性系，实现了较高的遗传增益，亦为生产造林提供了大批优良无性系苗木，极大地提升了杉木人工林产量，促进了杉木产业的发展。杉木主产区江西、湖南、广东、广西、浙江、福建、贵州 7 个省区均开展了多水平、多目标、多性状无性系选育研究，系统揭示了杉木无性系重要性状遗传变异规律，提出了杉木无性系早期选择技术和方法，基于早晚相关分析提出了杉木无性系早期选择年龄为 3—4 年；提出了“胸径 + 树高”双指标选择、生长与材性综合指数选择及“先生长后材性 2 步选择”3 种选择方法。在无性系与立地交互作用研究方面，发现在 18 立地指数级条件下，无性系交互作用比 16、14 立地指数级变化丰富，大多数无性系在立地条件较好的情况下生长较好，但也有少数无性系在较差立地上生长较好。除普遍关注的速生、材质等性状外，湖南开展了耐瘠薄高营养型杉木无性系选育，发现杉木无性系吸收营养受中等遗传控制，并选出 3 个速生营养高效型杉木优良无性系。

4. 杉木种苗繁育

杉木可有性繁殖或无性繁殖，播种育苗是主要繁殖途径且基本实现标准化，近些年杉木繁育技术的突破主要表现在杉木扦插、组培等无性繁殖技术及容器育苗技术方面。

江西提出了一种挖蔸移植建圃技术，将中选杉木优株砍倒挖蔸移植直接建圃，与原来的就地促萌技术相比，无性萌条数提高3倍以上，采条工效可提高10倍以上，是一项简单而有效的快繁新技术。采穗圃繁殖系数提高关键技术获得进展，发现提高采穗圃繁殖系数主要可采用六项关键技术：一是斜干式作业方式，可提高采穗圃单株产量25%以上，单位面积产穗量提高8%以上；二是弯根栽植母树，提高单株产穗条量2倍以上；三是超短穗扦插繁殖，提高插穗利用率2倍以上；四是定植初期截顶和8月份压干，能有效地增加建圃初期产条量；五是适当移植的压干式和高密植的换干式，是采穗圃树形管理的主要形式；六是采穗圃施P、K肥、复合肥，可提高单株产条穗量50%以上。

杉木组织培养技术日渐熟化。广西建立了杉木外植体选取、增殖、继代、生根全过程专利技术体系。对杉木不同无性系组培中外殖体的诱导、继代培养（包括壮苗培养）以及生根培养研究表明，杉木无性系组培三个阶段中，不同无性系差异显著，适于不同无性系的培养基也不同。杉木无性组培三阶段均已找到了对不同无性系适应性较宽的最适培养基。利用已成功的杉木组培技术，进行优良无性系和中选原株的扩大繁殖，以提高建立采穗的材料，可缩短无性系投产3—5年。对于杉木组培苗的移栽，移植季节的试验发现以春季最好，温度25℃，相对湿度不低于85%。

（四）杉木栽培技术研究进展

1. 立地控制技术

在产区划分的基础上，发展了森林立地多层次控制和多因子综合分类与评价方法，研制了杉木产区森林立地分类与评价体系。以中地貌划分森林立地类型区；按岩性划分森林立地亚区；按局部地形（坡位、坡向等）划分森林立地组；按土壤（腐殖质层厚度，土层厚度等）划分森林立地类型。同时，分别产区编制地位指数表，用于评价立地质量。

以林分蓄积为立地质量评价依据，提出了一种分层5株法或固定6株法的山地杉木人工林优势木选择方法；基于广义代数差分方程，构建了杉木多型地位指数曲线簇，在杉木立地定量评价方面取得创新性进展；揭示了12至22等6个指数级立地范围内杉木林分规格材材种结构受立地指数的动态作用规律，发现立地指数的大小对于杉木大径材是否形成及大径材出材量的多少具有决定性作用，相同密度时随立地指数降低，林分大径材出材量显著降低；发现杉木大径材培育立地需在16指数级及以上，且指数级越低，培育周期越长。

2. 密度控制技术

密度管理是人工林最重要的经营管理技术之一，是人为可控的最主要经营手段。杉木早期密度控制研究是基于抚育间伐效应的一些初步调查。在国家连续多个五年攻关课题的支持下，杉木建立了广泛而系统的密度试验林、间伐试验林、密度间伐试验林，全面、深入地开展了杉木人工林密度管理理论与技术的研究。首次编制了杉木林分密度管理图，该图由最大密度线、等树高线、等直径线、密度管理线及自然稀疏线所构成，根据杉木林分的生长规律，确定了开始间伐密度线及间伐后的最低保留密度线。

基于杉木初植密度等系列试验林长期定位观测数据，以林分材种结构研究为切入点，在杉木生长不同发育阶段，先后突破了杉木中径材、大径材材种形成密度调控机理，集成提出了杉木中、大径材培育的遗传控制、密度控制、立地控制、轮伐期控制等关键技术，形成了杉木中、大径材定向培育技术体系。解析了南亚热带杉木林土壤养分在历经一个轮伐期未干扰自然生长后的造林密度效应，发现低密度利于土壤有机质、全氮、碱解氮、全磷及有效铁的积累及林下植被发育，有利于杉木人工林长期生产力维护。构建了响应初植密度的中亚热带杉木人工林可变指数干曲线模型，为杉木经营条件下材积量及材种出材量准确预估提供了依据。基于全国不同产区 30 年密度试验林长期定位数据，系统揭示了杉木人工林自然稀疏规律及其独特的自疏机制，为解释林分自然稀疏机理和理论提供了新的证据，奠定了杉木密度管理理论基础。重点揭示了 5 种造林密度 18 种密度间伐处理下材种形成造林密度与密度间伐动态调控机制，发现一定立地指数范围内，造林密度能显著影响林分大径材成材早晚和材种出材量与材种出材率，造林密度越低，大径材形成时间越早，大径材出材量越高；相同立地条件下，林分蓄积量最终趋于一致，与密度间伐调整大小无关，但随间伐次数与强度增加，木材径阶逐渐增大，大径材比重显著增加。杉木密度控制研究丰富了人工林密度管理理论，提出了有效且具有共性的人工林密度管理技术。

3. 形质管理技术

修枝是森林抚育管理中的重要环节之一，通过去除下层枝条，减少林木养分的损失和消耗，改变物质的运输速度及分配，合理分配杉木树干、枝、叶之间的物质输送，可以促进林木的高效生长。在福建、湖南，从修枝理论角度解析了杉木不同部位、叶龄针叶净光合效率空间分布特征，发现全树高 50% 的修枝强度对修枝林分胸径会产生抑制，而 40% 修枝强度以约 20% 的叶面积损耗换取了透光率 1 倍左右的提高，且对修枝木材积生长影响不显著。

4. 植被管理技术

发展针阔混交林，促进林下植被发育是改变我国人工林树种单一化、针叶化和提高人工林稳定性的重要途径。在杉木纯林中，林下补植阔叶树种对天然更新幼苗具有保护作用，可增加物种多样性，改善林下环境，促进林下幼苗幼树的生长从而进入主林层；同时完善林分垂直结构，弥补林层缺失，尤其是林分下层及更新层的缺失，使森林短期内发生正向演替，缩短演替时间，形成多林层异龄混交林。在杉木纯林中混交阔叶树种，对土壤重金属毒害缓解、枯落物的分解、恢复土壤养分的效果，都好于纯林。重视林下植被发育程度有利于改善土壤结构，恢复地力。间伐后林下植被的提高并不限制杉木林分的生产力，反而有利于土壤含水量和养分状况，促进了杉木的生长。

5. 经营数表研制

森林经营数表是科学营林的基础。但我国早期所编制的杉木人工林经营数表均具有明显的地区性，不能代表全国杉木林生长和经营情况。基于杉木实生林 4465 块标准地材料，按杉木栽培科研协作组所划分的杉木带、区和编制的地位指数表，编制了全国杉木人工林断面积、蓄积量标准表 3 个、林分生长过程表和抚育间伐表各 5 组。在杉木主要中带产区调查收集近、成熟林皆伐标准地 39 块、一般标准地 155 块，砍伐木 4821 株，编制了杉木单株原条出材量（率）表和林分原条出材率表。这些经营数表的编制对我国杉木三带五区杉木人工林科学经营管理具有重要指导价值。

6. 生长模拟技术

森林生长模拟是掌握预测森林生长发育过程，用于指导合理培育措施和提出营林决策的主要手段。基于长期定位观测资料，近些年在杉木人工林模拟理论、模型推导、模拟方法等方面获得重要创新进展。

基于人工神经网络、计数模型、混合效应模型、组合预测方法，构建杉木优势高、胸径、断面积、枯损、树高曲线等林分水平、生物量单木水平、胸径及断面积分布径阶水平系列模型。从林分生长与数学模型匹配性角度出发，提出了 Richards 的改进式 R 函数与 Logistic 改进式 Z-Logistic 应用于分布信息模拟，解析了其分布参数的理论含义，发现林分胸径及断面积累及分布曲线的拐点具有“1/2 贴近”规律。首次验证分析了杉木自然稀疏法则与发生轨迹，对不同密度，不同立地质量的林地最大密度线参数分析后发现，其斜率和截距均不受初始密度和立地的影响。指出杉木林地最大密度线斜率的变化范围为 -1.684—-1.229，均值为 -1.543，基本上遵从 3/2 法则。并从数据点选取、参数估计方法角度建立了杉木最大密度线模拟技术体系。基于数据点选择问题，系统对比研究了视觉法、死亡率法、等距区间法和相对密度法 4 种数据点选择方法对杉木最大密度线的影响。

引入贝叶斯方法，构建了杉木树高生长、林分断面积、树高曲线模型，并在普通贝叶斯方法的基础上引入分层贝叶斯分析杉木最大密度线和杉木枯损率。基于贝叶斯平均模型（BMA）方法分析杉木枯损率模型的不确定性；基于分段回归方程分析不同气候区杉木自然稀疏线，并构建气候敏感的杉木自然稀疏线模型，并发现在诸多的气候因子中，杉木自然稀疏线斜率主要受温度的影响；通过 3 水平非线性模型构建了不同气候区气候敏感的杉木树高曲线模型，并取得了很好的模拟效果。

随着大数据的发展，可视化模拟也是杉木生长研究的重点，构建了杉木三位动态模型，模拟其生长动态，实现了杉木树冠生长可视化模拟，开发了 VisForest 杉木可视化软件。

（五）杉木土壤质量研究进展

我国杉木人工林土壤质量下降的原因与机理得到初步揭示，发现杉木根系分泌物的自毒及土壤理化性质恶化、生物学活性下降，是制约其生长的关键因子。通过林下密度调控、间伐、植被恢复、混交林经营、施肥等措施，提高杉木林土壤肥力，改善杉木生长状况。在杉木人工林有机碳储量、有机碳组分、有机碳周转、经营措施影响等方面取得一系列进展。土壤生物学方面开展杉木土壤微生物多样性变化规律研究及对气候变化的响应研究，并进行微生物资源收集及功能菌株筛选研究。重点研究了基于林龄和密度效应的杉木人工林土壤性质，特别是对不同初植密度、不同林龄杉木人工林土壤微生物进行了功能、结构、遗传多样性研究，揭示了杉木人工林的林龄和密度都可以直接或间接地驱动土壤理化性质、酶活性以及微生物群落功能、结构和遗传多样性的变化。12—25 年林龄的杉木人工林土壤养分含量、酶活性和微生物群落多样性均低于其他林龄的杉木人工林，发现 12—25 年林龄的杉木人工林需要通过施肥以维持杉木人工林土壤肥力和生产力。低密度的杉木人工林的土壤酶活性和微生物群落多样性高于高密度林，并且土壤性质的变化受初植密度和后续密度的共同影响，高密度不仅会破坏土壤肥力的维持，还会减少杉木的生长、生存以及对养分的吸收。开展了连栽、间伐、施肥以及凋落物对杉木人工林土壤微生物群落结构的影响、杉木人工林土壤有机质变化及化感物质对杉木幼苗影响的研究等。在不同发育阶段杉木人工林土壤有机质及团聚体稳定性、生物炭对杉木人工林土壤碳氮矿化的影响、杉木人工林纯林及混交林土壤理化性质及酶活性研究方面取得进展。

（六）杉木林生态学研究进展

1. 野外观测基地的长期定位研究

在湖南、江西和福建等杉木中心产区，建立了杉木林野外长期定位观测研究基地，开展不同经营措施（采伐、炼山、整地、造林、幼林抚育、间伐等）、林分密度控制、模拟气候变化（增温、干旱和氮沉降）和混交林等控制试验，分析经营管理和全球变化对杉木生长发育和生态系统固碳速率、林木养分利用策略、土壤肥力和生态系统水文过程的影响，阐明杉木林生态系统功能过程长期变化规律及其对气候变化响应。

2. 杉木林生态系统功能过程的动态变化特征

围绕森林碳汇功能，总结了杉木林生态系统碳贮量和生产力（NPP）随林龄的变化趋势，分析不同林龄杉木林中乔木层（地上的干、枝、叶和地下的根系和细根）、林下植被（灌木和草本）和土壤的碳分配状况，模拟和预测气候变化条件下杉木人工林生产力时空分布。

在养分循环和利用方面，比较不同林龄杉木林叶片和土壤养分（碳、氮、磷、钾）生态化学计量特征及其养分利用策略（养分回收率），发现磷和钾的回收率比氮高，氮和磷的回收率随林龄增加而降低，钾的回收率随林龄增加而增加。研究不同林龄杉木林养分吸收、存留、归还和径流输出等循环过程的变化特征。

3. 杉木生态系统服务评价体系

在林分尺度上，评价了杉木林的固碳增汇、土壤养分维持和水源涵养、生物多样性

（林下植被和土壤微生物）等生态系统服务，分析林龄、不同经营管理（轮伐期、幼林抚育、间伐）对杉木林生态系统服务的影响，权衡各生态系统服务之间的关系。在景观尺度上，用 InVEST 模型比较杉木林与混交林、阔叶林林分蓄积量、土壤有机碳、水分供给和保护土壤等生态系统服务，发现保护阔叶林和营造混交林可提高森林的整体生态系统服务，提出了优化森林分布结构等提升生态系统服务措施。

（七）人才队伍和平台建设

1. 杉木研究人才队伍

据不完全统计，长期直接参与从事国家级杉木科技项目研究的国家与省级科研单位、高校人员约 87 人，其中正高职称 27 人，副高职称 39 人，40 岁以下的约占 48%，硕士学位以上的约占 76%，从事遗传育种和定向培育的约占 71%；全国杉木科研与生产单位一线科技人员达 400 人以上。目前全国省级以上杉木技术研发基地约有 80 个，其中，育种和栽培类基地数约占 70%。

2. 杉木研究平台

杉木作为我国最重要的用材造林树种，专门创新平台建设受到国家级、省级科研管理部门及科研单位的高度重视，杉木研究平台创造了多项第一。2018 年，“杉木国家创新联盟”作为国家林业和草原局批准组建的第一批创新联盟，依托中国林业科学研究院林业研究所成立，首届理事会由国内 19 家科研院所、高校和行业知名企业组成。2013 年，“国家林业局杉木工程技术研究中心”依托福建农林大学和福建省林业科学研究院成立。2000 年，“湖南会同杉木林生态系统国家野外科学观测研究站”依托中南林业科技大学，被国家科技部批准为国家重点野外台站。

三、本学科国内外研究进展比较

（一）国际研究前沿与热点

在分子基础研究方面，林业发达国家已经利用基因组测序的信息建立亲缘关系矩阵，将这种矩阵整合到遗传分析的统计模型中，以便更精确地估计遗传参数和预测育种值，分子技术应用于杉木育种过程将愈加重要。

在遗传育种研究方面，世界林木良种选育正向多目标、多途径、超高产、优质强抗的方向发展。种子园由初级向高世代发展是世界林业发达国家松杉针叶用材树种育种技术发展的共同趋势。基于多世代遗传改良策略，推进杉木第四代育种进程，实行有性创制、有性与无性利用路线，是杉木遗传改良的发展趋势。

在栽培技术研究方面，国际上林业发达国家人工林资源培育技术体系重点关注遗传控制、立地控制及密度控制三大技术，实行生态系统管理；我国在三大技术基础上，进一步提出植被控制及地力控制两大技术，构建了我国特色的人工林育林技术体系。围绕育林技术体系，杉木产量与质量形成机理与机制研究将是杉木基础性研究的前沿问题，而完整生命周期各控制技术的全过程研制及系统集成则是杉木培育的技术热点。

在土壤学研究方面，森林土壤研究重点与热点集中在森林土壤碳氮循环及环境效应研究、森林土壤微生物多样性研究及根际土壤研究方面。杉木人工林土壤碳氮循环对气候变化的响应机制、连栽杉木土壤微生物群落变化规律及不同经营措施的影响、杉木林地土壤肥力变化微生物机制及调控机理等方面是杉木土壤研究的前沿问题。

在杉木林生态学研究方面，目前关注于杉木林分生产力形成生理生态过程和环境调控作用，研究杉木林的林木生长关键生理生态过程，阐明杉木林生产力形成养分需求和水热调控作用，关注于森林生态系统服务提升的经营管理对策，评价杉木林的木材生产、土壤保育、水源涵养、调节气候、生物多样性等生态系统服务。

（二）国内外研究进展比较

国际上林木重要性状基因解析和关联遗传学分析，以及分子标记辅助杂交育种，显著提高了育种效率，与此相比，杉木分子基础及辅助育种研究尚有较大差距。杉木中心产区完成第三代遗传改良，与欧洲落叶松、云杉第三代遗传改良及美国火炬松的第四代遗传改良相比，杉木高世代育种与欧美等林业发达国家主栽树种改良整体上实现并跑；无性系育种实现定向及多性状聚合育种，组织培养等繁育技术系统建立，逐步达到国内外杨树、桉树无性系应用水平。国外人工林资源培育已由粗放式走向集约式，形成定向培育、多功能培育、近自然培育等现代林业资源培育理念及模式。比较而言，杉木培育思想尚较为单一，亟须持续深入推进，而在培育技术上，在杉木产区区划、经营数表、密度调控等方面取得了奠基性成果，立地与密度控制技术达到国际领先水平，但技术系统性及原始创新性亟待提升。在整地方式、多代连栽、密度管理与林地养分相关机制上取得一定突破，而杉木林地土壤养分转化速率及其与环境变化关系研究，以及人类活动和全球变化对杉木林生态系统功能的影响研究，均需进一步加强，整体上，杉木生长与环境关系及其长期生产力维护亦实现与国外主要工业人工林树种如桉树、辐射松跟跑。

四、本学科发展趋势及展望

（一）战略需求

2018 年中央一号文件做出了实施森林质量精准提升工程，统筹山水林田湖草系统治理的战略部署，迫切需要通过科技创新扩大森林面积，提高森林质量，增加森林资源总量。杉木在我国人工林资源中占据显要地位，但杉木单位面积蓄积量平均尚不到 80 m^3 / 公顷，每亩不到 5.5 m^3，森林生产力仍很低，林分质量亟待提升，杉木科技创新条件及能力亟待加强，以推进占我国人工乔木林面积和蓄积第1比重的主栽树种资源质量提升，增强绿色林产品和生态产品供给能力，促进林业产业绿色发展，推动林农增收致富，充分发挥森林资源高效培育在精准扶贫、乡村振兴上的特殊重要作用，推进林业现代化建设。

由于培育周期长和研究阶段性特点，杉木已有科技成果具有明显的阶段性，且由于分布的广域性，阶段性的成果往往亦具有局部性特征。这一局面需要得到系统改善。总体上，杉木基础研究与应用技术研究中许多关键性的问题还没有根本解决，主要体现在培育目标仍不够明确，与市场的接轨性不够，培育模式单一化，培育技术体系不够健全等，尤其是除杉木种源试验、密度试验、区域生态定位观测外，杉木研究仍然缺乏资源高效培育理论与技术的长期定位系统研究，原始创新能力不足。在基础研究方面，亟须突破杉木林培育理论创新，解析杉木生长限制遗传、生理、生态机理及与环境相互作用机制研究；在关键技术研究方面，亟须深入构建遗传、立地、密度、植被、地力五大控制技术为主体的杉木人工林定向集约育林及多功能近自然育林体系，从而推进我国杉木培育理论与技术继承性、创新性发展。

（二）发展趋势与重点方向

1. 杉木研究发展趋势

根据生物学习性、培育周期、培育目标，结合集体林权制度改革下杉木科技发展需求的多样化，杉木科学研究发展趋势主要反映在五个方面：一是分子育种及栽培生理学的强化与拓展性研究是杉木生长发育理论基础及实践依据，是未来杉木研究的基本趋势；二是在单项技术深化研究基础上，杉木林遗传、立地、密度等控制技术的交互控制技术及集成技术研究已成发展趋势；三是基于速生性、优质性、稳定性等多性状多目标集约或近自然育林技术研究是又一发展趋势；四是基于混交林前期探索性研究，深入开展杉木多树种混交林营建机制与技术研究是现代杉木培育研究具体现实要求与趋势；五是为维护杉木林地长期生产力，地力衰退机理与维护技术及生态系统层面生物量与养分循环研究是杉木可持续经营技术研究的必然发展趋势。杉木育林学理论与技术的双向融合突破是现代杉木科学研究发展趋势，亦是实现杉木定向或多目标质量提升进而走向健康可持续经营的要求。

2. 杉木研究重点方向

围绕杉木科技创新链，杉木研究重点需聚焦于杉木分子基础、遗传育种、栽培技术、杉木土壤学与生态学研究，实现杉木林高效可持续经营。在杉木分子基础研究方面，解析杉木重要性状的遗传分子调控网络及其变异规律，同时应用分子辅助育种技术，构建杉木核心种质保存库、育种群体，确定杂交育种的骨干亲本资源。在杉木遗传育种方面，攻克高世代骨干亲本改良、高世代种子园营建和现代矮化丰产经营、两系杂交亲本选配和杂交制种生产及特异种质创制利用，选育适合我国不同立地条件的高产优质高抗杉木新一代品种。在杉木高效栽培方面，以立地控制、遗传控制、密度控制等三大控制技术研究为主线，重点攻克杉木立地控制技术、密度控制技术、轮伐期控制技术以及无节材培育技术，构建完整轮伐期杉木人工林生长与经营模型系统，实现杉木人工林培育可视化管理，建立杉木速生丰产用材林高效培育技术体系。在杉木土壤学研究方面，进一步深入探讨连栽杉木地力衰退的机制，解析不同经营措施下杉木林土壤微生物演变规律及功能菌微生物的应用。在杉木生态学研究方面，重点开展杉木林生产力形成的生理生态学基础研究、杉木林生态系统服务协同与权衡研究，提升杉木林生态系统多重服务功能。

（三）发展对策与建议

立足“长期创新、协作创新、系统创新”，基于杉木三带五区科技创新目标与技术差异，构建杉木现代育林与利用技术体系，解放杉木生产力，促进科研与生产深度融合。

1）基于国际工业人工林发展“六大目标”及杉木林质量提升需求，以立地、遗传、密度、林龄交互控制技术研究为主线，建立杉木速生丰产用材林定向集约育林体系及多功能近自然育林体系，推进杉木林高效可持续发展。

2）以高世代遗传改良为主线，有性杂交与无性测定选育并举，将现代生物组学分析技术及高效分子标记技术与杉木常规育种相结合，选育适合我国不同立地条件的高产优质高抗杉木新一代品种，推进杉木第四代育种及良种利用升级。

3）以培育措施与林地土壤养分动态关系为主线，提出科学合理的杉木人工林长期生产力维护技术途径。

4）建议重点支持野外长期定位研究，积极开展控制性试验，建立杉木育种学、栽培学、土壤学、生态学观测大平台和大数据，强化杉木研究理论基础及原始创新。

5）强化杉木科技创新平台建设，充分发挥杉木国家创新联盟、工程技术研究中心、国家生态定位观测站等杉木专门创新平台作用，系统整合我国杉木资源培育与产业开发科技创新力量，建立长期稳定、高效新型的产学研结合机制，推动我国杉木林质量提升及产业跨越式健康发展，为国家木材安全战略及绿色发展战略提供有效支撑。

参考文献

[1] 吴中伦主编．杉木［M］．北京：中国林业出版社，1984.

[2] 盛炜彤．中国人工林及其育林体系［M］．北京：中国林业出版社，2014.

[3] 洪菊生主编．全国杉木种源试验专刊．林业科学研究，7（专刊），1994.

[4] 童书振，刘景芳．杉木林经营数表与优化密度控制研究［M］．北京：中国林业出版社，2019.

[5] 张建国主编．森林培育理论与技术进展［M］．北京：科学出版社，2013.

[6] Zhang JG, Duan AG, Sun HG, et al. Self-thinning and Growth Modelling for Even-aged Chinese Fir［*Cunninghamia Lanceolata*（Lamb.）Hook.］Stands［M］. Beijing: 2011. Science Press.

[7] 相聪伟，张建国，段爱国. 杉木人工林材种结构的立地及密度效应研究［J］. 林业科学研究，2015，28（5）：654-659.

[8] 许忠坤，徐清乾. 杉木速生、耐瘠薄高营养型无性系选育技术［J］. 中南林业科技大学学报，2007，27（6）：6-10.

[9] 陈琴，黄开勇，蓝肖，等. 我国杉木组织培养技术研究进展［J］. 世界林业研究，2012，25（6）：58-63.

[10] 齐明，何贵平，李恭学，等. 杉木不同水平试验林的遗传参数估算和高世代育种的亲本评选［J］. 东北林业大学学报，2011，39（5）：4-8.

[11] 陈兴彬，肖复明，余林. 基于混合线性模型估算杉木生长性状遗传参数［J］. 森林与环境学报，2018，38（4）：419-424

[12] Cao DC，Xu HM，Zhao YY. Transcriptome and Degradome Sequencing Reveals Dormancy Mechanisms of Cunninghamia lanceolata Seeds［J］. Plant Physiology. 2016. doi：10.1104/pp.16.00384，

[13] Xiang WH，Chai HX，Tian DL. Marginal effects of silvicultural treatments on soil nutrients following harvest in a Chinese fir plantation［J］. Soil Sci. Plant Nutr. 2009，4：523-531.

[14] Wang CQ，Xue L，Dong YH. Unravelling the Functional Diversity of the Soil Microbial Community of Chinese Fir Plantations of Different Densities. Forests. 2018，9：532.

[15] Zhang XQ，Chhin S，Fu L，et al. Climate-sensitive tree height-diameter allometry for Chinese fir in southern China［J］. Forestry，2019，92（2）：167-176，doi：10.1093/forestry/cpy043.

撰稿人：张建国　段爱国　项文化　焦如珍　张雄清　伍汉斌

竹藤研究

一、引言

（一）竹藤科学研究特殊性

竹子是一类极特殊的林木。竹子是一年生或多年生禾木科竹亚科植物，茎为木质，是禾本科的一个分支。竹高大、生长迅速，可以分为散生竹和丛生竹两类。散生竹的地下茎（俗称竹鞭）是横着生长的，一些芽发育成为竹笋钻出地面长成竹子，丛生竹类植物的地下茎形成多节的假鞭，节上无芽无根，由顶芽出土成秆。因此，竹子都是成片成林的生长。

竹林是一类特殊的森林。竹林是由竹类植物组成的单优势种群落。竹林在世界森林资源中占有相当重要的地位，被称为世界“第二大森林”。大部分竹林分布在亚洲、非洲和南美洲的热带和亚热带地区。全球森林面积急剧下降，竹林面积却以每年3%的速度递增。目前全世界竹林面积为3200万公顷，占森林面积的1%左右。年竹材产量1500万—2000万吨。

（二）竹藤资源具有重要经济、生态和社会价值

竹林能提供竹笋、竹材、竹叶等及其众多门类的加工产品，在社会许多领域广泛应用，同时取得了巨大的经济效益。根据全国各类竹林及竹产品加工总体经营水平，截至2017年，全国竹产业产值2346亿元。

竹笋是竹类膨大的芽和幼嫩的茎，也是竹子的营养组织部分，是竹子加工利用的最重要部分之一，具有极为重要的经济价值和科研价值。近年来，竹笋产业也得到较大的发展，每年生产竹笋制品100多万吨，预计2020年，笋产品的需求将达到530万吨，竹笋产业已经成为竹林经济的重要组成部分，必将带来极大的经济效益。

我国竹林与其他林种一样起着绿化国土、改善生态环境的作用。竹子具有很好的截留

降水、涵养水源，保持水土的功能。竹子在绿化荒山、保持水土等方面生态效益显著，已成为我国林业重点生态工程中发展生态经济型防护林的首选树种，生态效益显著。

在我国，约有755万农民直接从事竹林培育、竹制品加工的生产经营，有利缓解了农村社会就业压力，给当地富余劳动力提供更多的就业机会。目前，竹产业已经成为许多竹产区的支柱产业，是农民增收致富的主要来源。

（三）竹藤研究定位及发展方向

我国是世界上最主要的产竹国，竹类种质资源、竹林面积、竹材蓄积和产量均居世界首位。经过多年发展，我国已经建成了从应用基础研究到产业化的研究体系，并均处于世界先进水平；有机整合并形成了“竹类遗传育种—竹林培育—竹材加工利用”整个产业链，已成为全球最大的竹产品生产和出口国。

竹藤科技是以竹类植物和藤类植物为研究对象，以现代生物学为理论基础，研究竹藤植物种质资源与遗传育种、竹藤植物生长发育、竹林与竹笋培育、竹藤材加工利用等。现阶段，我国在竹藤科技和产业上取得了重要的进展，国家竹藤科技创新体系不断完善，但在竹藤资源转基因、定向培育、采收、高值加工方面仍然存在一定的不足。针对竹藤“全产业链”领域面临的问题，在下一阶段急需重点开展竹藤转基因、竹藤机械化采收、竹林高质高效化定向生态培育、成熟竹林采伐仓储及竹材制品长期使用机制、竹质工程材料实现智能化制造、个性化定制、竹材化学组分精准利用，新型碳素材料及竹源绿色能源等化学品开发等方面研究，在推动乡村振兴、统筹区域协调发展、实现可持续发展、构建长江经济带绿色屏障、落实供给侧结构性改革、支撑“一带一路”倡议等服务国家发展战略中发挥重要作用。

二、本学科最新研究进展

（一）基础研究进展

在应用基础研究方面，近五年来，中国发表学术论文超过6000篇，其中SCI论文1912篇，中文期刊论文4600余篇，涵盖了整个产业链的各个领域。在专利申请方面中国共申请竹类相关的专利25413项，占全球首次申请总量的88.7%。

1. 竹快速生长机制

竹子是世界上生长最快的植物之一，也是区别于其他森林树种的独特特性之一。笋竹快速拔节伸长是竹子生长过程中极具特色的生长特性，是顶端分生组织及节间分生组织细胞的伸长和分裂共同作用的结果。近几年来，相关研究重点解析竹类植物由笋到茎秆生长过程的生长规律、形态学变化、细胞结构变化、细胞壁成分、能量代谢、光合作用、生理生化及内源激素等生理特性的动态变化；在分子蛋白及细胞水平上，通过全方位、多层次的监控竹类生长发育不同阶段的转录组、代谢组、蛋白组等变化，揭示在快速生长过程中基因、蛋白表达及代谢表达谱中的动态变化，初步绘制竹类快速生长的基因调控网络、代谢网络、蛋白表达网络、并解析基因表达－蛋白调控－代谢物之间的对应关系。率先完成了毛竹基因组草图，并在 Nature Genetics 上发表。

2. 竹开花机制

竹类植物具有特殊的生长发育规律，很难开花，一旦开花就会导致竹林大片死亡。同时由于竹类开花的周期很长，对竹类传统的育种造成很大的困难。近几年来，相关研究全面解析了竹类开花调控的分子机制，为抑制竹开花奠定基础，以预防因竹子开花后死亡导致的竹林面积减少对经济发展和生态环境造成重大损失和破坏。

3. 竹笋品质形成的生物学基础

竹笋是中国传统的森林蔬菜，也是大宗出口农产品，竹笋业已成为区域农村社会经济发展的支柱产业和富民产业。目前竹笋业已从以往注重竹笋产量转变为产量和质量并重的发展方向，其中，竹笋品质已成为提高市场竞争力和获取竹林良好经济效益的关键因素。竹笋品质包括外观品质、营养品质、食味品质、安全品质、加工品质等。针对国内外市场对优质竹笋的大量需求及竹林集约经营所引起的竹笋农药、重金属、硝酸盐和亚硝酸盐等有害物质超标、营养物质“隐性饥饿”、适口性降低等品质下降问题，研究重点解决了：竹笋品质的种间差异及其形成机制、影响竹笋营养品质和食味品质的主要化学物质及其代谢与分子机制、影响竹笋安全品质的主要有害物质在竹林生态系统的吸收运转规律、竹笋品质形成的环境效应及气候变化对竹笋品质的影响潜力与机制、人工经营干扰对竹笋品质的影响机理等。

4. 独竹成林机制

竹子属克隆植物，是一个“鞭生笋、笋长竹、竹又长鞭”鞭竹相连的有机整体，具有与一般林木不同的生长发育与自然更新规律，可由基株分蘖出多数单株，进而形成独竹成林现象。近些年来，相关研究解析了不同类型竹子笋芽、鞭芽分化的分子生物学、细胞生物学机制；土壤环境和母竹特性与鞭芽分化形成的相互关系机理；不同类型竹子地下系统形成、生长、发展过程及其生物学和生态学基础；克隆分株形成、定居、繁殖、扩散的生物学和生态学机制，及其对种群演替和生态恢复的影响。初步解析了独竹成林机制。

5. 竹林高效培育基础

以“生态效益与经济效益兼顾”为发展方向，加强竹类培育新理论、新方法的基础科学研究。从国家、种植者、消费者和市场的需求出发，针对生态环境压力逐步增加、气候异常变化、水资源短缺日趋严重、特殊竹种需求强劲的态势，研究探索了竹林培育的新模式，重点培育了有效聚合高效、优质、多抗、广适等特性，并具备集约经营、资源高效利用及环境友好等多元性状的突破性、强优势竹子新品种，适应规模化和机械化生产，显著提升生产效益。培育了突破性的高产高抗和资源高效型竹子新品种，保障国家竹材供应，显著增加竹林覆盖率，服务国家生态安全。通过遗传资源收集、分子标记辅助育种、杂交育种以及无性系筛选等技术的集成，实现了不同环境和用途竹类植物定向培育。

6. 竹林高效可持续经营基础

我国竹林资源丰富，分布区域广泛，竹资源是重点竹产区农民增收致富的重要资源和生态环境保护的重要屏障。目前我国竹林培育面临着市场压力、成本压力、劳动力压力、生态压力等多重压力，竹林经济效益提高难度增大，已影响到竹农经营竹林的积极性。而且，由于长期竹纯林大面积经营，化学肥料、化学农药、除草剂的大量使用，林地土壤频繁扰动等，导致竹林生物多样性锐减，竹林土壤发生化学、物理和生物性劣变，竹林产品产量和质量明显下降等问题。在竹林培育方面，近些年重点解析了竹林生产力形成与维护机制；商品竹林立地生产力衰退机理；竹林为主多物种复层林构建和演替机制；竹林多目标可持续经营基础；竹林主要养分循环与利用机制；竹林生物多样性形成与维持机制；营养水分条件与笋芽分化及其发笋能力的关系；竹林立体复合经营系统的高效性与安全性等。

7. 竹林环境修复的生物学基础

竹类植物具有多年生、每年抽枝发笋、生物量大、鞭根发达、分株间能够进行资源共享和风险分摊、抗逆性强、观赏性高等特征，生态竹林具有应用于环境修复（土壤、空气）的潜力，因而，竹类植物对土壤、空气污染的适应、解毒、修复机制研究逐渐开展，竹类植物对环境胁迫的克隆整合响应机制研究取得一定的成果。

8. 竹加工技术应用基础研究

在竹材机理方面，基于竹材纹孔特征和竹纤维细胞壁特有构造，揭示了其生物形成机理及对竹材优良特性的影响，研究完成了竹材防霉技术及木质化进程增强抗生物降解屏障的机理研究；竹质工程材料及产品的连续化自动化技术提升与防护方面，创新了竹材单元、竹重组与集成材料连续化高效加工技术与设备，研发了竹材长效高效防护技术；在竹质特异化新产品开发与应用领域拓展方面，突破了竹纤维连续接长与制品成型加工技术，开发了竹基多维异型复合材料；在低质竹材及竹采伐加工剩余物高效增值利用方面，创新了竹剩余物资源高值化加工、绿色全组分利用等关键技术，开发了新型碳素材料及竹源绿色化学品。

（二）应用研究进展

目前，我国竹子领域已建立了稳定的产学研联合攻关体系，形成了一支结构合理、业务素质高的科技攻关和产业化示范队伍，围绕竹产业全产业链构建起涵盖工程技术研究中心、重点实验室、生态定位站、示范基地等系统完备的竹业科技创新条件平台。在国家重点研发专项、国家科技支撑、行业专项、863 计划等国家级项目的支持下，竹资源高效培育及高附加值加工利用技术获得许多标志性的科研成果。据统计，我国竹子相关专利约占世界50%，达到6000多件。"竹质工程材料制造关键技术研究与示范"项目获得国家科技进步一等奖，刨切微薄竹、竹炭、竹纤维、竹木复合结构理论等项目也获得国家科技进步二等奖和技术发明奖。竹材制品、竹纤维制品和竹机械3类专利申请量占据竹产业专利总申请量的6%，属于竹产业技术领域的研究热点，在竹产业中3/4以上的专利都是围绕这几个方向研究或布局，表明目前整个竹产业的技术专利重心在化工和制造环节。

1. 竹藤资源保存与培育技术

我国高度重视竹林资源培育，第九次森林清查（2013—2018年）结果显示竹林总面积达到641万公顷，经营管理水平大幅度提高，在环境友好集约型笋用林和材用林的模式建立方面不断创新，使我国竹林资源的质量、可利用竹资源的种类以及竹林注重结构等方面有了显著地提高，大大拓宽了竹藤产业的发展。建立了退耕地丛生竹和散生竹水土保持功能监测评价技术体系；提出了以林分密度、年龄结构、母竹留养为核心指标的退耕地竹林合理经营模式，并对优化的技术模式进行了系统稳定性和水土保持功能监测与评价，建立了竹林结构调控技术与科学的肥料配比、施肥方式和施肥量、覆盖技术等林地管理组合技术，取得了较好的经济、社会效益，具有广阔的推广应用前景。在竹藤资源高效培育方面，建立了基于毛竹林养分吸收及累积规律的养分精准管理技术，解决了毛竹林养分管理中施肥对象和施肥时间不明确等问题；集成建立了退化雷竹林的改造技术。在竹藤种质资源保存技术方面，建立了珍稀竹种种质资源筛选全面收集和保存技术，针对竹藤DNA、DNA片段及遗传基因进行研究、保护和利用，逐步构建了原地保存、异地保存和设施保存有机结合的种质资源保存体系。

2. 竹藤资源高附加值加工利用技术

在加工利用方面，竹笋加工技术及竹材利用技术不断提高。已研发竹笋废弃物生物活性物质的提取及其综合利用技术，实现了竹笋绿色生产及竹笋超低温保鲜、竹粉技工技术。研究开发了高值化竹产品，包括竹纤维织品生产技术、纳米改性竹炭生产工艺和竹笋罐头加工技术，拓宽了笋竹产品加工利用领域，提高了竹产品数量和综合利用效益。开发了竹材高效利用技术、竹质复合集装箱底板技术和全竹高效利用制造竹质混凝土模板技术、竹木家具开发设计、竹木生物质资源深加工技术，拓宽了竹产品加工利用领域，提高了竹产品数量和综合利用效益。强化育种技术和产业技术协同创新与有机融合，加深高附加值竹产品的研发、建立集约化规模化的经营模式、全面提高了我国竹产业的国际化水平，实现了全产业链健康发展。

竹材低能耗高得率纸浆生产、竹子代谢产物提取等方面技术取得阶段性创新成果。开发出竹材化机浆技术，已进入生产试验和工程应用阶段，目前国内尚未有同类技术，具有良好的市场发展前景。在竹类资源天然产物化学利用方面，发现1种新骨架化合物和11种新化合物。研制2种竹叶源生物农药，建立了产品质量控制方法。完成苦竹、金桂和紫藤等12种植物精油制备工作，初步评估了竹藤植物精油的抑菌活性；从毛竹中成功克隆

3个倍半萜合成酶基因，并实现其在酵母中的异源表达。确定了重要竹类植物化学成分库构建及检测方法标准，在高纯度竹叶活性成分及其功能产品制备技术、竹叶活性组分创制生物农药关键技术、高品质竹醋液及竹焦油深加工技术和竹红菌素发酵制备技术上取得重要成果。

3. 竹藤功能性材料制造技术

研发制备出高耐候竹纤维增强高分子复合材料、高韧性抗冲击竹木复合材料、防腐防霉竹集成材、阻燃竹集成材、竹材固体颗粒燃料、竹材纤维素乙醇、竹材木质素发泡材料和竹材生物炼制剩余物改性胶黏剂等竹基材料产品；完成高韧性竹木复合材料、弯扭曲面的船壳、骨架、甲板构件等的设计、制造与评价研究；提出了棕榈藤材断裂韧性的测试方法，开发出棕榈藤材树脂型增强改性液配方和甲基丙烯酸甲酯浸渍处理藤材工艺；建成了胶合竹层板、耐候防霉型竹塑复合材料和竹材固体颗粒燃料中试生产线。

突破了连续胶合竹层板的关键制造技术，创新开发出具有自主知识产权的竹层板和胶合竹制造技术，并开展了竹材和竹质工程材料的防腐技术研究，构建了重组竹与OSB的复合理论模型，研究了棕榈藤的室内装饰性能，提出了竹质工程材料的标准体系框架。

4. 绿色竹藤建筑材料制造技术

开发的连续胶合竹层板制造技术，具有连续、可分级和高效的特点，突破了竹胶合板的连续制备技术，创造性地将植筋连接技术应用到竹质工程材料上，参照胶合木的标准规范，设计并制备的胶合竹力学性能达到结构用标准。大跨度竹篾层积材，长竹束单板层积材，胶合竹层板的工艺研究，设备研制和性能评价，竹材室内、室外防腐处理，耐腐试验和防变色研究取得进展；完成了示范大跨度房屋的方案设计和选址，完成示范桥梁材料的制造和安装；建立胶合竹层材和集成材单元防腐处理生产线、大跨度竹质工程构件生产线。

开发了竹缠绕复合压力管，充分发挥竹材自身优良特性，可替代玻璃钢管、塑料管、钢管、PCCP管，具有性价比高、节能降耗和低碳减排等优势。突破了竹材传统应用领域，拓宽了竹材应用领域，大幅度提高了竹材附加值，具有显著的生态、环境、经济和社会效益。

5. 竹藤机械装备技术研发

根据竹材原态多方重组结构材料的制造工艺要求，研究开发了关键制造设备，包括竹材定段设备、多方面铣设备、多方榫接设备等；开发了大规格竹材重组材制造关键技术及装备，提升了竹材加工机械化水平，扩大了工业化竹产品的应用范围，促进了竹产业升级；开发了原竹重组单元精铣装置、大规格预应力竹材重组三维成型机等技术装置；研究了竹材定向、快速、连续疏解技术，开发了多级一体式竹材疏解机。

（三）人才队伍和平台建设

我国竹藤研究机构完备，拥有国家林业和草原局国际竹藤中心、国家林业和草原局竹子研究开发中心、浙江省竹类研究重点实验室、南京林业大学竹类研究所、福建农林大学竹类研究所、江西农业大学林学院竹子种质资源与利用重点实验室、江西省林业科学院竹类研究所、西南林业大学竹藤研究所、湖南省林业科学院竹类研究所等三十余个独立的竹类植物研究机构。

我国竹藤研究队伍强大，在众多研究人员中，拥有国家杰青 1 人，中科院百人计划 2 人，国家林业和草原局“百千万人才工程”15 人等高端科技人才。全国层面成立有中国林学会竹子分会、中国林学会竹藤资源利用分会、中国竹产业协会、中国工艺美术学会竹工艺专委会等学术团体，我国拥有的《竹子学报》专门为竹子研究的科研人员开展学术交流提供平台。

三、本学科国内外研究进展比较

在资源方面，我国竹资源面积、种类和储量世界第一。我国拥有竹子 800 多种，约占全世界的 1/2。我国竹林分布面积 641 万公顷，约占世界的 1/4。全世界共有棕榈藤类植物 600 多种，我国拥有棕榈藤 40 余种，约占全世界的 1/15。

在科技方面，我国是世界竹藤业的主要技术研发国。我国政府十分重视竹藤科技发展，科研投入不断加大，连续 4 个五年计划中设立竹藤类国家科技计划项目，竹藤科技创新和新产品研发能力不断提升。拥有竹子相关专利近 8000 件，约占世界的 50%。拥有竹藤相关国家和行业标准 158 项，占世界竹藤标准总量的 85% 以上。1997 年，中国成为国际竹藤组织（INBAR）东道国。目前，拥有 45 个成员国和覆盖全球的 170 余个合作伙伴。2015 年由中国推动成立了国际标准化组织竹藤技术委员会（ISO/TC 296），秘书处就设在中国。21 世纪以来，竹藤相关研究取得了一系列研究成果，其中“竹质工程材料制造关键技术研究与示范”项目荣获国家科学技术进步奖一等奖；刨切微薄竹、竹炭、竹纤维、竹木复合结构理论等相继荣获国家科技进步奖二等奖和技术发明奖。我国继 2013 年成功破解世界首个竹子全基因组信息“毛竹全基因组草图”，填补了世界竹类基因组学研究空白后，2018 年又首次破译棕榈藤（黄藤和单叶省藤）全基因组信息，获得了最新高精度毛竹基因组，均达到染色体水平，并发起全球竹藤基因组计划（GABR），标志着中国在竹藤基因组学研究领域处于领跑地位。

在产业方面，竹藤产业已经成为具有中国特色的绿色朝阳产业。改革开放以来，竹产业进入了快速发展新时期，逐步形成由资源培育、加工利用、科技研发到国内外贸易的发展体系。已开发出 100 多个系列、近万种竹产品，广泛地应用于建筑、装饰、家居等 10 多个领域。2017 年，竹藤产品出口贸易额 19.6 亿美元，约占世界 66%。近年来，竹材加工技术不断创新，开发出竹展平、竹缠绕等绿色加工工艺，竹质缠绕复合管道、户外竹地板、圆竹景观建筑、竹纤维制品、竹炭环保日用品、电子产品用竹质壳制品等环保绿色新产品不断涌现。实现了现代竹木结构建筑的关键材料的国产化，竹单板及其饰面材料制造技术以及各种竹装饰材迅速发展，竹材化学加工利用技术也日趋成熟。

竹藤作为一种可再生的速生生物质资源，已引起世界的广泛关注，国际贸易不断增长。东南亚和非洲国家是世界竹藤的主要产区，但是培育与利用技术较落后，其中竹子产量最大的是印度，竹子主要用于造纸。欧美发达国家天然分布的竹种较少，但十分重视绿色环保的竹产品开发，先后资助了“竹子在欧洲”“竹子可持续经营和竹材质量改进”及“欧洲竹子行动计划”等重大项目。英国剑桥大学、麻省理工学院和英属哥伦比亚大学等国际一流高校正在联合开展竹材研究项目，在产竹国招收研究生，并向中国取经。文献分析可知，德国图能研究所、瑞士联邦理工大学、剑桥大学等十几家研究单位，分别在竹材微观结构、力学领域等方面取得了一些研究成果，构建了竹材细胞壁的多层组织构造，讨论了竹材梯度结构的独特断裂模式等，但研究不够系统，处于起步阶段。

四、本学科发展趋势及展望

（一）战略需求

竹子是我国最具特色的林业资源之一。竹子以生物量大、成材周期短、一次种植永续利用等特点成为我国林业产业不可或缺的组成部分。竹子在我国生态建设方面也拥有特殊地位。大力发展竹资源高效培育与利用技术符合国家重大战略需求。

1. 缓解木材供需矛盾、维护国家木材安全的需要

我国目前是世界上第一大木材进口国，每年进口木材类产品折合原木超过 2.5 亿立方米，年进口量已超过全球木材交易量的 1/3，进口依赖度极高。竹类植物以其独特的生物学特性及其用途广、开发潜力大等优势，已成为木材资源的首选替代品。我国年产大径竹材超过 27 亿根，相当于 6000 多万立方米的木材量，以竹代木前景十分广阔。加快发展竹质规格材，是缓解木材供需矛盾、维护国家木材安全的重大举措。

2. 解决纸浆和棉花短缺、缓解纤维供需矛盾的需要

当前，我国纸浆和棉花纤维供应远远满足不了国内 13 亿人口的需求，国内外市场价格不断上涨，供需矛盾日益突出。2017 年我国进口纸、纸板及纸制品 487.4 万吨，进口棉花超 115 万吨。竹纤维因其来源广泛、生长速度快、成材早、再生能力强、一次种植可持续利用、速生高产等特点，被誉为“21 世纪的环保功能型绿色纤维”。加入竹纤维的休闲西装在日本市场的售价达 5.9 万日元，含竹纤维的衬衣或裙子，在国内售价近千元，具有较高的附加值。竹纤维不仅能用于纺织，而且可以制作书写纸、抽纸、一次性餐具和包装袋等材料。目前，我国竹纸产品处于世界先进水平，现有规模企业的年产量达到 20 万吨以上，正在向年产 100 万吨的规模发展。发达国家已经开始禁止销售一次性塑料产品，为发展可回收可降解的竹浆制品带来巨大的机遇。

3. 储备生物质资源、应对未来能源危机的战略需要

我国能源面临着总量不足、石油紧缺、人均占有量少、能效低、环境污染严重等诸多问题。因此，调整优化能源结构，大力发展生物质能源是国际未来能源的发展趋势。毛竹在生长季每天的高生长能达到 1 米，具备能源利用的巨大优势。此外，竹类植物具有一次造林可永续利用，不占用耕地等优势，是理想的能源植物。加快竹基燃料开发有助于我国未来发展对生物质能源的巨大需求。

4. 构建我国生态安全，充分发挥竹林固碳增汇、应对气候变化的需要

竹子的生物学特性赋予了竹林既是重要经济林，也是重要生态林的双重角色。每公顷竹林可蓄水 1000 吨，是理想的防护林种。在长江流域有林地面积中竹林占 4.8%，珠江流域中占 4.4%，是我国南方重要生态屏障。竹子快速的增长速率，意味着较高的固碳速率。1 公顷毛竹的年固碳量为 5.09 吨，是杉木的 1.46 倍，是热带雨林的 1.33 倍。竹子被认为是消减大气 CO_2 浓度、减缓气候变化最适宜的造林候选树种之一。在很多国家森林面积不断减小的今天，中国竹林正以每年 3% 的速率增加，是一个不断增大的碳汇。2008 年 4 月，中国绿色碳基金会在浙江临安启动了毛竹林碳汇项目，为竹林资源利用开辟了新的路径。同时，竹制品可将碳固定较长的时间，尤其是竹制品防护处理和循环利用，可大大延缓碳的排放。因此，利用先进的工艺或手段减缓竹制品分解和释放速率，也是减排增汇的一个重要途径。

（二）发展趋势与重点方向

1. 发展趋势

我国竹藤科技水平虽然在国际上处于领跑地位，但是与其他行业相比，工业化程度普遍较低。在新一轮科技革命和产业变革大潮中，智能化制造和个性化需求为竹藤科技指明了发展方向。

在竹藤育种方面，将围绕"高产、优质、抗逆"来进行。竹藤工业化利用对定向培育适合不同用途的良种选育提出了更新更高的要求，由于竹藤植物的特殊生物学特性，导致以杂交为主的传统育种手段受到严重制约。基于竹藤基因组学的现代分子生物学技术将得到长足发展，围绕基因工程技术的竹藤分子设计育种将是未来竹藤育种的重要方向。借助现代生物技术手段克服竹藤开花周期长的弊端，培育更加高产、优质、抗逆的竹藤转基因新品种，为提升竹藤材产量和品质提供有力支撑。

在竹林培育方面，竹林经营经过高度商品化利用、生态保护多功能利用等阶段，进入定向可持续经营阶段。基于竹林演替模式、驱动因子、系统演变特征选择和调控经营模式，实现竹林经营和采运的集约化、规模化、机械化，兼顾生态保护和高效利用，是未来竹林系统可持续经营技术的研究重点。

在竹材加工方面，充分发挥竹藤材料强度高、韧性好等特性，克服天然生物材料结

构复杂、均匀性差、易被生物侵害等缺点，在竹材规格化、竹纤维分离重组、竹藤缠绕编织、圆竹结构设计、竹材催化热解、笋材保鲜防护、剩余物绿色增值加工利用等重点领域，实现标准化、机械化、智能化制造，开发一批高值化、功能化、差异化的竹藤基新材料、新产品，开拓其在建筑结构、生物能源、医药保健等领域应用，完善竹藤标准体系和设计规范，建立竹藤资源和品牌的认证体系，规范和促进竹藤产品国际贸易。

2. 重点方向

（1）材性导向的竹藤分子育种关键技术研究

针对工业化利用对竹藤专用品种的需求，开展竹藤种质资源收集保存及遗传信息挖掘，利用组学数据，开展主要竹藤种质的全基因组变异与材性的关联分析，阐明竹藤材形成的复杂调控网络，明确决定竹藤材性的关键因子，全面解析细胞壁结构、组成对竹藤优质材性发育形成的作用和机制，获得一批具有育种价值和自主知识产权的基因；突破竹子高频再生技术和高效遗传转化技术，创新竹藤分子设计育种技术，创制优异新种质，构建竹藤高效育种技术体系；定向培育一批纤维素含量高、纤维长、出材率高的竹藤新材料，并建立新材料优质性状的鉴定与评价体系；建立数字化、可视化的竹藤资源表型数据、生境数据、遗传信息数据等综合信息数据库。

（2）竹林高质高效化定向生态培育技术

针对我国竹林大部分粗放经营、小部分过度经营而带来的经济和生态效益下降问题，开展规模化、机械化和省力化竹林经营技术研究，创新适用于机械采收和储运的竹林培育技术模式；研发竹林结构–养分–水分精准调控技术，构建竹林高质高效化培育技术体系，提升竹林经营的集约化和精准化管理水平；筛选特色竹种，开展高质化定向培育经营技术研究；开展竹林碳氮水耦合机制和调控技术研究，揭示环境变化对竹林系统及其功能的影响研究，阐释生态系统的退化过程与恢复机理，构建经济和生态效益兼顾的竹林经营体系；开展丛生竹林、小径竹林动态变化与生物量监测技术研究，开展混交竹林生长过程、林分结构动态监测与可视化模拟关键技术研究。提高笋材产量和质量，改善竹林生态；开展基于竹林废弃物的生物利用及其林下利用研究。

（3）竹质工程及结构材料智能化制备关键技术

针对竹材加工效率和规模化程度较低、高附加值产品少等制约产业发展的难题，研究圆竹干燥防裂、规格化制备和原态连接技术，开发圆竹建筑及家居用品；研究竹展平高强度均密化同步制造、连续接长技术，开发大幅面展平竹 CLT；研究高效、连续、智能化的采伐及加工机械设备及工艺，开发竹规格材先进制造技术、竹质装配式建筑模块化制造技术、竹编织材料自动化制备技术；研究基于竹纤维的拉挤、缠绕、模压和 3D 打印等成型技术，开发多维异型竹纤维基复合材料、耐久型轻质高强竹束纤维复合材料、竹束—木材复合建筑结构材和高稳定薄型竹纤维板材；开发竹材微纳米多级功能改性和长效防护技术；建立健全竹产品质量认证标准体系，促进和规范国际贸易，实现竹产业高质量发展。

（4）竹藤化学全组分高效利用关键技术

研究竹藤细胞空间构造、微观物理力学性能、多级孔隙结构，系统阐明主要组分分子键合机制，构建竹藤材理化特性数据库；利用低质竹藤材或加工剩余物，采用热化学转化催化体系制备系列生物炭，开发吸附、催化、储能材料，收集应用热降解副产物；采用环境友好型绿色分离体系制备竹浆纤维，研究竹材高效生物转化制浆及原竹香氛保持增强技术，开发功能性纸品；研究笋竹次生代谢成分形成规律，开发功能型竹源保健品；研究竹材加工剩余物高效分选及精准增值利用技术，开发功能化竹基纳米纤维素基复合材料；研究竹基绿色能源制备与清洁生产关键技术，开发竹材液化生物燃油；开辟竹藤资源化、功能化、高值化以及循环利用新途径，实现竹藤材全组分高效利用。

（三）发展对策与建议

1）设置具有竹藤特色的学科，创建竹藤资源国家重点实验室和技术创新中心，为竹藤产业转型升级提供坚实的技术支撑。

2）破除竹产业多部门管理的现象，释放竹产业活力；加大土地、税收等各种政策扶持力度，建立专项资金渠道扶持竹产业的发展；加强竹产区道路建设，降低竹原料运输成本。

3）地方政府要搭建银企对接服务平台，为企业和金融机构牵线搭桥，解决竹加工企业经营中的流动资金需求和转型升级中的融资难题；开展符合竹产业特色的多种信贷模式的融资业务；加强政、银、企合作，支持龙头企业融资上市或发行企业债券。出台相应的优惠政策，鼓励外资、社会团体以及个人资金投入竹产业建设中去。

4）通过创新联盟和行业协会，增加产业内部的技术和信息交流，加强行业自律，减少恶性竞争；强化产学研合作，鼓励企业参与起草制定国家、行业标准，提高行业准入门槛。

参考文献

［1］江泽慧．传承开拓 走向世界 建设中国竹藤品牌集群［J］．中国品牌，2018（10）：34-35.
［2］孙正军，费本华．中国竹产业发展的机遇与挑战［J］．世界竹藤通讯．2019，17（1）：1-5.
［3］国际竹藤中心．竹子：绿色“黄金”［J］．紫光阁，2018（5）：87.
［4］费本华．践行新理念提速竹产业［J］．世界竹藤通讯．2019，17（2）：1-6.
［5］刘贤淼，费本华．中国竹子标准国际化优势与发展［J］．科技导报，2017，35（14）：80-84.
［6］刘贤淼，王戈，费本华．竹质材料术语分析及其标准化探讨［J］．世界竹藤通讯，2017，15（1）：30-34.
［7］费本华．竹资源全产业链增值增效技术集成与示范［J］．中国科技成果，2016，17（21）：20-21.
［8］费本华，陈美玲，王戈，等．竹缠绕技术在国民经济发展中的地位与作用［J］．世界竹藤通讯，2018，16（4）：1-4.

[9] 于文吉. 我国重组竹产业发展现状与机遇 [J]. 世界竹藤通讯, 2019, 17 (3): 1-4.
[10] 国家林业和草原局规划财务司. 2018 年全国林业和草原发展统计公报 [A]. 2019-05-31.
[11] 李岚. 中国竹藤品牌集群的组建及展望 [J]. 世界竹藤通讯, 2018, 16 (5): 1-4.
[12] 国家林业局. 2017 年中国林业统计年鉴 [M]. 北京: 中国林业出版社, 2018.
[13] 刘秀, 丁志新, 刘洋, 等. 全球及中国竹产业专利分析研究 [J]. 世界竹藤通讯, 2018, 16 (4): 24-31.
[14] 费本华, 栾军伟. 持续碳封存的竹产业 [J]. 国土绿化, 2019 (7): 11-13.
[15] 费本华. 努力开创新时期竹产业发展新局面 [J]. 中国林业产业, 2019 (6): 16-23.
[16] Vorontsova M, Clark G.L, Dransfield J, et al. World Checklist of Bamboos and Rattans [M]. Beijing: Science Press, 2016.

撰稿人: 费本华　覃道春　高　健　高志民　汤　锋
王　戈　刘广路　刘志佳　孙正军　周建波

ABSTRACTS

Comprehensive Report

Advances in Forest Science

Forest, grassland, wetland and desert are the most important components of terrestrial ecosystem, and foundation of sustainable development of economy and society. Since the 18th National Congress of the Communist Party of China, President Xi Jinping has pointed out a series of important instructions on ecological civilization construction, as well as forestry reform and development, and highlighted that forest construction is a fundamental issue related to the sustainable development of the economy and society.

Forest science mainly takes four major ecosystems (including forestry) as research objects to reveal substantial rules of biological phenomena and focuses on forest resource cultivation, protection, silviculture, management and utilization etc. At present, China has already formed a comprehensive discipline system of forestry science. However, compared with the forest developed countries, China's forest science and technology is in the stage of "follow-up and partial leading". There is still a big gap comparing with the international and industrial development needs.

Facing the trend of intelligent and multivariate tree breeding, precise and intensive forest cultivation, fine and stereoscopic forest resource monitoring, multivariate technology and diversified target of forest ecosystem restoration, green and intelligent manufacturing forest product supply, we need to focus on the current situation of forest resources and stick to the "three-facings" . Under the guidance of the thought on socialism with Chinese characteristics for a new era, we need to further implement the innovation-driven development strategy and rural revitalization strategy, strengthen basic research, applied basic research, key technology conquest and integration, and industrial development of forest science and technology, optimize innovation platform of forest science and technology, train innovative talents for a new era, promote high-quality development of forestry and provide support for the construction of a beautiful China and ecological civilization.

The *2018-2019 Forest Science Development Report* covers the studies of 17 disciplines (fields), including wetland science, soil and water conservation, desertification control, grassland science, forest economic management, undergrowth economy, forest fire prevention, forest park and forest tourism, nature reserve, landscape architecture, dendrology, introduction and domestication of exotic species, poplar and willow, precious tree species, eucalyptus, Chinese fir, bamboo and rattan. This report mainly summarized the significant research progress of these 17 disciplines in recent years, analyzed the development veins and rules, pointed out the development trends and key research directions. This report has important reference value for readers to understand the scientific frontier, major research progress and development trend of forest science.

Written by Wang Junhui, Zhang Huiru, Chi Defu, Wang Liping, Yin Changjun, Liu Qingxin, Zeng Xiangwei, Zhang Yongan, Li Li, Zhang Jinsong, Wu Bo, Shu Lifu, Duan Aiguo, Zhang Yuguang, Han Yanming, Zeng Lixiong, Ding Changjun, Ni Lin, Li Yong

Reports on Special Topics

Advances in Wetland Science

Wetland Science is the science on the studies of the formation, evolution, developing law, types, distribution, ecological process, structure and function, and conservation and utilization of wetlands. The main characteristics of Wetland Science are as follows: (1)the research object is located in the amphibious ecotone, which has many attributes different from other ecosystems; (2) The research on wetland science needs interdisciplinary research methods, due to the internal laws and complexities of wetlands; (3) The holistic and systematic thinking should all have on the research on wetland science, and the relationship between wetlands and surrounding environment should be considered comprehensively, because of the significant impact of the surrounding or regional environmental changes on wetlands. On the subject characteristics, Wetland Science is a new applied fundamental interdisciplinary, which integrates the theories and technologies of earth science, ecology, biology, chemistry, physics, information science and systems science, engineering and technology science and management science. And the research features of holistic- systematic-comprehensive -complex thinking and natural-social -technological multidisciplinary approach have been developed on Wetland Science.

In recent years, the basic research of Wetland Science has made great progress in wetland biogeochemical cycle, wetland ecological hydrological process, wetland degradation mechanism, wetland biodiversity maintenance and conservation. Meanwhile, Significant breakthroughs

have been made in wetland resource investigation and management, wetland ecosystem service evaluation, and wetland restoration technology the applied research mainly involved in applied research. This report presents the development trends and key directions of Wetland Science in the future, mainly including: (1) Wetland biogeochemical cycle, (2) Wetland hydrological process and its ecological effect, (3) Wetland biodiversity maintenance and conservation, (4) Wetland monitoring and observation of fixed station, (5) Wetland ecosystem services evaluation, (6) Wetland restoration, (7) Wetland research in urban and rural settlements. And the countermeasures and suggestions for the development of Wetland Science in China including: (1) Enhancing the status of Wetland Science, and including Wetland Science as a secondary discipline in the national basic science research field of China, (2) Promoting the construction of wetland ecosystem observation and research network of China, (3) National wetland scientists association of China should be established to promote exchanges and cooperation among wetland scientists, (4) Strengthening the research on wetland ecosystem management aiming at sustainable development.

Written by Cui Lijuan, Zhang Manyin, Guo Ziliang, Zhang Xiaodong, Li Wei, Lei Yinru, Wang Daan, Wang Henian, Liu Weiwei, Hu Yukun, Wei Yuanyun

Advances in Soil and Water Conservation

China is one of the countries with the most serious soil erosion and ecological environment deterioration in the world, and we realized the sustainable use of soil and water resources and the sustainable maintenance of ecological environment were the objective requirement of sustainable social and economic development, and were also the two major problems that our country urgently need to solve. Soil and water conservation is the most effective way to improve Chinese ecological environment and coordinate the relationship between man and nature, and it is also the important guarantee to achieving sustainable development. For a long time, the discipline of soil and water conservation has been oriented towards the main battleground of ecological, social and economic development, and the mainly basic engaged and applied research included soil erosion process and mechanism, space allocation and forest sub-structure optimization of protective forest system, desertification occurrence process and prevention and control technology, development and construction project ecological environment protection and engineering greening technology. The subject research involves the fields of hydrology, ecology, soil science, biology and geosciences, and has distinct multidisciplinary cross-integration characteristics.

The discipline of soil and water conservation and desertification control was founded in 1958, and was proposed by Premier Zhou Enlai and approved by the State Council. Now China has raised the construction of ecological civilization to an unprecedented strategic level after the 19th CPC national congress. The "Double-first-class" construction, the "Belt and Road", the "Beijing-Tianjin-Hebei" integration and the Yangtze River Economic Belt and other strategies are gradually being implemented, major national water conservancy projects such as the south-to-north water diversion, the follow-up issues of the Three Gorges Project, etc. all need a large number of water and soil conservation professionals. In the process of building ecological civilization and beautiful China, the discipline of soil and water conservation and desertification control has great potential.

In the next 10-20 years, China will basically build an integrated system of prevention and control of soil and water loss in line with economic and social development, basically realize prevention and protection, and the soil and water loss in key prevention and control areas will be effectively managed, and the ecology will further improve. We will vigorously strengthen preventive protection, promote comprehensive governance, comprehensively upgrade the level of monitoring and informationization, carefully build demonstration zones, make every effort to build an institutional mechanism that is compatible with the requirements of ecological civilization construction, and promote the "management of the water, forest, lake and grass system".

In order to further explore the development of disciplines, enhance the comprehensive strength and international competitiveness of higher education in China, and accelerate the pace of soil and water conservation and desertification control into world-class disciplines, this report comprehensively collates the basic situation of the development of soil and water conservation discipline in 2018-2019 from the aspects of research progress of soil and water conservation discipline, control analysis and development trend of soil and water conservation discipline at home and abroad, and the progress of the main theoretical and technical research on soil and water conservation disciplines. And we combed and commented the major application results, and strive to reflect the overall progress and advanced achievements of soil and water conservation. And we hope this report can provide an important reference for the development of the disciplines of soil and water conservation and desert prevention and control in China.

Written by Zhang Zhiqiang, Wang Yunqi, Cheng Jinhua, Chen Lixin, Ma Lan, Jia Guodong, Wang Bin, Gao Guanglei, Ma Chao, Wang Ping, Zhao Yuanyuan, Wan Long, Zhang Yan

Advances in Desertification Control

The discipline of desertification control is a subject which aims at the needs of national ecological construction and studies the theory and technology of prevention and control of desertification by using the comprehensive measure system of biology, engineering, agriculture and policy. The research direction of this discipline includes desertification process and mechanism, desertification control and restoration, desertification control technology and mode, desertification monitoring and evaluation, comprehensive utilization and development of resources in desert area, etc. Soil and water conservation and desertification control is a secondary discipline of forestry, which is an interdisciplinary subject combined with many disciplines. It is closely related to ecological environment security and land and resources protection. It plays an extremely important role in protecting, improving and reasonably using soil and water resources, promoting the sustainable development of social economy, and directly serves for the construction of ecological environment and the development of agroforestry in China.

Desertification is one of the global ecological environment problems. China is one of the countries suffering from the most serious desertification hazards in the world. Desertification seriously threatens the ecological security and the sustainable development of economy and society. The fifth national desertification and desertilization monitoring results showed that as of 2014, the national desertification land area was 2.61 million square kilometers, accounting for 27.20% of the total land area, of which the desertilization land area was 1.72 million square kilometers, accounting for 17.93% of the total land area. Desertification resulted in the decrease of forest and grass vegetation, the decline of groundwater level, the drying up of lakes, the endangered or dying of many species, the sharp decrease of available land resources and the decline of land quality. Desertification and poverty aggravated each other and formed a vicious circle. About

400 million people in China were affected by desertification. Desertification also caused serious harm and huge economic losses to transportation, water conservancy facilities and industrial and mining enterprises. Since the founding of new China, a series of effective policy measures have been taken in different historical periods. After more than half a century of continuous exploration and unremitting struggle, China has embarked on a road to prevent and control desertification with equal emphasis on ecology and economy, and win-win results in desertification control and poverty control, which has initially curbed the expansion of desertification. Therefore, it is necessary to strengthen the discipline construction of desertification control. The research, development and integration of efficient desertification control technology and mode will provide strong scientific and technological support for the successful implementation of national major ecological projects such as the Beijing Tianjin Sandstorm Source Control Project and the "Three North" Shelter Forest System Construction Project.

Although remarkable achievements have been made in the ecological construction in recent years, the overall situation of desertification shows the "double reduction" of desertification land area and degree. However, due to the large area, complex types and diverse causes of desertification in China, the ecosystem in the desertification area is very fragile, and the desertification in some areas is still expanding and deteriorating, and desertification is still very harmful to China's food security, ecological security and social and economic development. Desertification control is a long-term and arduous task in the construction of ecological environment in China.

Under the influence of global change, desertification control will face more severe challenges. In view of the impact of climate change and socio-economic development on desertification, the research on desertification control should pay more attention to the new materials and technologies for sand control, the mechanism of sand fixation vegetation stability, the prediction and early warning of desertification, and the ecological and economic model of desertification control. To study the interaction between climate change and human activities in the process of desertification, to reveal the mechanism of desertification, to explore the impact of global change on desertification and the feedback mechanism of desertification on climate change, to establish an intelligent and standardized integrated application platform of desertification control technology is the focus and hot spot of desertification control discipline.

Written by Lu Qi, Wu Bo, Cui Ming, Jia Xiaohong, Zhu Yajuan, Zhou Wei

Advances in Grassland Science

Grassland science is based on plant life sciences. It is aimed at herbivore forage production, ecological environment management, and landscape and sports field greening. It integrates basic biological research, plant production and grassland engineering technology, and involves agronomy and animal husbandry. Emerging interdisciplinary disciplines in science, ecology, landscape, and other disciplines. Grassland science first started in 1946 as "Grassland Management" opened by Mr. Wang Dong at the former Central University, and established an independent major in the 1950s. In the 1980s, with the continuous improvement of grassland system engineering ideas and grassland ecosystem theory, grassland science was further developed. In 1985, Mr. Ren Jizhou proposed that grassland science is a science that studies grassland agroecosystems, and its main research objects are three factor groups (biological factor group, abiotic factor group, and social factor group), and three main interfaces (grass-land boundary surface, grassland-livestock interface, grass-animal-social interface) and 4 production layers (former plant production layer, plant production layer, animal production layer and exo-biological production layer), and the 3 interface theory is the most active and sensitive of the system, and the most intensive part is also the new branch discipline and growth point of grass science. In recent years, with climate change and the unsuitable utilization of grassland resources, more than 90% of grasslands have been degraded to varying degrees, grassland ecosystems have become more fragile, and protection of grassland resources and restoration of the ecological environment urgently need to be strengthened. In particular, put forward the theory of the systematic management of mountains, rivers, forests, lakes and grasses, and the establishment of the National Forestry and Grassland Bureau. The natural grassland has shifted from the traditional heavy production function to ecologically priority grassland ecological management, protection and sustainable use. Grassland scientific research has also turned to the core tasks of grassland ecosystem protection and function maintenance, focusing on research in the areas of original ecosystem management, grassland degradation restoration, grassland resources monitoring, grassland disaster prevention, and grassland resource excavation and sustainable utilization.

Written by Sun Zhenyuan, Wang Tao, Xin Xiaoping, Hou Fujiang, Zhou Su, Wu Juying, Liu Gang, Fan Xifeng, Qian Yongqiang

Advances in Forest Economics and Management

In the past five years, the theoretical and empirical research content and researching level in the forest economics and management have been continuously expanded and constantly improved and the research team's ability has also been greatly improved.

In terms of theoretical research, the theoretical research on "two mountains" of socialism with Chinese characteristics for a new era is a significant advance of Xi Jinping's ecological thought on socialism with Chinese characteristics for a new era. The research results of the construction of nature reserves, the reform of state-owned forest areas, and the monitoring and evaluation of major ecological construction projects in China have promoted the revision of the national forest law, the revision of relevant regulations on forestry and the establishment of a new ecological system. In addition, the research on forestry sustainable management strategies and relevant forestry support policies in the process of collective forest reform in China has promoted the discussion on the new institutional framework of forestry from theory and practice.

Based on the green transformation strategy of Chinese forestry industry in the context of globalization, the research puts forward specific strategies for the international cooperation and development of Chinese forestry in the context of "Belt and Road", and also provides strategies for enhancing the competitiveness of China's forest product trade in the international market. The achievements in the study of forestry carbon sink in China, including the construction of forestry carbon sink, the verification of forestry carbon sink and carbon sink trading, have promoted the realization of forestry ecological benefits in China. The research on forestry ecological security has promoted the establishment of the national forestry ecological early warning mechanism.

The systematization, quantification, combination and internationalization of forestry economic management are the main development trends of the subject research. The future research of forestry economic management will focus on the following aspects: the deepening of forestry economic management theory; Research on major issues in ecological protection, restoration and utilization; Research on the coordinated development mechanism of ecology and industry under the "two mountains theory"; Study on the construction and operation mechanism of national park system; Research on biomass energy industry development in the context of global climate change; Study on forest sustainable management and forestry sustainable development.

Written by Wen Yali, Liu Weiping, Gao Lan, Jiang Xuemei, Mi Feng, Wu Chengliang, Yuan Changyan

Advances in Non-timber Forest-based Economy

Non-timber forest-based economy is an industrial system gradually formed based on the change of utilization mode of forest land and the development of forestry industry mode. With the gradual improvement of its theoretical framework and the clear research direction, it has gradually developed into a new discipline. Non-timber forest-based economy includes under forest planting, breeding, wild forest product collection and processing, forest tourism and many other contents, including forest medicine, forest grain, forest poultry (livestock), forest fungus and other modes, involving many theoretical and scientific issues such as ecological security, breeding of improved varieties, interspecific relationship, appropriate species, forest landscape and other industrial economic issues such as production, supply and marketing.

In recent years, non-timber forest-based economy has developed rapidly, the planting area and output value have been greatly improved, and the degree of organization has also been improved, creating a colorful non-timber forest-based economic model .The rich practice of non-timber forest-based economy greatly promoted the theoretical research, and promoted the integration and penetration of forestry and agriculture, economics, Chinese pharmacy, nutrition and food hygiene, management and other disciplines. Research on non-timber forest-based economy has great development in depth and breadth, which includes policy research, significance and value research, development model research, economic benefit analysis, operation mechanism and function relationship research of under-growth economic system, and so on.

In the future, the research focus of non-timber forest-based economy is on research methods and scope, fine variety breeding, typical model research, value evaluation and so on.

From the perspective of discipline construction, in the future, the non-timber forest-based economy should do well in basic discipline research, summary and induction of the forest economic model, scientific guidance of production practice, strengthening international cooperation and personnel training, etc.

Written by Chen Xingliang, Wang Yan, Zeng Xiangwei, Liu Moucheng

Advances in Forest Fire Prevention

Forest fire prevention is a science which studies the basic theory and principles of forest fire prevention, suppression and technology. It is a highly complex and comprehensive applied subject, involving many subjects. The purpose of the study is to reduce the damage and loss of forest fire.

This paper introduces the present situation, existing problems and future development trend of forest fire prevention. The development history of forest fire prevention subject is reviewed, and the research progress of forest fire prevention is discussed from the aspects of fundamental research and applied research, including new viewpoint, new theory, new method, new technology and new achievement. Otherwise, the progress of this subject on talent cultivation, researching platform and important research team are also introduced. Combined with the international major research programs and major research projects of this subject, this paper lists the latest research hotspots and frontiers of this discipline in the world, and compares and analyzes the development state of this discipline at home and abroad. Finally, the paper analyzes the new strategic demand and key development direction of forest fire prevention, and puts forward the development trend and strategy of this discipline in the next five years.

Written by Shu Lifu, Liu Xiaodong, Tian Xiaorui, Zhao Fengjun, Wang Mingyu, Chen Feng

Advances in Forest Park and Forest Tourism

The main research fields of forest park and forest tourism include forest recreation and eco-tourism, outdoor recreation and park management, ecological ethics and forest culture. Forest Tourism Research is based on Forest Park, the early academic research focuses on industrial development and tourism resources development, sustainable development of eco-tourism and environmental capacity control. In the past decade, tourism efficiency, interpretation system, forest health and conservation have become the main research focus. A systematic study has been carried out on the biodiversity of forest parks, forest parks and climate change, natural disasters and the impact of human activities on forest parks. China has made important progress in the tourism efficiency and interpretation system of forest parks, but the research on nature education and forest health care is at the initial stage, and the related research is still not systematic enough, especially in the theory of basic research is relatively weak.

The main research progress of forest park and forest tourism are as follows: (1)Research on tourism efficiency. It is revealed the regional differences and characteristics of the tourism efficiency of forest park. It is revealed regional population density, urbanization ratio, tourism resource level, forest park density and traffic development level had a positive effect on the efficiency of forest park, while the capital investment density had a significant negative effect on the efficiency of forest park.(2)Research on tourism interpretation. It is suggested that tourists' preferences should be taken into consideration and diversified interpretation methods should be used to meet different needs of tourists. Based on the tourism planning, the tourism interpretation system is constructed, and the goal of interpretation system construction is proposed. It is revealed that under the effective correspondence between the interpretation content and the narrative landscape scenes, the learning effect of the subjects can be significantly improved, and the landscape narrative scene can meet the needs of tourists for plant knowledge. (3)Research on forest health. It focuses on the effect of forest environment on the effect of forest recuperation, such as light, temperature, relative humidity, radiant heat, wind speed, sound pressure, plant essence and air anion on the effect of forest health. It is suggested that forest bathing can improve the hypertension symptoms of the elderly to a certain extent and promote the health of the elderly patients with chronic obstructive pulmonary disease (COPD). Forest bathing is better than conventional recuperation in improving the sleep quality of pilots.(4) Research on suburban forest parks. The goal of establishing a perfect pattern of suburban forest park development was proposed, so that the suburban forest park becomes the main focus of the new urbanization construction of forestry services, the key content of ecological restoration and management, the important carrier of urban forest construction, and the important component of the integrated ecosystem restoration of urban and rural areas.It sorts out and extracts the basic theoretical knowledge of the application of the suburban forest park, and studies and summarizes the practical experience, specific practice and development mode of the construction and development of the suburban forest park.

Written by Lan Siren, Dong Jianwen, Xiu Xintian, Liao Lingyun, Wang Minhua, Chi Mengwei

Advances in Nature Reserve Science

Nature Reserve Science is a science specializing in the theory and technology of system construction, planning and design, conservation management and sustainable utilization of nature reserves. Nature Reserve Science belongs to the second-level discipline under the Forestry Science. It mainly studies the basic principles of biology and ecology of nature conservation, the construction of network system of nature reserves, the design of protected area engineering, the management of nature reserves, the protection and utilization of natural resources, the protection of economy and policy, the theory and technology of natural protection information, national park construction and management, etc.

Nature reserves refer to the areas where the representative natural ecosystems, the key distribution areas of rare and endangered species of wild animals and plants, and the natural relics with special significance are located, such as land, land water bodies or sea areas, and a certain area is delimited for special protection and management according to law. Establishing nature reserves is the fundamental way to protect biodiversity, which plays a key role in biodiversity conservation and ecological protection in China. Nature reserves are essential for the protection of biodiversity, and they are the basis for the implementation of conservation strategies by almost all countries and the international community. As a refuge for endangered and rare species, nature reserve can not only guarantee the normal operation of natural ecosystems, but also maintain the normal operation of the terrestrial and marine ecological processes with the most intense human disturbance.

The discipline of nature reserves in China has been developing for a short time. It is urgent to develop a perfect theoretical system and methodology. In view of the problems existing in the establishment of nature reserve system, management technology, capital investment and legal system construction, the following actions should be given priority in the development of nature reserve discipline in China. Constructing the theoretical system of nature reserves with Chinese characteristics, developing the planning approach of systematic protection of nature reserves based on biodiversity and ecosystem services, protecting endangered species and ecosystems, developing the monitoring technology of nature reserves based on the Internet of things, and comprehensively absorbing the achievements of social sciences, economic Sciences and other disciplines to serve China. The construction and management of nature reserves will serve the construction of ecological civilization.

Written by Li Diqiang, Zhang Yuguang, Liu Fang, Wang Xiulei, Xue Yadong

Advances in Landscape Architecture

Landscape Architecture is an ancient and young subject, as an important carrier of human civilization has been in existence for more than thousands of years, as a modern subject for 2011 years only officially become a first-class discipline, and because of the highly interdisciplinary nature of the subject, the content of the study is also full of flowers, Sponge City, Roof garden, National Park and so on have led a wave of research craze. From the perspective of subject development, landscape architecture, as one of the scientific sciences of human settlements, is mainly based on humanities and arts disciplines and natural disciplines, the main purpose of which is to emphasize the unity of natural elements and humanistic elements, and how to deal with the relationship between man and nature. At present, the main problems facing the landscape architecture industry are natural ecological problems, social problems, environmental problems and so on, with the development of the times, the landscape architecture industry needs to constantly expand its own connotation and extension. Influenced by the concept of ecological protection, whether it is domestic landscape design, or foreign landscape design reflects the characteristics of ecology, pay attention to the ecological value of landscape and social value. From the point of view of the technical development of landscape, it presents the characteristics of strategy, multi-specialization and public, and improves the knowledge structure, design level and marketing level of designers, and the application of big data is more extensive.

Written by Li Xiong, Liu Zhicheng, Zhou Chunguang, Yan Yaling

Advances in Dendrology

Dendrology is a discipline that studies the morphological characteristics, phylogeny, biological and ecological features, geographical distribution and utilization value of woody plants. This report discusses the status and role of dendrology in forestry personnel training, scientific research, technology promotion and ecological civilization construction, and describes the opportunities and challenges of the discipline. Dendrology has undergone three stages: classical dendrology, orthodox dendrology and experimental dendrology. Over the past decade, the discipline has made remarkable progress in tree taxonomy and reproductive biology, woody plant resource utilization, rare and endangered plant protection and other fields, and has achieved remarkable results in personnel training and team development. This report also compares the research progress in conservation biology of rare and endangered plants at home and abroad, and looks forward to the development trend, direction, strategies and suggestions of dendrology.

Written by Fang Yanming, Wang Xianrong, Tang Gengguo, Zhang Zhixiang, Xu Xiaogang

Advances in Introduction and Domestication of Exotic Trees

Introduction and Domestication of Exotic Trees (IDET) is a discipline to study the process of introducing tree species from their natural occurrence to a new environment, and understanding of their adaptation. The history of tree introduction and domestication has gone through four stages over last 2000 years. It also has contributed to enhance human livelihood and needs, improve ecological environments. IDET is also an interdisciplinary of phytogeography, forest ecology and forest genetic breeding. The development of researches in introduction and domestication of exotic trees is closely related to the progress of those disciplinary.

This paper describes the conception of tree introduction and domestication, and reviews the history and achievement of tree introduction and domestication in recent year in China. Tree introduction and domestication is contributed to solve the problem of wood shortage, ecological restoration, however, the biological invasion and genetic resource policy has hampered plant introduction in recent decades. In future, we should focus on: (1) The inner biology mechanism of tree species in their natural habitat; (2) The acclimation strategy of tree species in their introduction area; (3) Accurate control and buffer of limitation factor during tree species introducing; (4) Assessment of biosafety of exotic tree species.

Written by Zheng Yongqi, Jiang Zeping, Zhang Chuanhong, Zong Yichen, Huang Ping, Shi Shengqing, Liu Jianfeng

Advances in Poplars and Willows

Poplars and willows collectively referred to as *Populus* l. and *Salix* l. of Salicaceae respectively are characterized by a wide variety, the widest distribution, abundant resources, strong adaptability and fast growth, and. As the important forest resources and shelter forests, timber stands and green tree species in the north temperate zone, poplar and willow are relatively easy to reproduce asexuals, and the transgenic technology is relatively mature. In addition, poplar is the first tree species whose whole genome is sequenced, which has incomparable research advantages and is an ideal material for tree research. As the model plants for forest research, poplar and willow are the meeting point of forest molecular biology, genetic breeding, plant physiology and forest cultivation. In view of this particularity, in recent years, the growth and development of poplars and willows, genetic variation, species evolution, cultivation, protection, ecology, processing and other aspects have made progress, not only reflects the development of different forest disciplines, but also reflects the degree of interdisciplinary integration, has become an important indicator of the development of forestry science. In the past five years, great progress has been made in the basic research of poplars and willows, especially in the whole genome sequencing, genomic analysis of traits, and molecular basis analysis of tree traits. Resources collection, quality and resistance breeding, molecular breeding technology, resources including biomass energy breeding technology, disease and pest control, wood utilization and other aspects have promoted the development of related disciplines. However, due to the inherent tree characteristics of poplar and willow, such as long cycle, high heterozygosity of genes, and difficulty in determining phenotypic traits, the genomic analysis of traits is restricted, and it is difficult to establish a genome-wide mutation based molecular breeding system. The determination of large scale metabolome and phenotype group is the development trend of basic research on poplar and willow in the future.

Written by Yin Weilun, Lu Mengzhu, Su Xiaohua, Lv Jianxiong, Fang Shengzuo, Mei Changtong, Kang Xiangyang, Xi Benye, Zhang Deqiang, Chi Defu, Wang Baosong

Advances in High-Valuable Tree Species

In recent years, high-valuable tree species have developed rapidly in China and have made great progress in germplasm resources, genetic breeding, clonal expansion, high-efficiency cultivation techniques and heartwood formation promotion techniques, etc., and have made due contributions to China's timber strategic reserve and forestry industry development. However, in the face of the strategic tasks of transformation and upgrading of forestry industry and ecological civilization construction, and in meeting the strategic needs of China's timber security and technological innovation, there are still some problems in the cultivation of high-valuable tree species, such as the lack of systematic and in-depth research, and the talent team and platform construction are still in the primary stage. The future development of high-valuable tree species will focus on high-efficiency directional cultivation techniques, genetic improvement and breeding techniques for important economic traits, multi-functional cultivation models and comprehensive utilization technologies, etc. We should start with strengthening top-level design and policy support, strengthening research team construction and collaborative innovation, increasing base, platform construction and research investment, strengthening discipline integration and promotion of new technology application, to provide strong scientific and technological support for the sustainable and healthy development of high-valuable tree species industry.

Written by Xu Daping, Lu Zhaohua, Zeng Xiangwei, Wang Junhui, Zeng Bingshan, Zeng Jie, Liu Xiaojin, Cui Zhiyi

Advances in Eucalypt

In recent years, eucalyptus plantation has been developing very quickly. By 2017, eucalyptus plantation area in China has reached 4.5 million hectare with an annual output of more than 30 million cubic meter of wood, making an important contribution to the wood production of China. The high-quality breeding, forest quality and efficiency improvement, the prevention and control of pests and diseases of eucalypt will be the important measures to meet the needs of wood security, scientific and technological innovation of China. At present, some progress has been made towards the genetic resources of important tree species, key genes of important characters, effectively cultivation of solid wood species, water resource effect and carbon sink function in the research field of eucalypt science. However, there still have some problems in the eucalypt science research field, such as single excellent varieties, unclear mechanism of rapid growth, unclear mechanism of ecosystem stability and unclear evolution and pathogenic mechanism of disease and pests, due to the lack of systematic and long duration research. These problems have become the key factors restricting the sustainable development of eucalypt industry in China. In the future, the focus of eucalypt science research is to explore the strategy of high-generation breeding and molecular design breeding, establish the technology system of eucalypt oriented cultivation, clarify the biological mechanism of rapid growth and stress resistance, explore the rule of large-scale eucalyptus plantation structure and forest biodiversity change, select and breed disease-resistant insect species/genotype biological materials. The basic and applied research on eucalypt breeding, eucalypt cultivation, eucalypt ecology and eucalypt health will be strengthened in order to guarantee the sustainable development of eucalyptus plantations.

Written by Chen Shaoxiong, Luo Jianzhong, Wu Zhihua, Du Apeng, Chen Shuaifei, Xu Jianmin, Zhang Weihua, Gan Siming

Advances in Chinese Fir

Chinese fir (*Cunninghamia lanceolata*) is one of the most important tree species in China. Because of its long history of scientific research, the research level of this species was higher than the other tree species in China. In view of the problems in silviculture and industrial development on Chinese fir plantations, a series of study results have been obtained in the fields of biotechnology, genetic breeding, high yield cultivation, soil science and ecology of Chinese fir plantations based on molecular, stand and ecosystem levels. In the application of molecular biology, the genetic map of Chinese fir was constructed, and the molecular mechanism of phosphorus uptake by Chinese fir was preliminarily revealed. The genetic diversity was also systematically evaluated based on provenances trials. In the central production area of Chinese fir, the third generation genetic improvement, such as the third seed orchards construction, has been completed. Clone breeding has realized directional and multi-character aggregation breeding. Tissue culture and other breeding technology systems have been established. In terms of silviculture, the production area division has been made much more precise and the management tables of Chinese fir by area were developed. Also the mechanisms of density management and timber-size structure control were explored. In addition, the progresses of the site preparation, multi-generation continuous planting and forest nutrient management have also been made. Scientific and technological innovations of Chinese fir have greatly influenced and led the research process of plantations in China. However, due to the long cultivation period, the research period, and the widely distributed areas of Chinese fir, the existing achievements of Chinese fir are quite periodic and localize. Generally speaking, many key theoretical and technical problems in the breeding, efficient cultivation and healthy management of Chinese fir have not been fundamentally solved. Accounting for the breeding process and long-term cultivation technology demand of Chinese fir, the researches on the fourth generation breeding technology, directional intensive forest and multi-functional close-to -nature forest, and ecosystem in response to climate change will be explored in the future.

Written by Zhang Jianguo, Duan Aiguo, Xiang Wenhua,
Jiao Ruzhen, Zhang Xiongqing, Wu Hanbin

Advances in Bamboo and Rattan

Bamboo is a very special plant, and bamboo forest is also a special forest which knows as the world's "second largest forest". At present, the bamboo forest area in the world is 32 million hectares. Bamboo forest can provide bamboo shoots, bamboo, bamboo leaves and many other processed products, which are widely used in many fields of society and have achieved great economic benefits. Bamboo and rattan science and technology are based on bamboo and rattan. Based on the theory of modern biology, we will study the germplasm resources and genetic breeding, growth and development, bamboo forest and bamboo shoot cultivation, processing and utilization of bamboo and rattan. At this stage, China has made important progress in bamboo and rattan technology and industry. The national bamboo and rattan science and technology innovation system has been continuously improved. However, there are still some shortcomings in the genetic transformation, directional cultivation, harvesting and high-value processing of bamboo and rattan resources. In view of the problems faced by the "Full Industry Chain" field of bamboo and rattan, in the next stage, it is urgent to focus on the research of bamboo and rattan transgenic, mechanized bamboo and rattan harvesting, high-quality and high-efficiency directional ecological cultivation of bamboo forest, mature bamboo forest harvesting and storage, long-term use of bamboo products, bamboo engineering materials enable intelligent manufacturing and personalization, accurate utilization of bamboo chemical components, new carbon materials and bamboo source green energy. It is bound to play an important role in promoting rural revitalization, coordinating regional coordinated development, achieving sustainable development, building a green barrier in the Yangtze River economic belt, and implementing supply-side structural reforms to serve national development strategies.

Written by Fei Benhua, Tan Daochun, Gao Jian, Gao Zhimin, Tang Feng, Wang Ge, Liu Guanglu, Liu Zhijia, Sun Zhengjun, Zhou Jianbo

索 引

A

桉树人工林　20，234–237，239–242

B

病虫害防治　24，114，204，205，207，209，213，215，218，219，225，227
病虫害生物防治　219
病害　20，84，207，234，235，237，239，241

C

草遗传育种　79，80，88
草原生态服务　18，21
草原生态系统功能　91
草原退化修复　80，91
草原灾害预警与防控　90
草原种质资源　80
草原资源监测　80
产业发展　9，21，59，76，93–95，97，99–102，106–108，117，135，139，141，142，169，199，205，220，223，230，231，235，244，246，267
草产品加工　22
长期生产力维护　23，209，250，254，256
城市绿色空间　172
城乡规划学　159，161
处理湿地　42，45

D

低覆盖度治沙　7，8，69，70
典型模式　116
定向培育　3，17，18，209，210，215，223，224，230，234，235，237，238，246，250，253，254，259，261，266，267
冻融侵蚀　50

F

防火林带　11，12，19，121，122，125，127
防沙治沙　8，18，21，66，67，70，72，73，75，76
非木质林产品　22，97，109，113，114
分子育种　17，80，164，204–206，211，215，218，230，236，241，242，255，267

风景园林规划设计 15，162，163，165
风景园林学 15，131，159–163，167，170，176
风力侵蚀 6，49

G

高世代种子园 247，248，255
高效培育 17，20，24，213，222–226，230，234，235，237，238，242，244–246，255，256，260–262，265
国家公园 13，19，57，101，134–136，139，141，145–147，150–152，154，155，157，159，162，185，187

H

海绵城市 15，52，159，166，167，173
荒漠化 3，4，6，7，18，21，47，48，53，54，56，58–61，63–69，71–77，214
荒漠化防治 3，4，6，18，21，47，53，54，56，59，63–68，72–77
荒漠化监测与评价 63，68
混合侵蚀 6，50
火模型 128
火行为 19，22，90，120，125，127，128

J

价值评估 7，13，19，109，110，116，149，153，154，219
建筑学 131，159
景观格局 19，21，39，43，44，56，170

K

可持续经营 10，18，22，24，101，106，110，209，229，230，234，241，255，261，265，266

L

立地控制 249，250，253，255，256
良种繁育 211，223，230，247
良种选育 106，205，208，214，215，224，226，230，239，245，246，253，266
林草植被恢复 7，8，70
林产品化学 223，232
林产品贸易 103
林分结构 17，47，206，213，217，227，238，267
林火监测 11，12，22，119，120，122，123，125
林火生态 22，119，128
林火通信 121
林下经济 4，10，11，19，22，106–113，115–117，141，189，231，232
林下养殖 106，112，226，230
林下种植 106，110，112，229，230
林学 4，11，15，47，56，63，76，94，106，107，111–113，115，120，131–135，138，141，142，145，159–163，167，169，170，176，178，180，181，184，193，196，205，219，227，234，236，238，244，245，255，264
林业保险 231
林业产业化 100
林业经济 4，9，19，22，93–97，99–102，108
林业经济管理 4，9，19，22，93–97，99–102
林业市场 93，94，96–98
林业统计 221，269

林业政策 94–96，99，102
柳树 4，16，181，186，204–220

M

密度控制 20，215，217，249，250，252–256
木材加工 213，218，223，232
木材利用 17，204，207，209，213，216，218，227

N

农林复合经营 19，106–108，113–115，226

P

扑救装备 12，123

Q

气候变化 4，5，7，18，19，21，22，33–35，41–44，48，51，55，60，64，67，68，75，79，85，87，91，93，94，96，100，101，119，128，130，138，139，156，168，188，198，202，213，217，227，236，239，240，245，252，254，260，266
区域试验 194，196，201

R

人工林 17，20，24，112，145，193，195，199，205–209，213–220，222，225，227–230，234–237，239–242，244–246，248–256
入侵种 201

S

森林步道 12，13，132，135，137，142，143
森林防火 4，11，12，19，22，119–129，153
森林公园 4，12，13，19，131–143，184，202
森林火险 22，120，125，127，128
森林景观利用 106
森林康养 12，19，132，135，136，138，139，141–143，230，231
森林可燃物 11，22，120，121，125，128
森林旅游 4，12，13，19，106，131–135，137–143，229
森林旅游地 137，143
森林培育 4，100，109，178，191，202，204，223，232，238
森林生态经济 95
森林小镇 132，137
杉木 4，17，20，23，186，244–256，266
生长发育 188，189，198，204–206，218，222，225，230，244，251，252，255，259，260
生长模拟 251
生态补偿 110，153，155–157
生态防护 6，52，205
生态功能 17，23，32–34，36，38，39，42，43，70，76，77，87，90，91，109，148，150，153，154，156，157，170，179，188，206
生态环境应用 208，210，214，216，219
生态位 16，110，149，191
生态系统服务 5，7，13，18，21，32，33，36，41，42，44，45，67，69，77，80，85，91，109，110，115，146，148，152，153，156，171，252–254，256

生态系统功能 4，33，36，65，85，86，91，115，116，155，252，254
生态修复 5，7，15，18，23，32，36，37，40–42，49，51，56，69，70，73，74，76，89，137，143，159，161–163，167，168，173，183，196，200
生物多样性 5，7，10，13，14，17，19，21，23，31–35，37，38，40–44，55，57，68，69，74，75，76，85，90，91，101，108，109，113，114，126，133，138，145–157，167，168，170，179，180，184，187，188，198，201，206，213，229，234，236，237，239，241，242，252，254，261
生物防治 9，20，43，84，87，114，219，234，237，239，241
生物入侵 16，193，198，201
湿地保护 4，32–34，36，38，40–43，45，74，101
湿地功能 32，44
湿地恢复 5，21，32–34，36，37，39，41，42，44，45
湿地评价 5，36
湿地生态过程 33，36，39，45
湿地生态系统服务 5，18，21，33，36，41，42，44
湿地生态系统管理 31，45
湿地生态需水 43
湿地退化 5，35，38，41，42，45
湿地污染 45
适应性 16，17，23，35，51，54，83，87，155，171，189，191，193，194，196–200，204–206，212，217，222，228，231，234，237，239，249
树木引种驯化 4，16，20，23，191–202
水力侵蚀 6，48
水土保持 4，6，18，21，47–49，51–61，63，73，109，155，262
水土流失 6，10，36，47–49，51–57，59，60，91，168，214
速生机制 23，241

T

碳贮量 17，252
特色森林旅游线路 137
天然草原 79，80，82，87
天然分布 200，265
土地荒漠化 63，65，66，76
土壤风蚀 18，68，74
土壤侵蚀 6，21，47–50，52–56，59，64，237
土壤质量 208，251

W

外来树种 16，17，187，192，193，195–201，234
无性系育种 20，23，244，254

X

系统保护规划 13，146–148，152
系统分类 179，180，205
乡土树种 180，182，199，201

Y

岩溶侵蚀 49，50
杨树 4，16，17，20，81，181，186，193，204–220，254
遗传改良 20，23，89，214，223，228，230，

231，239，244-248，253，254，256
引种栽培区 200，242
预测预报 21，59，80，120，122，126
园林植物 4，15，19，159，163-165，168
圆竹 264，267

Z

杂交育种 16，80，82，194，208，235，236，238，254，255，261
栽培技术 16，41，164，189，195，196，206，208，209，213-215，220，223，225，236，238，245，249，253，255
珍贵树种 4，17，18，20，24，180，182，187，189，222-232
植被控制 254
致病机理 23，234，235，237，239，241
种源试验 20，193，194，245，255
种质资源 8，15，19，20，22，33，80，81，86，91，145，149，164，182，183，185，189，201，205，206，211，212，214，215，222-224，227，228，230，231，234，235，237-239，242，246，247，259，262，264，267
重力侵蚀 6，49，59
竹缠绕 18，263，264
竹林 3，18，24，111，136，258-262，264，266，267
竹林固碳增汇 266
竹笋 18，258-260，262
竹炭 18，262，264
竹藤 4，18，20，23，24，74，258，259，262-268
竹藤材加工利用 259
竹藤功能性材料 263
竹藤植物生长发育 259
竹藤植物种质资源与遗传育种 259
竹展平 264，267
竹质工程材料实现智能化制造 259
自然保护地 13，19，22，23，132，139，147，150-155，187
自然保护区 4，13，14，19，22，23，41，57，94，99，122，133，135，141，145-157，179，183-185，201
自然教育 19，139，141-143